普通高等教育"十二五"规划教材

钢铁冶金用耐火材料

主　编　游杰刚

编　委　吴　锋　李心慰　栾　舰　宋欣宇

北　京

冶金工业出版社

2014

内 容 提 要

　　本书系统地介绍了钢铁冶金生产中所用到的各类耐火材料及其工作环境、侵蚀机理和改进方法，同时介绍了最新的耐火材料技术的发展动向、国家标准和行业标准；并根据实际生产情况和现场操作经验介绍了钢铁冶金用耐火材料生产和使用中需要注意的各种问题，对从事耐火材料专业学习的高校学生和从事耐火材料研究、开发的工程技术人员，具有实际指导意义。

　　本书为高等院校相关专业的教材，也可供从事耐火材料研究、开发、设计、生产和应用的工程技术人员参考。

图书在版编目(CIP)数据

钢铁冶金用耐火材料/游杰刚主编 . —北京：冶金
工业出版社，2014.6
普通高等教育"十二五"规划教材
ISBN 978-7-5024-6581-0

Ⅰ.①钢…　Ⅱ.①游…　Ⅲ.①钢铁冶金—耐火材料—
高等学校—教材　Ⅳ.①TQ175.6

中国版本图书馆 CIP 数据核字(2014)第 112619 号

出 版 人　谭学余
地　　址　北京北河沿大街嵩祝院北巷 39 号，邮编 100009
电　　话　(010)64027926　电子信箱 yjcbs@cnmip.com.cn
责任编辑　宋　良　美术编辑　吕欣童　版式设计　孙跃红
责任校对　郑　娟　责任印制　牛晓波
ISBN 978-7-5024-6581-0
冶金工业出版社出版发行；各地新华书店经销；北京百善印刷厂印刷
2014 年 6 月第 1 版，2014 年 6 月第 1 次印刷
787mm×1092mm　1/16；12.75 印张；307 千字；193 页
28.00 元
冶金工业出版社投稿电话：(010)64027932　投稿信箱：tougao@cnmip.com.cn
冶金工业出版社发行部　电话：(010)64044283　传真：(010)64027893
冶金书店　地址：北京东四西大街 46 号(100010)　电话：(010)65289081(兼传真)
　　　　　　(本书如有印装质量问题，本社发行部负责退换)

前　　言

本书是为了与国家"卓越工程师培养计划"相适应，针对钢铁冶金用耐火材料课程专业性强、应用性强的特点，培养具有扎实工程实践能力和工程创新意识的高技术人才，是在总结多年的科研、教学、生产经验并查阅大量文献资料的基础上编写而成的，具有如下特点：

（1）内容反映了钢铁冶金和耐火材料交叉学科中国内外研究和使用的新成就、新进展，注重交叉学科间的联系。

（2）注重钢铁冶金过程中耐火材料的性能及损毁情况的介绍，提出相应的改进措施，使得读者能够在工程应用中找到解决问题的方法。

（3）书中没有过多地介绍专业基础理论知识，在一些重要章节重点介绍了窑炉的砌筑、维护及注意事项，更加贴近生产实际。

书中的内容按绪论、高炉系统、铁水预处理、转炉、电炉、炉外精炼及连铸等生产环节用耐火材料来编写。绪论包括耐火材料与钢铁工业的关系及耐火材料技术的发展方向等内容；高炉系统用耐火材料包括高炉本体、热风炉、焦炉、球团竖炉和烧结机及非高炉炼铁用耐火材料等内容；转炉用耐火材料包括转炉炉衬耐火材料、转炉挡渣出钢技术及转炉炉衬的维护等内容；电炉用耐火材料包括交流电炉和直流电炉用耐火材料。炉外精炼用耐火材料包括炉外精炼基础知识、RH、LF、AOD、VOD、CAS 等精炼装置及钢包用耐火材料；连铸用耐火材料包括连铸中间包用耐火材料、连铸功能耐火材料、滑动水口装置用耐火材料等。

本书由辽宁科技大学游杰刚、吴锋、李心慰、栾舰和唐山时创耐火材料公司宋欣宇编写，游杰刚任主编。李心慰编写了第 1 章和第 2 章；游杰刚编写了绪论、第 3 章、第 4 章；吴锋编写了第 5 章；游杰刚、栾舰和宋欣宇编写了第 6 章。

　　辽宁科技大学陈树江教授、李志坚教授审阅了本书初稿，并提出了很多宝贵意见和建议；辽宁营口青花集团耐火材料有限公司韦华平工程师提供了一些素材，在此一并致谢；书中引用了许多参考文献，在此对文献作者表示谢意。

　　由于书中涉及的内容多、学科广，限于编者的学识和水平，书中不足之处，恳请读者和同行批评指正。

　　本书由辽宁科技大学学术专著出版基金资助出版。

作　者

2014 年 1 月

目　　录

0 绪 论

0.1 耐火材料与钢铁工业的关系

耐火材料是钢铁工业不可或缺的基础材料之一，没有耐火材料，就不可能进行钢铁冶炼。钢铁工业耐火材料用量占整个耐火材料产量的70%左右；同样，没有钢铁工业的发展进步，也就不会有耐火材料工业的发展。耐火材料与钢铁工业的关系主要表现在两个方面：一方面，耐火材料作为盛放钢水的容器是钢铁冶金流程稳定性和经济性的重要保证；另一方面，耐火材料对保障钢水的质量起着非常重要的作用。在钢铁冶炼过程中，如果耐火材料炉衬不停地被钢水溶蚀并进入钢水中，一方面会污染钢水，使钢的质量下降；另一方面炉衬使用寿命降低，给生产效率和生产成本带来极为不利的影响。一个新的冶金工艺技术的出现，需要新型耐火材料支持，如果这种新的耐火材料没有出现，就会阻碍冶金新技术的发展。反之，如果具备了适合新冶金工艺技术的耐火材料，它对冶金工艺的发展也会起到促进的作用。因此，耐火材料是钢铁工业的基础材料而不是冶金辅料。

近年来，随着航天、航空、石油、汽车、国防及微电子等现代技术和工业生产的迅速发展，对钢的强度、韧性、疲劳性能和加工性能的要求也越来越高，对钢的化学成分和组织的均匀性的要求也日益严格，对工程材料的质量提出了越来越高的要求；特别是对钢铁材料中的非金属夹杂物形态和数量，以及有害元素 O、P、S、N、H 等的数量，提出了越来越高的要求。耐火材料作为盛放钢水容器的主体，通常是由多种金属氧化物和（或）非金属氧化物原料经过合适的配比，经过一定的工艺条件制成的。在高温下使用时，它将对钢水的质量产生重要的影响。例如耐火材料中的 SiO_2 和 Cr_2O_3 由于具有较高的氧压，在高温下将发生分解，使用该类耐火材料作炉衬时将有可能使钢水中的氧含量增加，造成钢水的氧指标不合格；同样在冶炼低碳和超低碳钢时，使用含碳耐火材料作炉衬时将会使钢水中的碳含量大大增加，并可能超标；使用磷酸盐和硫酸盐作结合剂的不定形耐火材料在冶金过程中也会使钢水中的磷、硫含量增加，从而影响钢水的质量；耐火材料中的水分、含氢的结合剂在烘烤过程中如果不能排净或去除，也将使钢水中的氢增加，影响钢水的质量；耐火材料作为盛放钢水容器的主体在高温冶炼过程中会不断地发生溶蚀，造成钢中的非金属夹杂增加，也会对钢水的质量产生影响。因此，耐火材料对钢水中的非金属夹杂物和有害元素有重要的影响，对优质钢和洁净钢的生产意义重大。

耐火材料对钢铁工业的经济效益并不单是耐火材料用量减少带来的经济效益，更为重要的是耐火材料数量的减少，使用寿命的提高，保证冶金过程的顺行，减少人力和物力的消耗，提高生产节奏所带来的间接经济效益。

A 钢铁工业对耐火材料的要求

随着国际市场激烈的竞争及铁矿石、焦炭等原料价格的持续上涨以及环境负荷过重等因素的影响，中国钢铁工业的重点转向发展连续、紧凑和高效率的新一代钢铁冶炼流程。新一代国内钢铁冶炼流程的主要内容为：高效、低成本洁净钢生产技术集成，优化产品结构，生产洁净钢、纯净钢等高附加值的产品；熔融还原炼铁-精炼-近终型连铸紧凑型钢铁冶炼工艺流程；减少对资源的消耗和对环境的负面影响。

今后一段时期，钢铁工业重点发展的技术是：高炉长寿技术；熔融还原炼铁技术；快速吹氧强化冶炼技术；炉外精炼技术；中厚板坯高效连铸技术；近终形连铸（薄板坯连铸和薄带连铸）技术等。与此同时，对耐火材料的具体要求应该是高品质、长寿命、多功能、对钢液无污染或低污染的新一代耐火材料。具体研究和开发的品种有镁钙砖、低碳镁炭砖、无铬精炼材料、近终形连铸浸入式水口等。

B 节能环保和可持续发展战略对耐火材料工业的新要求

我国工业能源消耗占整个能源耗量的 68.3%，其中主要行业（电力、钢铁、有色、石化、建材、化工、轻工、纺织）单位产品能源消耗平均比发达国家高出 40%，可见与发达国家的差距明显，所以我国的高温工业节能降耗潜力巨大。耐火材料是所有高温工业的重要基础材料，其蓄热、保温、热传导等性能与高温工业的能耗或能源利用率密切相关，因此，发展节能耐火材料是耐火材料行业的重点任务，也是今后发展的主导方向和必须长期坚持的基本原则。

耐火材料行业本身既是资源消耗型企业，也是能源消耗性企业，耐火材料的发展不仅依赖于耐火原料资源，在耐火材料的原料和制品的制备加工过程又需消耗大量的煤炭、石油、电力等重要的能源。而我国目前耐火材料行业的现状是：产业集中度低、规模小、自主创新能力不高，产品技术含量低，大多数为消耗资源的低档产品或出口原料的粗加工产品。同时，大量的用后耐火材料没有得到很好的回收利用。因此今后相当长的一段时期内，耐火材料行业必须与国家的整体发展和产业政策相适应，必须坚持科学发展观和可持续发展战略，做好资源的中长期规划和利用，加强原料的高附加值研究工作，提高资源和能源的利用水平，重视用后耐火材料的再生利用工作，逐步摆脱高投入、高消耗、高排放、不协调、难循环、低效率的传统模式。

C 我国耐火材料工业技术发展空间和方向

国家的宏观经济规划为钢铁行业提供了较大的发展空间，为钢铁工业的持续发展奠定了坚实的基础。由于耐火材料产量的近 70% 用于钢铁行业，因此也为耐火材料提供了发展空间，所以钢铁等高温工业的大发展必将带动耐火材料的发展。今后耐火材料的发展方向为：以基础研究和应用基础研究带动原始创新，逐步实现以剖析、跟踪为主到原始创新为主的创新战略，实现技术的跨越式发展；重点围绕高温工业发展急需的关键耐火材料进行持续开发和研究，优先满足高温工业关键耐火材料的发展；加强节能型产品、高效功能化产品、环保型产品的开发；大力开发低能耗和无能耗的产品或生产新工艺，同国家的低碳、低能耗、低排放的政策相适应；提高用后耐火材料的利用率，坚持走可持续发展的道路。

D 耐火材料主要研究领域和内容

a 钢铁工业新工艺新技术发展需要的耐火材料

高炉长寿集成技术研究：发展新一代炉役寿命超过 15 年无需大修、具有较高生产效率的大型高炉是我国高炉炼铁工艺的主要发展趋势。对高炉而言，炉腰、炉腹及炉缸用耐火材料的性能是决定高炉寿命的关键因素。同时高炉长寿也是一个多因素和技术相互作用集成的综合结果，需要包括耐火材料应用技术、在线修炉补炉技术等在内的系统工程研究，在此基础上取得最佳效果，并提升耐火材料的使用价值。

熔融还原炼铁用耐火材料：由于焦炭资源的短缺、铁矿石价格上涨、焦炉及烧结设备带来的能耗与排放污染，使得熔融还原炼铁技术受到重视并被看做是非常具有发展前途的炼铁工艺，目前熔融还原炼铁技术已取得了工业生产阶段。而非高炉炼铁技术的用氧量大大增加，使耐火材料的消耗量也增加，炉龄远低于高炉，所以加强模拟熔融还原条件下耐火材料的行为、熔损机理的研究，开发适应此类技术的新型高效耐火材料是今后研究的重点。

二次精炼用耐火材料和钢包长寿综合技术研究：二次精炼技术在洁净钢甚至高纯净钢冶炼以及冶金生产效率方面起到了越来越重要的作用。为了获得高附加值产品和洁净钢甚至高纯钢，采取了各种不同二次精炼技术。研究适应不同冶金条件和不同品种钢冶炼的耐火材料，研究开发高抗渣侵蚀性材料，高抗热震超低碳镁炭砖、$MgO-Al_2O_3$、$MgO-CaO-(ZrO_2)$碱性材料等，以适应洁净钢、纯净钢冶炼的需要，并配合综合砌炉、套浇、湿式喷补等维修和应用技术，提高钢包的使用寿命。

近终形连铸用高寿命功能耐火材料的研究：功能耐火材料是薄板带等近终形高效连铸技术的关键技术，对近终形连铸工艺及效率有直接的影响。我国的薄板坯连铸技术发展迅速，但是相关的功能耐火材料发展滞后，应开发具有自主知识产权、功能优越、使用寿命大于15h的薄板坯连铸浸入式水口、长水口、整体塞棒的研究，使其寿命达到或超过国际先进水平。

废弃耐火材料再生资源化研究：我国目前用后耐火材料达到300万吨，80%随着钢渣混杂而被废弃，占用了耕地，并形成了污染，再利用率不足20%，而且大多是初级使用。这与国外60%以上的用后耐火材料再利用相比有相当大的差距，因此开展钢铁企业、耐火材料企业、研究单位、大学合作的方式，研究耐火材料的回收、资源化技术和再利用技术，生产高附加值的产品，逐步使我国的用后耐火材料利用率达到国际先进水平。

b 节能型耐火材料

优质高性能不定形耐火材料的研究与开发：不定形耐火材料具有节能、劳动生产效率高、施工方便、适用性强、安全性高等优点。国外发达国家的不定形耐火材料的使用量达到50%以上，而我国仅为30%，特别是在品种结构、新品种开发方面与发达国家差距巨大，因此我国不定形耐火材料的发展空间巨大，所以需要大力开展节能型高性能不定形耐火材料、高性能碱性耐火浇注料、环保形不定形耐火材料和新型结合剂系统的研究开发。

保温功能性耐火材料的研究与开发：研究材料的组成、结构优化设计，实现对材料组织结构的控制，获得具有微气孔结构和梯度组成、性能的耐火材料，提高容器的冶金效果。

c 环保和资源的再生利用

合理利用资源、节约资源是耐火材料行业可持续发展的紧迫任务，因此环保型耐火材料产品和技术是今后发展的一个方向。随着我国城镇化水平的提高，垃圾焚烧炉和熔融炉耐火材料的研究开发将成为耐火材料研究的重要方面；随着人们对环境的重视，今后含铬耐火材料将会被无铬和低铬耐火材料取代；随着社会对钢材质量和品种的要求越来越高，今后无碳、低碳等环保型耐火材料将会受到越来越多的关注。用后耐火材料不仅占用大量的堆积地，同时污染环境和浪费很多可再生资源，所以用后耐火材料的回收、再利用成套技术的研究与开发也将成为今后研究的重要方向。

d 研究和开发节能降耗先进设备

目前，我国耐火材料产业的机械化、自动化、智能化水平和单位产品的能耗量与世界发达国家相比，还有很大的差距。今后我国耐火材料行业的设备应向机械化、自动化、智能化和降低能耗的方向发展。目前还有相当一部分企业，使用原始的工业窑炉进行生产，存在着能源消耗高、产率低，粉尘、废弃物排放高，操作环境恶劣等不利因素，开发节能型高温窑炉，淘汰落后产能，是当务之急。

e 注重和加强耐火材料应用基础理论研究

基础理论研究是原始创新的基础，对新产品的开发具有指导作用。对耐火材料领域的新技术、新工艺、新方法进行深入的研究，对耐火材料行业技术进步具有推动作用。耐火材料是在高温条件下使用的功能材料，它在服役过程中承受高温渣（固、液、气相夹杂）的物理、化学、热学和力学等行为的影响，因此研究耐火材料在高温下的物理化学变化是揭示材料高温侵蚀损毁机理的重要方法。随着计算机技术的发展，应用计算机技术辅助设计和分析材料的损毁将成为今后的一个研究方向。因此今后研究的主要内容有：研究耐火材料在高温使用过程中的行为；开展耐火材料和钢液、熔渣作用过程的高温模拟试验及机理研究。

0.2　钢铁冶金工艺

钢铁是目前使用最为广泛的金属材料。铁在地壳中的含量仅次于铝，约占地壳质量的5.1%，居第四位。由于化学性质比较活泼，所以铁在地壳中以化合物的形式存在，人们获得的钢铁材料都是通过一定的冶炼方法或工艺生产出来的。

从矿石或其他原料中提取黑色金属的方法可归结为以下两种：

（1）火法冶金。它是指在高温下矿石经熔炼与精炼反应及熔化作业使其中的金属和杂质分开，获得较纯金属的过程。整个过程可分为原料准备、冶炼和精炼三个工序。过程所需能源，主要依靠燃料燃烧供给，也有依靠过程中的化学反应热来提供的。

（2）电冶金。它是利用电能提取和精炼金属的方法。按电能形式可分为两类：

1）电热冶金：利用电能转变成热能，在高温下提炼金属，本质上与火法冶金相同。

2）电化学冶金：用电化学反应使金属从含金属盐类的水溶液或熔体中析出。前者称为溶液电解，如铜的电解精炼，可归入湿法冶金；后者称为熔盐电解，如电解铝，可归入火法冶金。

冶金方法基本上是火法和湿法，钢铁冶金主要用火法，而有色金属冶炼则火法和湿法兼用。

钢铁的火法冶炼又可以分为以下三种：

（1）间接炼钢法。先将铁矿石还原熔化成生铁（高炉炼铁），然后再把生铁装入炼钢炉氧化精炼成钢（主要是转炉或电炉）。这个冶炼过程由高炉炼铁和转炉炼钢两步组成，也称间接炼钢法。由于其工艺成熟，生产率高，成本低，故是现代钢铁冶炼大规模生产的主要方法。

（2）直接炼钢法。由铁矿石一步冶炼成钢的方法为直接炼钢法（也称直接炼铁法）。该法不用高炉和昂贵的焦炭，而是将铁矿石放入直接还原炉中，用气体或固体还原剂还原出含碳低（<1%）、含有杂质的半熔融状的海绵铁。这种铁可用来代替废钢作电炉炼钢原料，从而形成了直接还原—电炉串联生产的一种新的钢铁生产工艺。这个流程虽然工序少，避免了发生氧化还原过程，但因铁的回收率低，要求使用高品位的精矿和高质量的一次能源，电耗高，因此一直没有应用于大规模的工业生产，目前只是在某些地区作为典型钢铁生产方法的一种补充形式而存在。

（3）熔融还原法。将铁矿石在高温熔融状态下用碳把铁氧化物还原成金属铁的非高炉炼铁法。其产品为液态生铁，可用传统的转炉精炼成钢。典型的熔融还原法用非焦煤代替昂贵的焦炭，故工艺简单，投资及成本低，是非高炉炼铁的一个新的技术方法，也是将来钢铁冶金发展的一个方向。

现代钢铁生产过程是将铁矿石在高炉内冶炼成生铁，然后再把铁水炼成钢，再将钢水铸成钢锭或连铸坯，经轧制等塑性变形方法加工成各种用途的钢材。具有上述全过程生产设备的企业，称为钢铁联合企业。由于铁矿石中含有脉石和杂质元素，因此对于品位不高、块料粒度不合理的铁矿石一般不能直接进入高炉进行冶炼。所以在铁矿石开采之后，需要将铁矿石磨细，并经选矿后制备出铁含量较高的精矿粉；同时由于高炉是一个逆向流动（原料和气流相对运动）的反应器，因此为了保证高炉内气流和物料的顺行，要求进入高炉内的矿石必须具有一定的粒度，所以需要对选矿后的精矿粉进行烧结。因此，一个现代化的钢铁联合企业，一般有以下生产环节：采矿、选矿、烧结、高炉炼铁、铁水预处理、转炉炼钢、二次精炼、连铸和轧钢等生产工艺过程（见图 0.1）。另外，随着废钢比例

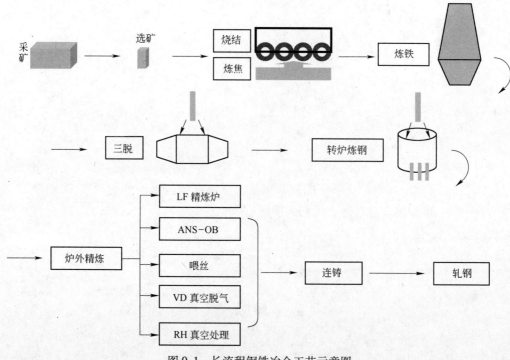

图 0.1 长流程钢铁冶金工艺示意图

的增加也出现了以废钢为主要原料，采用电炉融化后，经精炼炉二次精炼，进行连铸成坯，再轧制的生产工艺过程。后一工序对比前一工序具有生产流程短、工艺布置紧凑、生产周期短、生产效率高，但是生产品种比较单一的特点。目前我国后一工序（电炉）产钢量大约为30%，所以我国仍然是以高炉/转炉炼钢为主的国家。由于前一工序的流程较长，因此也称为长流程炼钢；后一工序相对前一工序少了原料的加工处理，因此也称为短流程炼钢（见图0.2）。

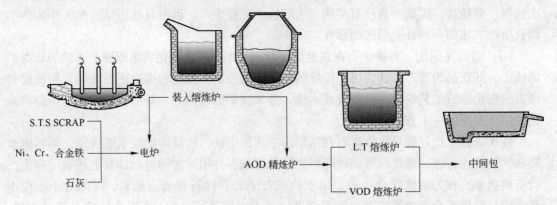

图0.2 短流程钢铁冶金工艺示意图

在上述钢铁生产的环节中，采矿和选矿不涉及高温反应，所以在采矿和选矿中不涉及耐火材料的应用，而在以后的生产环节中，均有高温反应的发生，因此都需要使用耐火材料。所以本书将按钢铁冶金生产工艺过程分别介绍各生产环节中的窑炉所用耐火材料。

1 炼铁系统用耐火材料

1.1 高炉简介

自然界中铁都是以化合物形式存在于铁矿石中。炼铁的实质是将铁矿石中的铁还原，将氧化物、磷酸盐、焦炭和矿石中的锰、硅、磷、硫还原，并与碳一起溶于铁液中的一系列物理化学过程。高炉是生产铁水的主要工具。自 1709 年，Abraham Darby 首次在英国实施以焦炭为原料还原铁矿石炼铁以来，历经 300 多年的发展，特别是近半个世纪以来，高炉冶炼采用了一系列的新技术和新装备，实现了高炉冶炼的智能化管理，形成了现代化的高炉-热风炉-焦炉-烧结机四位一体的炼铁工艺。高炉是生产高温铁水的重要设备，它除了高炉本体外，还包括高炉供料系统、高炉送风系统、除尘系统、高炉渣铁处理系统以及燃料喷吹系统。其中高炉供料系统包括储料槽、筛分装置、输送、称料及上料机等设备，主要作用是给高炉提供原料和燃料；送风系统包括鼓风机、热风炉及一系列的管道和阀门，主要作用是给高炉提供燃料燃烧所需的热风；除尘系统包括各级除尘设备，主要作用是回收高炉煤气，并降低煤气中的粉尘，以利于煤气的使用；渣铁处理系统包括出铁场设备、渣铁运输设备、水渣处理设备等，主要作用是及时处理渣铁，便于高炉的顺行；燃料喷吹系统包括燃料的制备、储存、输送等设备，主要作用是喷入燃料，降低高炉的焦比。

1.1.1 高炉本体

高炉本体包括高炉炉型、炉衬、冷却装置、钢结构及基础。

高炉炉型均为五段式：炉喉、炉身、炉腰、炉腹及炉缸，如图 1.1 所示。炉喉处在高炉的顶部，温度较低，承受高炉煤气的冲刷和入炉炉料的撞击，因此炉喉起着保护上部炉衬、合理分布炉料和限制煤气带走大量灰分的作用。高炉炉身较长，下部温度较高，主要起着预热、加热、还原和造渣的作用；为了使炉料顺利下行和预热，通常炉身带有一定的倾角。炉腰的温度在 1400~1600℃，温度较高，炉料在此已部分还原成渣，透气性差，渣侵蚀严重，同时下部上升的气流冲刷严重，焦炭摩擦严重，因此该部分的炉衬损坏严重。炉腹连接着炉腰和炉缸，为了适应高温炉气

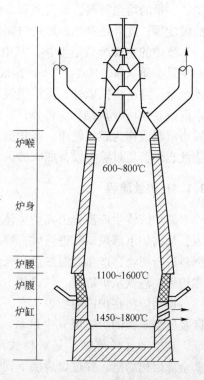

图 1.1 高炉结构示意图

的膨胀和熔融物料的收缩，通常设计为上大下小的形状；同时该部分靠近风口，还会受到高温气流的冲刷、渣铁分离及渣铁滴落过程中的侵蚀影响，因此该区域是高炉运行过程中最易损毁的区域。炉缸和炉底主要起着燃烧焦炭和储存铁水的作用。由风口鼓入的热风在该位置与焦炭发生反应产生煤气，温度高达 2000℃ 以上，因此风口区域的耐火材料的使用温度在 1700℃ 以上；炉缸盛放的钢水定期从出铁口排出，同时高速的热风还会吹动炉缸内的铁水，使得铁水在炉缸内形成旋流，因此炉缸耐火材料会受到高温铁水的冲刷和侵蚀。炉底盛放的死铁层铁水会向耐火材料内部进行渗透，同时铁水中的碳还会造成耐火材料的脆化，因此炉底容易造成象脚状的侵蚀。高炉炉衬用耐火材料围成高炉炉型，高炉内部为圆形工作空间，高炉大小以有效容积的立方米数表示。在高炉炉衬使用条件苛刻的位置有冷却装置保护，使一代工作炉龄可长达 15 年以上。钢结构是加固炉体和支撑各种附属设备的构件。目前通过炉衬合理的砌筑、使用、维护等技术，高炉本体结构在不断向高效、长寿化方向发展。

1.1.2　高炉炼铁所用原料和产品

高炉是生产铁水的设备，所用的主要原料为含铁原料，如铁矿石、烧结矿、球团矿、碎铁，并以人造富矿为主，它是由铁的氧化物和含 SiO_2、Al_2O_3、CaO、MgO 等成分的脉石构成，主要作用是提供铁元素。提供热量的燃料，如冶金焦炭、喷吹煤粉或重油、天然气等，主要作用一是为炼铁提供热源，二是作为还原剂把铁和其他元素从矿石中还原出来。燃料的消耗量（入炉焦比和燃料比）是衡量钢铁生产水平的重要标准。入炉焦比是指每吨生铁消耗的焦炭量，习惯用 kg/t Fe 表示；燃料比是指每生产 1t 生铁所消耗的燃料总量。少量的熔剂材料，如石灰石、白云石、硅石等，主要是为了帮助矿石融化和调整炉渣的碱度等；此外还有燃料燃烧时需要鼓入的热风。

高炉的主要产品是生铁，其中 80%～90% 为炼钢生铁，它是由铁（94%）、碳（4%）和少量杂质（Si、Mn、P、S）组成；另有 10%～15% 含硅较高的铸造生铁，5% 左右少量铁合金。除了生铁以外，高炉煤气是高炉在生产生铁过程中产生的副产品之一，可以作为本厂或其他厂（烧结厂、炼焦厂、炼钢厂或轧钢厂等）的气体燃料，也可以用来发电、供城市取暖或作为燃气使用。高炉另外的一个副产品是高炉炉渣，它是制造水泥的好原料。除此之外，通过除尘设备回收的少量高炉粉尘，也可以送烧结厂重新利用。

1.1.3　炼铁流程

高炉炼铁生产流程由高炉本体及若干辅助系统组成。生产中，炉料分批从高炉炉顶装入，从高炉下部风口吹进热风，喷入油、煤或天然气等燃料，热风与焦炭和从风口喷吹的燃料进行燃烧，产生高温热量和气体还原剂，炉料在连续的熔炼过程中，得到液态的生铁和炉渣，渣铁从炉缸渣、铁口放出，煤气与炉料进行一系列作用后从炉顶逸出。

根据炉料在炉内的物理状态，高炉内部可以分为块状区、软熔区、滴落区、焦炭回旋区及盛装渣铁的炉缸区五个区域。其中：块状区（块状带）是固体料软熔前所分布的区域。软熔区（软熔带）是炉料从开始软化到熔化所占的区域。滴落区（滴下带）是渣、铁全部熔化滴落，穿过焦炭层下到炉缸的区域。回旋区（燃烧带）是风口前燃料燃烧的区域。炉缸区（渣铁带）是形成最终渣、铁的区域。各区发生的主要反应和变化见表 1.1。

表1.1 高炉各区域发生的主要反应和变化

区 域	相 对 运 动	热 交 换	反 应
块状区 （块状带）	固体炉料下降，煤气上升	上升煤气对固体炉料进行加热和干燥	间接还原、气化反应，碳酸盐分解、部分直接还原
软熔区 （软熔带）	煤气通过焦炭夹层	矿石软化、半熔，煤气对半熔层进行传热	直接还原、渗碳
滴落区 （滴下带）	固体焦炭下降，向回旋区供给焦炭，熔铁下流	上升的煤气与滴下的熔渣、铁水及焦炭进行交换	合金元素还原、脱硫、渗碳、直接还原
回旋区 （燃烧带）	鼓风使焦炭回旋运动	焦炭燃烧放热，产生高温煤气	燃烧反应、部分再氧化
炉缸区 （渣铁带）	铁水和溶渣的储存	上部的热辐射、渣铁与焦炭的换热	最终的精炼、渣铁间的还原、脱硫、渗碳

1.2 高炉用耐火材料

高炉砌筑用耐火材料为高炉现代化提供了基础保障。高炉炉体结构（炉墙）是由炉壳、冷却器和耐火内衬三部分组成。内衬主要作用是直接抵抗冶炼过程中机械、热力和化学的侵蚀，以保护炉壳和其他金属结构，减少热损失，并形成一定的冶炼空间即炉型。炉壳起密封渣、铁、煤气的作用，并承担一定的建筑结构的任务。冷却器用来保护内衬、炉壳，其布置轮廓在很大程度上决定着操作炉型。

影响高炉寿命的因素很多，而内衬的破损程度是根本因素。实践表明，炉衬寿命随着冶炼条件而变。炉腹、炉腰和炉身下部是高炉内衬侵蚀最严重的部位，尤其是难以形成保护层的炉腰和炉身下部，目前已成为高炉内衬的最薄弱环节。炉喉处主要受固体炉料摩擦和夹带炉尘的高炉煤气流冲刷作用，以及装入炉料时，温度的急剧变化带来的影响。

1.2.1 高炉炉衬用耐火材料

现代化的大、中型高炉要求一代炉龄的使用寿命为10年以上，而高炉是一种在高温、高压下连续生产的冶金设备，所以耐火材料的质量好坏对高炉的使用寿命有直接的影响。

1.2.1.1 高炉炉衬对耐火材料的使用要求

高炉在冶炼过程中，内部发生极为复杂的物理化学反应，温度可高达2000℃以上，而且从上往下，炉内的温度分布不均，为了使炉内的反应保持物理和化学上的稳定，高炉用耐火材料总体上应达到以下要求：在高温下，不熔化、不软化、不挥发；同时应具有能在高温、高压条件下保持炉体结构完整的强度；必须能承受炉内温度变化的热冲击以及物料下降和气体上升带来的磨损；同时还必须具有对铁水、炉渣和炉内煤气等的化学稳定性；由于现代高炉大都采用了水冷壁技术，所以要求有些部位的耐火材料应具有适当的热导率，同时又不影响冷却效果。

1.2.1.2 高炉各部分用耐火材料

A 炉喉用耐火材料

炉喉起保护炉衬和合理布料的作用，该区域主要受高炉来料的直接冲击和摩擦。由于该部位温度不高，约为 400~500℃，所以使用的耐火材料多为致密黏土砖和高铝砖，但是使用寿命仍然较短，因此还采用耐磨耐撞击的铸钢砖保护。

　　B　炉身上部和中部用耐火材料

炉身上部和中部是高炉布料和块状物料下降的位置。炉身上部的温度较低，其破损的主要原因是由于布料和炉料下降带来的机械冲刷和随上升气流而在此聚集的碱金属所产生的化学侵蚀。在炉身中部，温度较高，温度波动较大，同时有些物料在此处被加热分解，因此耐火材料损毁的主要原因是炉内温度变化产生的热震破坏作用，其次是物料下降和炉气上升的机械冲刷作用。综合来看，对高炉上部和中部用耐火材料的要求应该是：砌筑的炉衬材料应该具有较低的气孔率，较高的机械强度，能够抵抗炉料和上升气流的磨损，同时还应具有良好的抗碱金属侵蚀性，并且要求材料中的氧化铁含量要低，以避免与上升的 CO 发生氧化还原反应。高炉炉身上、中部侵蚀原因及对耐火材料的要求见表 1.2。

表 1.2　高炉炉身上、中部侵蚀原因及对耐火材料的性能要求

侵　蚀　原　因	对耐火材料的性能要求
（1）炉料下降过程的磨损	（1）耐压强度高
（2）上升煤气流的冲刷磨损	（2）抗碱金属侵蚀性好
（3）碱金属侵蚀破坏	（3）气孔率低
（4）CO 的破坏作用	（4）氧化铁含量低

　　使用的耐火材料有黏土砖和高铝砖、硅线石砖、致密黏土砖等。高铝砖理化指标见表 1.3。

表 1.3　高炉用高铝砖的理化指标（YB/T 5015—93）

项　　目		指　　标		
		GL-65	GL-55	GL-48
$w(Al_2O_3)$（不小于）/%		65	55	48
$w(Fe_2O_3)$（不大于）/%			2.0	
耐火度（锥号 CN）		180	178	176
0.2MPa 荷重软化开始温度（不低于）/℃		1500	1480	1450
重烧线变化/%	1500℃,2h	0 ~ -0.2	0 ~ -0.2	—
	1450℃,2h	—	—	0 ~ -0.2
显气孔率（不大于）/%		19	19	18
常温耐压强度（不小于）/MPa		58.8	49.0	49.0
透气度		必须进行此项检验，将实测数据在质量证明书中注明		

　　C　炉身下部和炉腰用耐火材料

高炉炉身下部和炉腰的温度高达 1400~1600℃，是高炉初渣和金属铁形成的主要区域。从炉身下部到炉腰的砖衬，既受下降炉料和上升高温高压煤气的磨损以及温度变化引起的热冲击，又受高 FeO 高碱度初渣的化学侵蚀，更为严重的是碱金属和锌蒸气造成的炭

素沉积和化学反应，使耐火砖组织脆化，失去强度。炉身下部、炉腰侵蚀原因及对耐材的基本性能要求见表1.4。

表1.4 高炉炉身下部、炉腰侵蚀原因及对耐火材料的性能要求

侵 蚀 原 因	对耐火材料的性能要求
（1）初成渣的化学侵蚀	（1）抗渣侵蚀性好
（2）下降炉料的磨损	（2）抗碱金属侵蚀性好
（3）金属铁的侵蚀破坏	（3）高温强度高
（4）煤气流冲刷磨损	（4）导热性好
（5）热震引起的剥落	（5）气孔率低
	（6）抗热震性好

使用的耐火材料有铝炭砖、碳化硅砖、热压小块炭砖及半石墨化碳-碳化硅砖等。烧成微孔铝炭砖的理化指标见表1.5。

表1.5 高炉用烧成微孔铝炭砖的理化指标（YB/T 113—1997）

项　　目	指　　标		
	WLT-1	WLT-2	WLT-3
$w(Al_2O_3)$（不小于）/%	65	60	55
$w(C)$（不小于）/%	11	11	9
$w(TFe)$（不大于）/%	1.5	1.5	1.5
常温耐压强度（不小于）/MPa	70	60	50
体积密度（不小于）/g·cm^{-3}	2.85	2.65	2.55
显气孔率（不大于）/%	16	17	18
铁水熔蚀指数（不大于）/%	2	3	4
热导率（0~800℃）（不小于）/W·(m·K)$^{-1}$	13	13	13
抗碱性（强度下降率）（不大于）/%	10	10	15
透气度（不大于）/μm^2(mDa)	$4.94×10^{-4}$(0.5)	$1.97×10^{-3}$(2.0)	$1.97×10^{-3}$(2.0)
平均孔径（不大于）/μm	0.5	1	1
<1μm孔容积（不小于）/%	80	70	70

注：1. 孔径分布检测范围：0.006~360μm；
　　2. 铁水熔蚀指数仅用于炉缸和炉底。

高炉常用的氮化硅结合碳化硅砖，是由粉状硅（Si）和SiC混合成型的坯体，在电炉中于1300~1350℃的氮气气氛下加热而制得。Si和N_2反应生成氮化硅形成极坚固的结合物，将SiC颗粒结合起来，通过化学反应$3Si+2N_2→Si_3N_4$达到烧结。反应时生成的Si_3N_4与SiC颗粒紧密结合而形成以Si_3N_4为结合相的碳化硅制品。

氮化硅结合碳化硅砖在高炉炉身下部使用效果较好，但该砖价格过高（每吨8500~9000元），难于普遍推广。我国耐火材料工作者，在借鉴炼钢用铝炭滑板砖的生产工艺基础上，开发了高炉铝炭砖，该砖性能良好，价格便宜，已在大中小型高炉上推广应用。

高炉铝炭砖采用特级高炉矾土熟料，鳞片石墨及SiC为主要原料，添加抗氧化剂及其他附加物，用酚醛树脂为结合剂，加压成型，按烧成和不烧成分为致密型（烧成温度大于1450℃）和普通型铝炭砖（经200~250℃低温固化焙烧）。高炉铝炭砖具有气孔率低、透气度低、耐压强度高、热导率高,抗渣、抗碱、抗铁水溶蚀及抗热震性好等各种优良性能。

炭砖是以碳质材料为原料,加入适量结合剂制成的耐高温中性耐火材料制品。碳质原料包括无烟煤、焦炭和石墨,以沥青、焦油和蒽油为结合剂。无烟煤的挥发分少,结构致密,生产炭砖时多以它为骨料,加入冶金焦炭,以沥青作结合剂。由于碳易氧化,因此无论是原料的煅烧或是制品的焙烧以及制品的使用,均要在还原气氛中进行。

根据高炉成渣带(炉腰、炉腹、炉身下部)砖衬的破损机理和各种材料的性能特点,选用半石墨化的高温电煅烧无烟煤和碳化硅等为主要原料,加入适量的添加剂和结合剂,高压成型,高温烧成,经研磨加工制成半石墨化碳-碳化硅砖。它具有优良的导热性、抗碱性、抗氧化性以及抗铁水渗透性能,其平均气孔直径在 $1\mu m$ 以下。

表 1.6 和表 1.7 为 VCAR 公司的 NMA、NMD 砖的理化性能和 NMD 砖与 SiC 砖的性能对比。

<table>
<tr><td colspan="3" align="center">表 1.6　NMA、NMD 热压炭砖理化性能</td></tr>
<tr><td align="center">性　能</td><td>NMA</td><td>NMD</td></tr>
<tr><td>体积密度/g·cm⁻³</td><td>1.62</td><td>1.80</td></tr>
<tr><td>耐压强度/MPa</td><td>30.5</td><td>31.1</td></tr>
<tr><td>灰分/%</td><td>10</td><td>9.5</td></tr>
<tr><td>渗透性/mDa</td><td>9</td><td>8</td></tr>
<tr><td rowspan="4">热导率/W·(m·K)⁻¹</td><td>600℃　18.4</td><td>45.2</td></tr>
</table>

体积密度的单位为 $g\cdot cm^{-3}$；热导率单位为 $W\cdot(m\cdot K)^{-1}$。

性　能		NMA	NMD
体积密度/$g\cdot cm^{-3}$		1.62	1.80
耐压强度/MPa		30.5	31.1
灰分/%		10	9.5
渗透性/mDa		9	8
热导率/$W\cdot(m\cdot K)^{-1}$	600℃	18.4	45.2
	800℃	18.8	38.1
	1000℃	19.3	32.2
	1200℃	19.7	28.5

表 1.6　NMA、NMD 热压炭砖理化性能

表 1.7　NMD 砖和 SiC 砖的性能对比

性　能		NMD	SiC 砖
抗热冲击		最小 250℃/min	最大 50℃/min
热导率/$W\cdot(m\cdot K)^{-1}$	600℃	45	21
	800℃	38	19
	1000℃	32	17
	1200℃	29	16
氧化临界温度/℃		800~900	800
抗碱侵蚀		卓越	优良

注:1mDa=$0.987\times10^{-3}\mu m^2$。

D　炉腹用耐火材料

炉腹连接着炉腰和炉缸,炉腹的温度高达 1600~1650℃ ,为热态渣铁形成的主要区域,同时炉腹部位还要受到高炉煤气流的冲刷磨损及高温的破坏作用,因此炉腹是高炉最易损坏的区域之一。为了提高高炉的炉龄,许多高炉在此部分都使用了冷却壁技术,通过水冷却壁,可以在砖衬表面形成渣皮,起到保护炉衬的作用。使用的耐火材料:高铝砖、铝炭砖、半石墨化碳-碳化硅砖、热压小块炭砖、Si_3N_4 结合 SiC 砖等。炉腹带侵蚀原因及对耐材的基本性能要求见表 1.8,表 1.9 为氮化硅结合碳化硅砖的理化指标。

表 1.8　高炉炉腹的侵蚀原因及对耐火材料的性能要求

侵　蚀　原　因	对耐火材料的性能要求
(1) 高温煤气流的冲刷磨损	(1) 高温耐磨性好
(2) 热态渣铁的冲刷侵蚀	(2) 抗渣铁侵蚀性好
(3) 高温破坏作用	(3) 导热性好

E　炉缸、炉底用耐火材料

高炉炉缸是指高炉风口附近及以下部分。高炉炉缸呈圆筒形,沿炉缸不同高度设置了铁口、渣口和风口。热风从风口吹入炉内,炽热的焦炭在风口带进行激烈的燃烧反应形成风口焦炭回旋区。冶炼中生成的液态渣、铁在炉缸中贮存,并从铁渣口周期性排放。

表 1.9　氮化硅结合碳化硅砖的理化指标（YB/T 4035—2007）

项　目	指　标				
	TDG-1	TDG-2	LDG	YDG	复验允许偏差
显气孔率(不大于)/%	16	18	16	18	+2
体积密度(不小于)/g·cm^{-3}	2.65	2.60	2.65	2.60	−0.05
常温耐压强度(不小于)/MPa	160	150	150	140	−20
常温抗折强度(不小于)/MPa	45	40	40	40	−5
高温抗折强度(1400℃×0.5h)(不小于)/MPa	45	40	45	40	−5
热导率(1000℃)(不小于)(参考指标)/W·(m·K)$^{-1}$	16.0	15.5	16.0	—	—
$w(SiC)$(不小于)/%	72	70	72	70	—
$w(Si_3N_4)$(不小于)/%	20	20	20	20	—
$w(Fe_2O_3)$(不大于)/%	0.7	1.0	0.7	0.7	—

（1）炉底。炉底工作条件极其恶劣，其耐久性是一代高炉寿命的决定性因素。高炉炉底长期处于高温和高压条件下。根据高炉停炉后炉底破损状况和生产中炉底温度检查表明，炉底破损可分为两个阶段：在开炉初期是铁水渗入将砖漂浮起来而形成平底锅形深坑，第二阶段是熔结层形成后的化学侵蚀。

炉底破损的原因：一是炉底砖承受着液态渣铁、煤气压力、料柱重力的 10%~20%，总计可达(2~5)×10^{5}Pa/cm^2；二是砖砌体的砖缝和裂缝。铁水在高压下渗入缝隙时，缓慢冷却，于1150℃时凝固，在冷凝的过程中析出石墨碳，体积膨胀，又扩大了缝隙，如此互为因果，铁水可以渗入很深。由于铁水密度（7.1g/cm^3）大大高于高炉黏土砖的密度（2.2g/cm^3）、高铝砖的密度（2.3~3.7g/cm^3）和炭砖密度（1.6g/cm^3），在铁水的静压力作用下砖会漂浮起来。

当炉底侵蚀到一定深度后，渣铁水的侵蚀逐渐减弱，坑底下的砖衬在长期的高温高压下，部分软化重新结晶，形成一层熔结层，其厚度约 700~1400mm，小高炉则薄得很多。熔结层是一个组织致密、砖缝消失、容重较高的整体，与未熔结的下部砖相比较，砖被压缩，气孔率显著降低、体积密度显著提高，而且渗铁后使砖导热性变好，增强了散热能力，从而使铁水凝固等温线上移（一般为 1150℃）。由于熔结层中砖与砖已烧结成一整体，坑底面的铁水温度亦较低，砖缝已不再是薄弱环节了，所以熔结层能抵抗铁水渗入。炉衬损坏的主要原因转化为铁水中的碳将砖中二氧化硅还原成硅，并被铁所吸收。

炉底破损情况，国内外大体一致。侵蚀线底部呈平底形，侵蚀深度 1.5~2.5m 左右。危险区由炉底底部转向周壁，即铁口中心线以下炉底周壁越往下受侵蚀越严重，其侵蚀线越往下越向外扩展，形成大蒜头形状，炉缸及炉底周边残存的炭砖中往往有一条以炉子中心线为中心的环状疏脆层，有的残存砖中出现孔洞，这是由于铁水渗透于砖内而生成脆化层，脆化层的内层部分被铁水带走。此外，有些高炉综合炉底周边的炭砖与中心的高铝砖咬砌，而高铝砖的膨胀率比炭砖大，易使炭砖被高铝砖顶起，炭砖上下层之间的缝隙加宽，铁水渗入。

（2）炉缸。炉缸下部是盛放渣铁水的地方，其工作条件与炉底上部相近。渣铁水周期性地聚集和排出，高温煤气流等对炉衬的冲刷是主要的破坏因素。特别是渣口、铁口附近的炉衬经常有渣铁流过，侵蚀更为严重。高炉炉渣偏于碱性，而常用的硅酸铝质耐火砖则偏于酸性，故在高温下发生化学性渣化，对炉缸炉衬也是一个很重要的破坏因素。在炉缸上部的风口带，高温作用是耐火砖破坏的主要因素。这里是整个高炉的最高温度区域，炉衬内表面温度常达 1300~1900℃，所以砖衬的耐高温性能和相应的冷却措施至关重要。

由以上高炉炉缸、炉底破损机理可以得出，为了适应炉底、炉缸下部的工作条件，这部分砖衬必须具有：荷重软化点高，抗碱强度高，热导率高，耐压强度高，透气度低，抗铁水熔蚀性好，抗渣性及抗氧化性好的特点。炉缸侵蚀原因及对耐材的基本性能要求见表 1.10。

表 1.10 高炉炉缸部位耐火材料侵蚀的原因及对耐火材料的性能要求

侵蚀原因	对耐火材料的性能要求
（1）铁水熔蚀及渗透	（1）抗铁水熔蚀、抗渗透性好
（2）铁水环流冲刷侵蚀	（2）导热性好
（3）碱金属侵蚀	（3）抗碱金属侵蚀性好
（4）热应力的破坏作用	（4）气孔率低、微孔性

目前，国内外高炉炉底、炉缸的结构形式归纳起来大体有三类：

（1）大块炭砖结构。日本及我国的许多高炉都采用这种形式的炉底、炉缸。这种结构的特点是全面改善了耐火材料质量，炉缸上部区域侧墙采用具有高导热率（$\lambda = 21W/(m \cdot ℃)$）的大块炭砖砌筑，而炉底部位用 $\lambda > 9.3W/(m \cdot ℃)$ 的微孔或超微孔大块炭砖砌筑。炉底上层用优质陶瓷质耐火材料砌筑。炉底、炉缸采用这种大块炭砖结构的高炉已经解决了过去普遍出现的炉缸炭砖环裂的问题。

（2）小块炭砖结构。北美的高炉多采用这种结构。它的特点在于用热压小块炭砖取代炉缸上部区域侧墙的大块炭砖，以避免这一部位的炭砖出现环裂，其他部位的砌砖都是一样的。我国本钢、首钢和宝钢都有采用这种形式的高炉。

（3）陶瓷杯结构。陶瓷杯结构由法国人发明，欧洲高炉使用较多。它的特点是在大块炭砖结构的基础上再在炉缸内部砌筑一层高质量的陶瓷质材料。这一结构的出发点是利用陶瓷质材料的低导热性能，将 1150℃铁水凝固线及 800~870℃化学侵蚀线尽可能压向炉内，以防止大块炭砖的环裂。因陶瓷杯的存在而使铁水不直接与炭砖接触，从结构设计上缓解了铁水及碱性物质对炭砖的渗透、侵蚀、冲刷等破坏，而且所采用的莫来石、棕刚玉等都是导热性低的高级陶瓷质材料，具有很高的抗渗透性及抗冲刷性。此外，由于陶瓷质材料热阻大，有利于降低铁水的热损失。

目前国内大、中型高炉炉缸、炉底大多采用炭砖和炭砖-陶瓷杯结构。陶瓷杯结构如图 1.2 所示。

高炉炉缸用耐火材料性能的好坏是影响高炉寿命的关键因素之一。在高炉炉缸用耐火材料的发展中，一是改进炭砖的性能、结构，采用高热导高纯度，微气孔的热压炭砖，以克服由于碱侵蚀、碳沉积、铁水渗透等因素造成的炉缸损毁；二是采用新的炉缸材料。

由法国 Savoi（沙佛埃）公司开发的"陶瓷杯"技术近些年已在世界范围被接受和采用。陶瓷杯是指在炉底炭砖的基础上铺砌一层莫来石砖后再铺一层黏土砖，或铺砌两层莫来石砖，炉缸内砌筑刚玉质大型预制块（全杯）；或只在炉缸交接处拐角砌一段黏土砖

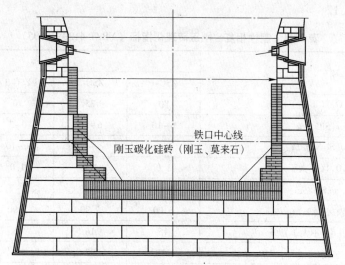

图 1.2　高炉陶瓷杯结构示意图

（小杯）。

在大块炭砖的内侧砌筑刚玉-莫来石质的陶瓷杯，在陶瓷杯与炭砖之间留有一定的间隙，用特制的捣打料充填，防止因材质的热膨胀率不同而造成结构应力的破坏。

"陶瓷杯"技术的显著特点是：

（1）防止铁水的渗透。1150℃等温线被阻滞在陶瓷层内，加之陶瓷杯特殊的设计结构及材料的热膨胀，使砖缝紧缩，最大限度地减少铁水对炭砖的渗透侵蚀。

（2）减轻铁水的流动冲刷。采用陶瓷杯须有合理的死铁层深度，一般为炉缸直径的20%。死铁层加深以后，铁水在炉缸内的流动方向有所改变，因而可以减小铁水对炉底、炉缸壁的机械冲刷。

（3）提高炉缸的抗热震性。采用陶瓷杯以后能提高铁水温度 18~25℃，可降低工序能耗，为炼钢生产创造有利条件。

（4）易于高炉操作。因炉缸的热储蓄增加，为稳定高炉生产、活跃炉缸、复风操作提供了良好的条件。

由于陶瓷杯砖的热导率较小，对炉缸的铁水有保温作用，因而能提高铁水温度，降低能源消耗；炉缸热量充足又利于高炉操作，提高铁水质量，因而陶瓷杯炉底、炉缸结构得到迅速发展。

我国有多座大型高炉应用了法国的陶瓷杯，使用效果普遍较好，炉底、炉缸寿命大幅提高，在高冶炼强度的条件下，炉底、炉缸能确保安全生产。国产陶瓷杯砖如塑性相复合刚玉砖、微孔刚玉砖、刚玉-莫来石砖、刚玉-碳化硅砖等在大、中型高炉上得到广泛应用。我国陶瓷杯结构如图 1.3 所示。

我国国家耐火材料标准规定的高炉陶瓷杯用塑性相复合刚玉砖理化指标见表 1.11，微孔刚玉砖的

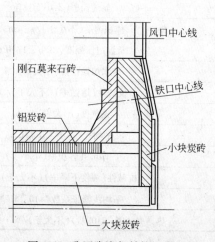

图 1.3　我国陶瓷杯结构示意图

理化指标见表1.12。

表 1.11　塑性相复合刚玉砖理化指标 （YB/T 4129—2005）

项　　目	指　　标			
	ZSG-1	ZSG-2	ZSG-3	ZSG-4
$w(Al_2O_3)$ (不小于)/%	80	75	70	78
$w(SiC)$/%	6~10	6~10	0~3	2~5
$w(Si_3N_4)$/%	—	—	6~10	4~8
$w(Fe_2O_3)$ (不大于)/%	1.0	1.0	1.0	1.0
$w(Si)$/%	3~7	3~7	3~7	3~7
体积密度 (不大于)/g·cm⁻³	3.00	2.90	2.90	2.90
显气孔率 (不大于)/%	15	16	16	16
常温耐压强度 (不小于)/MPa	110	90	100	100
加热永久线变化 (1500℃×2h)/%	+1.0~-0.2	+1.0~-0.2	+1.0~-0.2	+1.0~-0.2
荷重软化开始温度 (0.2MPa,0.6%)(不小于)/℃	1680	1660	1680	1660
抗碱性 (强度下降率)(不大于)/%	10	15	10	15
铁水熔蚀指数 (不大于)/%	2	3	1.5	2
抗渣性 (熔蚀率)(不大于)/%	10	12	10	10
热导率 (800℃)/W·(m·K)⁻¹	3~5	3~5	3~5	3~5
平均线膨胀系数 (20~1000℃)/℃⁻¹	$(5~8)×10^{-6}$	$(5~8)×10^{-6}$	$(5~8)×10^{-6}$	$(5~8)×10^{-6}$

注：抗碱性、铁水熔蚀指数、抗渣性、金属硅含量、热导率和平均线膨胀系数根据用户需要提供数据。

表 1.12　微孔刚玉砖的理化指标 （YB/T 4134—2005）

项　　目	指　　标	
	WGZ-80	WGZ-83
$w(Al_2O_3)$ (不小于)/%	80.0	83.0
$w(Fe_2O_3)$ (不大于)/%	1.0	1.0
显气孔率 (不小于)/%	15	13
体积密度 (不小于)/g·cm⁻³	3.1	3.2
常温耐压强度 (不小于)/MPa	130	150
铁水熔蚀指数 (不大于)/%	1.5	1.0
抗渣性 (熔蚀率)(不大于)/%	10	8
透气度 (不大于)/mDa	0.5	0.5
平均孔径 (不大于)/μm	0.5	0.3
小于1μm孔容积率 (不小于)/%	70	80
抗碱性 (强度下降率)(不大于)/%	10	10
平均线膨胀系数/×10⁻⁶℃⁻¹	提供数据	
热导率 (600~1100℃)(不大于)/W·(m·K)⁻¹	提供数据	

注：透气度单位换算 1mDa=0.987×10⁻³μm²。

1.2.1.3 高炉修补用耐火材料

现今高炉一代炉龄可长达 15 年，高炉长寿是炼铁技术发展水平的标志。国内外对此进行了很多研究工作，在如何改进炉型设计、改进冷却系统、选用优质耐火砖、提高筑炉质量、改善高炉操作等方面，都取得了很大的成果，显著延长了高炉寿命。尽管如此，耐火内衬的损坏也是不可避免的。高炉炉衬用耐火材料的损毁机理主要分为碱金属侵蚀、氧化铁的侵蚀、热应力的破坏作用、热震的破坏作用。实际上，从炉子烘炉开始，耐火炉衬就开始遭到破坏。在生产过程中，炉衬因受到炉料磨损、含尘气流冲刷等机械力的作用，以及受到高温热力的作用和其他特殊性质的破坏作用而不断损毁，并且高炉内衬损坏的重要特点是不均匀地被侵蚀，炉衬一部分尚好，而另一部分则损坏严重。如果因局部损坏就进行中修或大修，不仅需要把原本尚可利用的砖衬全部拆除，浪费耐火材料，而且费时费工，其结果是不仅增加了维修费用，而且减少了生铁产量，大大降低了经济效益。为解决此问题，现在除常规的高炉停炉大中修采用砌砖外，还有高炉喷补法、压入修补法和压力灌浆法，其中以前两种修补方法使用较多。

喷补法采用高压空气输送粒状耐火材料，在喷枪内与适量水混合，经喷枪射至被修补的炉衬表面上，并附着于其上达到一定要求的厚度（可达几百毫米），以此取代重新砌筑耐火砖衬。实践证明，高炉喷补具有以下几点作用：

（1）充分利用了高炉原有炉衬耐火材料，降低了耐火材料消耗量。

（2）喷补作业时间短，节约中修时间，使高炉作业率提高。

（3）明显减少高炉大中修时冷却所需带走的热量，从而降低了能量消耗。

（4）喷补作业施工方便，喷补后有利于高炉维持合理炉型、改善炉料及煤气流分布，提高了煤气能量的利用，起到增产降耗的作用。

高炉喷补法一般可分为如下三种方式：

（1）普通冷态喷补。一般是在高炉炉内搭脚手架或吊篮由工人进入高炉内实施喷补，这种喷补技术多用于 $1000m^3$ 以下的高炉喷补作业，特点是喷补设备简单，清理渣皮及松动残衬较灵活，裸露的钢板焊锚固件及安装小水冷件或更换冷却器较方便，喷补部位及厚度易控制。缺点是工人劳动条件较差，应注意煤气和隔热处理。

（2）长枪喷补。长枪喷补是操作人员站在炉外，采用长枪对炉衬局部破损部位实施喷补作业。其特点是人员不进入炉内，施工简单，并可在调温条件进行喷补。缺点是炉墙必须开孔或利用原有人孔，且只能对局部破损砖衬进行喷补。若炉衬大部分比较完整，只是局部破损或更换冷却器、加装小型水冷件，使用该方式可节省时间和经费，较适合。

（3）遥控热态喷补。遥控热态喷补是将机器人通过炉墙开孔（或人孔）放入炉内，悬挂在桥架上，操作人员在炉外通过电视屏幕观察和调节喷补作业。高炉遥控热态喷补特点如下：1）施工速度快：遥控喷涂比砌砖可缩短三分之二以上的施工时间，对于大型高炉来说，其经济效益是非常高的。2）施工质量高：通过遥控设备可控制供料速度、加水量、风压，从而控制反弹率达到合理的范围，形成致密的、均匀的喷涂炉衬。3）开炉方便，提高了高炉利用系数。遥控喷涂维修高炉不需要完全停炉，只需把料面降到一定高度、料面用封炉料封上即可，因此，重新起炉非常容易。通过遥控喷涂可按要求恢复炉型，因此，高炉起炉后，可很快恢复正常生产，高炉利用系数高。4）施工的安全性高：

遥控喷涂无需工作人员进入高炉工作，工作人员只需在高炉外，通过遥控设备操纵喷枪进行喷涂，避免了工作人员进入高炉工作发生煤气中毒、坠落、砸伤、碰伤等危险。缺点是设备较复杂，投资及维护费用较大。

压入造衬是在炉壳上钻孔或利用现存孔使用压入设备将浆状耐火材料压入高炉炉墙内壁，使之固化、烧结与炉墙内侧炉衬或冷却壁牢牢黏结的一种炉衬修补工艺。

压入料修补技术可以在不停炉情况下，利用高炉定期休风时间，保持高炉的热状态，从高炉外部对耐火材料内衬进行维修，维修结束，即可恢复冶炼。此技术简单易行，经济可靠。压入修补料的使用首先是通过炉壳测温和打孔测厚，选择好高炉内衬的薄弱部位开孔，即炉壳发红处的周围或上部。在炉壳开孔处焊上压紧短管，安好球阀及快速管接头，然后用管道把开孔处和压入机联结起来，利用压入机的高压将配制好的压入料压入炉内。炉内的炉料起到"挡板"的作用，从内挤压压入料，使压入料在炉衬和炉料间扩展，迅速与炉衬黏结成一体。在炉温的作用下压入料很快硬化，修补了侵蚀脱落的耐火材料内衬，在压入孔的周围形成一个耐火保护层，堵塞了炉衬内气体的对流通道，维护了高炉正常生产。压入法可以在休风期，炉料不下线时对局部温度过高的部位进行修补，修补后可以继续生产。高炉炉壁内衬采用压入料修补也比较有效。

压入料修补技术在国外已作为一种实现高炉长寿的重要措施，日本及欧洲的一些国家已在几十座高炉上采用了定期压入修补的技术，大幅度地延长了高炉的寿命。日本从 1962 年着手研究对高炉炉身、炉腹部位进行压入法修补，翌年获得成功并推广应用。美国、英国、韩国也相继对高炉进行了压入修补。法国 TRB 公司等耐火材料制造公司在压入料配料中加入了一些特殊的添加剂，当压入料压入炉内遇到炽热的炉料后便会烧结"起壳"，使压入料沿炉墙向四周扩展，最后固化在残存炉衬或冷却壁上。图 1.4 示出了压入料在炉内的变化过程。

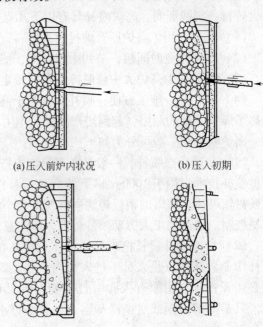

(a)压入前炉内状况　　　　(b)压入初期

(c)压入料扩展硬化状况　　(d)压入料扩展硬化后内部形态

图 1.4　压入料在高炉内的变化过程

目前，采用压入法修补高炉时，使用的耐火材料主要为两类，即水性结合材料和以酚醛树脂为结合剂的材料。水性结合材料主要由水玻璃、水泥、磷酸盐结合而成，其主要化学成分为 Al_2O_3、Fe_2O_3、K_2O+Na_2O、SiC，水性结合材料粘接强度较高，但在修补时炉衬温度高，水分迅速蒸发，修补层容易发泡脱落，导致修补处不致密，易剥落。以酚醛树脂为结合剂的材料，大多由矾土、焦宝石、炭素等组成，如日本住友公司的酚醛树脂结合修补料，其主要的化学成分为 Al_2O_3、SiO_2、SiC 或 MgO、SiC、固定碳；国内也报道了以热塑性酚醛树脂结合的修补料，其主要的化学成分为 Al_2O_3、SiO_2、Fe_2O_3、K_2O+Na_2O、TiO_2。硬质压入修补料的主要原料采用焦宝石、矾土、黏土、碳化硅、炭素材料。如果用水性结合剂，对中小型高炉比较适用；而对大型高炉，为了安全、高效，提高修补料的利用效率，多采用酚醛树脂做结合剂。具体的理化指标见表 1.13。

表 1.13　高炉用非水系压入料产品理化指标（YB/T 4153—2006）

项目	指标	
	YRL-LB	YRL-LD
耐火度（1200℃×3h 烧后）/℃	≥1760	—
加热永久线变化（1200℃×3h 烧后）/%	±1.0	—
体积密度（110℃×24h 烘后）/g·cm^{-3}	≥2.2	≥1.3
常温耐压强度（110℃×24h 烘后）/MPa	≥10	≥14
常温抗折强度（110℃×24h 烘后）/MPa	≥4.0	—
高温抗折强度（1200℃×1h，埋炭）/MPa	≥0.5	—
热导率（100℃）/W·(m·K)$^{-1}$	—	≥3.0
流动值/%	170~185	120~135
$w(Al_2O_3)$/%	≥55	—
$w(Fe_2O_3)$/%	≤2	—
$w(C_T)$/%	—	≥90
粒度/% −1.5mm	100	—
−1.0mm	—	100

1.2.2　高炉炉前用耐火材料

1.2.2.1　炮泥

高炉一般设置 1~4 个出铁口。出铁口是高炉中非常重要的部位，是高炉排出铁水和炉渣的通道，由于高炉的大型化和强化冶炼技术的应用，出铁次数增加，因而其工艺条件变得更加苛刻。为了防止煤气喷出，高炉在出铁水和出渣完成后，该口立即被泥料堵塞，由于泥料是用泥炮挤入的，因此该种泥料被称为炮泥，炮泥属于不定形耐火材料中的一种。在高炉运行过程中，高温渣、铁水及高压煤气射流频繁冲刷侵蚀铁口，且堵铁口时，高压炮泥的冲击和泥炮的撞击及震动，使出铁口附近的砖衬极易破损，因此用以封堵出铁口、减少出铁口被破坏的炮泥就显得尤为重要，也可以说炮泥控制了高炉的寿命。图1.5 所示为炮泥刚打入高炉内部时的形状。

随着高炉大型化、强冶炼、高风压、

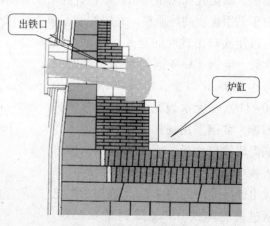

图 1.5　高炉炮泥使用示意图

大渣铁量的排出，炮泥性能的优劣直接关系到高炉能否安全运行，因此对炮泥质量要求越来越高。总体讲，高炉不出铁渣熔液时，炮泥填充在铁口内，使铁口维持足够的深度；高炉出铁时，铁口内的炮泥中心被钻出孔道，铁渣熔液通过孔道排出炉外，这要求炮泥维持铁口孔径稳定，出铁均匀，最终出净炉内的铁渣熔液。每天高炉的出铁口都要反复多次被打开和充填，炽热的铁水和熔渣对炮泥产生物理和化学作用，使炮泥损毁，如果炮泥质量差，使用时就会产生一系列问题，如潮铁口、断铁口、浅铁口等，铁口工作恶化，降低了铁口合格率，影响高炉的正常生产甚至造成人身安全事故。因此，要求炮泥应有如下性能：

（1）较高的耐火度，能承受高温铁渣熔液的作用；

（2）较强的抵抗铁渣熔液冲刷的能力；

（3）适度的可塑性，便于泥炮操作和形成铁口泥包；

（4）良好的体积稳定性，在高温下体积变化小，不会由于收缩导致铁水渗漏；

（5）能够迅速烧结并有烧结强度；

（6）开口性能良好，开口机钻头容易钻孔。

A　炮泥的发展现状

a　国内炮泥的发展现状

我国是世界产铁大国。长期以来，我国的中小型高炉打开铁口的方式一般是钻孔法。铁口所用炮泥大部分是传统炮泥。这种炮泥以焦粉、黏土、矾土熟料及焦油沥青为主要原料，加水搅拌而成，俗称有水炮泥。这种炮泥一般体积密度小，耐渣铁侵蚀性差，在大中型高炉上堵铁口时易造成铁口深度不够，在出铁期间往往跑焦炭、出铁放风、出不净铁渣熔液等，影响高炉正常生产，但由于其成本低，经各炼铁厂改进后仍在我国的绝大多数中小型高炉上使用，其单耗在 1.2kg/t 以上。

我国的大中型高炉一般都是20世纪80年代后改建或新建的，一般只设一个渣口或一个事故渣口，设有 1~4 个出铁口。铁口每天排出的铁渣量很大，如宝钢的两座 $4063m^3$ 高炉，日最大出铁量为 10000t，出渣量为 3200t，出铁速度 5.8~7.5t/min。要满足这些工作条件，用有水炮泥显然不行。为此采用了另一类型的炮泥——无水炮泥。无水炮泥一般以刚玉、碳化硅和焦粉为主要原料，同时配加不同的外加剂，以焦油作为结合剂。这种炮泥由于采用优质高纯原料，并以炭质原料为结合剂，其耐铁渣侵蚀性能比有水炮泥大为提高，可以使铁口出铁时间延长，降低出铁次数。宝钢 TA-4 炮泥每次出铁时间可达 120min 以上，每天出铁次数为 10~11 次。无水炮泥的缺点是开铁口困难，宝钢采用插棒法开铁口，即在炮泥堵铁口之后，用开口机把铁棒打入铁口使之贯透，待需要出铁时只需拔出铁棒即可（图 1.6）。炮泥单耗已从过去的吨铁 0.8kg 降到了 0.35kg。我国国家耐火材料标准规定的高炉用

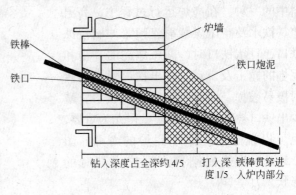

图 1.6　铁口埋入铁棒的情况

无水炮泥性能指标见表1.14。

表 1.14　无水炮泥理化指标（YB/T 4196—2009）

项　目	指　标		
	PN-1	PN-2	PN-3
$w(Al_2O_3)$（不小于）/%	20	25	30
$w(SiC+C)$（不小于）/%	30	30	30
体积密度/g·cm^{-3}	≥1.65	≥1.70	≥1.80
加热永久线变化（1300℃×3h,埋炭烧后）/%	−1.5~+1.5	−1.5~+1.5	−1.5~+1.5
常温耐压强度/MPa	≥8.0	≥10.0	≥15.0
推荐适用高炉类型	1000m³以下	1000~2500m³	2500m³以上

表1.15为我国部分钢厂炮泥的使用情况。

表 1.15　国内部分钢厂炮泥的使用情况

钢　厂	炉容/m³	铁口深度/%	铁口合格率/%	吨铁消耗量/kg
莱钢	1880	2.7~2.8	95	0.8
包钢	2200	2.5~2.7	100	0.5~0.6
宝钢	4063	3.4	>98	0.4~0.5
武钢	3200	3	100	0.68
鞍钢	2580	2.8	95	0.6
马钢	2500	3	>98	0.7~0.8
酒钢	1800	2.3	95	1~1.3
本钢	2600	2.7~2.8	90	1.6

b　国外炮泥的发展现状

国外各主要产铁国家对炮泥的质量都十分重视，其发展经历了两个阶段。第一阶段为有水炮泥，和国内的情况相差不多。为满足现代大型高炉的需要，改善铁口状况，20世纪70年代末至80年代初，世界各国相继推出了无水炮泥。1983年，苏联黑色冶金部制定了无水炮泥的生产工艺，乌克兰耐火材料研究所对有水炮泥和无水炮泥进行了对比试验，结果无水炮泥的性能大大好于有水炮泥。起初的无水炮泥都是用焦油作结合剂，由于焦油在使用中会产生黄烟，恶化工作环境，为克服这一缺点，日本和联邦德国等国研制出了树脂为结合剂的无水炮泥，不仅消除了黄烟，而且能快速硬化，大大提高了无水炮泥的性能。除结合剂方面的改进外，日本在1979年到1987年，还先后开发了SiO$_2$炮泥，高耐用性SiO$_2$炮泥及特别耐用的氧化铝炮泥。由于无水炮泥开铁口困难，日本于1985年开发出了插棒法开铁口，取得了较好的使用效果。

总体来说，国外各主要产铁国家对炮泥质量十分重视，有专门的研究机构，如日本的川崎、新日铁，乌克兰的耐火材料研究所，美国的伯利恒公司，均设有无水炮泥技术小组。它们不仅在原料上使用优质的人工合成原料，而且注意采用新型结合剂及外加剂，使得无水炮泥质量提高，性能稳定；同时，重视炉前作业水平，以充分发挥炮泥性能。因此，使用时不仅可以保证出铁稳定，而且炮泥单耗大为减少，如日本千叶 $4500m^3$ 的 1 号高炉炮泥单耗吨铁只有 0.25kg。

　　c　高炉炮泥的发展趋势

　　综合国内外炮泥的发展来看。炮泥用结合剂大致经历了水性炮泥、焦油炮泥、高性能焦油炮泥和树脂炮泥四个阶段；同时随着高炉尺寸和容积的增大，炮泥的材质已由硅质变为高铝质；同时根据环境的要求，对传统的煤焦油成分进行了改进，以改善炉前作业环境；为了延长出铁时间，研究者在炮泥中加入 SiC、Si_3N_4 和含有特殊碳的矾土质、电熔氧化铝质原料，使炮泥的性能有了极大的提高，出铁条件稳定，出铁口不扩径，铁水和渣稳定流出，但是由于强度高，需要特殊的钻孔机才能打开铁孔。

　　随着炼铁技术的进步与高炉强化冶炼的需要，人们逐渐认识到了炮泥质量对高炉正常生产的重要性，国内外炮泥生产厂家通过提高原料纯度、选用优质的结合剂及添加不同的外加剂，改善并提高了炮泥质量，满足了高炉安全顺行的需要。

　　随着世界各国对节能和环保的重视，作为一般无水炮泥结合剂的焦油或蒽油，将会逐渐被环保型的改性树脂结合剂所取代；为了提高炮泥的高温强度、炮泥的原料正在向高纯度、低杂质、碳质和碱性化方向发展；同时随着微粉特别是超微粉的出现以及在材料中的广泛应用，大大提高了炮泥致密度和烧结性能，其配料正向细粉增多的方向发展；增加氮化硅、碳化硅结合氮化硅、蓝晶石、氮化硅铁、铝粉等高品质材料，以提高炮泥的体积稳定性和体积密度。

　　B　炮泥的损毁机理

　　a　热机械作用损毁

　　出铁时铁口中心被钻头钻开，炽热的铁水和熔渣从铁口流出，铁口炮泥承受 1400℃ 以上的高温。当铁渣出完，用炮泥重新堵铁口时，旧炮泥接触新堵口的炮泥，温度突然从 1400℃ 过渡到 100℃，这样反复作用，在旧炮泥套内部产生巨大的热应力，易导致以铁口为圆心的圆弧形微裂纹，新炮泥在干燥和烧结过程中，水分或结合剂的挥发，留下大量的气孔。新旧炮泥的接触面上，也会由于新炮泥的烧结收缩产生缝隙，这样就使得熔融的渣铁液体易渗入这些缝隙，当下次铁口打开时，在熔流强烈的冲刷下，使炮泥发生脱落损毁。另外，新堵塞的炮泥，受铁口内外温度的作用，使炮泥烧结速率不等，在铁口炮泥内产生热应力，出现微裂纹并逐渐扩大，若裂纹扩展到整个铁口截面，就会发生断铁口现象。

　　b　热化学侵蚀损毁

　　炮泥中含有 5~6 种常见的杂质氧化物，主要有 TiO_2、Fe_2O_3、CaO、MgO 等，高炉熔渣中也含有多种成分，如：SiO_2、CaO、Al_2O_3、MgO、MnO、FeO、CaS 等，出铁期间，炮泥与熔液长时间接触，易发生化学反应，使炮泥被侵蚀。主要的化学反应有：

$$2C+O_2 = 2CO$$

$$C+O_2 = CO_2$$

$$C+CO_2 = 2CO$$

$$CaO+Al_2O_3 = CaO \cdot Al_2O_3$$

$$CaO \cdot Al_2O_3 + 2CaO = 3CaO \cdot Al_2O_3$$

$$2CaO + Al_2O_3 + SiO_2 = 2CaO \cdot Al_2O_3 \cdot SiO_2$$

$$7CaO \cdot Al_2O_3 + 5CaO \Longrightarrow 12CaO \cdot Al_2O_3$$

$$FeO + Al_2O_3 \Longrightarrow FeO \cdot Al_2O_3$$

$$2FeO + SiO_2 \Longrightarrow 2FeO \cdot SiO_2$$

$$2FeO + 2Al_2O_3 + 5SiO_2 \Longrightarrow 2FeO \cdot 2Al_2O_3 \cdot 5SiO_2$$

$$MnO + SiO_2 \Longrightarrow MnO \cdot SiO_2$$

$$2MnO + SiO_2 \Longrightarrow 2MnO \cdot SiO_2$$

$$3MnO + Al_2O_3 + 3SiO_2 \Longrightarrow 3MnO \cdot Al_2O_3 \cdot 3SiO_2$$

$$2MnO + 2Al_2O_3 + 5SiO_2 \Longrightarrow 2MnO \cdot 2Al_2O_3 \cdot 5SiO_2$$

这些反应中，铁橄榄石 $2FeO \cdot SiO_2$ 的熔点只有1178℃，铁堇青石 $2FeO \cdot 2Al_2O_3 \cdot 5SiO_2$ 的熔点只有1083℃，$MnO \cdot SiO_2$ 的熔点为1291℃，$2MnO \cdot SiO_2$ 的熔点为1345℃，$2MnO \cdot 2Al_2O_3 \cdot 5SiO_2$ 的熔点均低于1300℃。在出铁期间，会随着铁渣熔液的冲刷及温升转成渣液而流失，使出铁口孔径扩大，造成跑大流，影响出铁安全。

C 操作因素对炮泥损毁的影响

高炉操作因素对炮泥使用影响极大，其中操作因素主要是指高炉出渣铁的方式、次数和开铁口的方式。

（1）出渣、出铁方式的影响。若高炉同时设有出铁口和出渣口，熔渣从渣口排出，铁水从铁口排出，可减轻铁口的出渣量。若不设渣口，渣铁熔液全部通过铁口排出，将增加铁口的工作负荷，使炮泥损毁加剧。另外，铁口直径、铁口深度，铁水和渣层水平面的厚度，炉内煤气压力对放出的铁水和炉渣有直接的影响。稳定操作，获得较长时间出铁，减小出铁量急剧增加时的磨损非常重要，这些都与炮泥的性能有直接关系，炮泥优良的抗渣铁冲刷及耐侵蚀性能可以减少出铁口直径及铁口深度的快速恶化，保证高炉安全顺产。

（2）出铁次数的影响。高炉出铁次数少，炮泥在铁口内烧结完全，有利于铁口的维护。出铁次数多，出铁间隔时间短，炮泥在铁口内烧结不完全，结构强度低，炮泥抗渣铁化学侵蚀和机械冲刷性能变差，潮铁口、浅铁口经常出现，铁口不能见渣，经常跑大流，只能放风或拉风出铁，影响高炉的安全生产。追求长时间出铁，减少出铁次数是大型高炉的努力方向。

（3）开铁口方式的影响。无水炮泥烧结强度大，开口较难，用合金钻头配合氧气吹烧，开口时间长，铁口孔径不稳定，且 O_2 易对炮泥中的 C 产生氧化。用插棒法开铁口，铁口孔径稳定，可使炮泥免受氧化作用，提高铁口的稳定性，延长出铁时间，减轻工人的劳动强度。

D 影响炮泥质量的因素

影响炮泥质量的因素有很多，主要有生产炮泥的原料、结合剂、外加剂和生产工艺等因素。

a 原料

制备炮泥的各种原料，直接影响炮泥的质量，具体体现在以下三个方面：

（1）原料的化学成分。炮泥所用的各种原料是影响炮泥质量的因素之一，通常优质炮泥要求主要成分含量高，杂质含量低。若杂质含量高，易使炮泥在使用过程中形成低熔点化合物，降低炮泥的耐火度和高温强度，影响炮泥的正常使用。许多厂家在炮泥质量改进过程中，都将提高原料纯度作为主要研究课题来对待，通过使用优质高纯原料来提高炮泥的质量，如宝钢研制的新型炮泥，就采用了高纯刚玉，提高了原料中 Al_2O_3 的含量，使炮泥的抗侵蚀性能显著提高，不但允许延长出铁时间，而且降低了炮泥的单耗。

（2）原料的颗粒组成。原料的粒度组成也是影响炮泥质量的一个主要因素。研究认为组成炮泥的粗颗粒比例增加，可降低炮泥的挤出压力，作业性好，加热后气孔率低，但粗颗粒超过一定比例，则出现相反的情况，加热后强度降低。炮泥中原料的临界粒度大，易使炮泥粗糙松散，黏结性差。目前的普遍做法是将原料的最大临界粒度定为3mm。细粉粒度越小，越利于炮泥烧结，有助于提高炮泥的性能。

（3）原料的含水量。对无水炮泥而言，原料中带入水分越多，其1500℃烧后的耐压强度越低，这是由于水分蒸发时炮泥的组织疏松，气孔率高，降低了炮泥的耐渣铁渗透性。如果原料中的水分在出铁前未完全排出，在开铁口过程中易出现铁口潮"放火箭"，危及人身安全。因此，许多厂家对炮泥原料水含量做了严格规定，有的则在炮泥制备前对焦炭和耐火泥进行烘干，以降低原料带入过多水分对炮泥质量造成不利影响。

b　结合剂

结合剂影响炮泥的低温和高温强度，对炮泥的质量影响很大，传统炮泥用水作结合剂，炮泥的高温性能差。无水炮泥的结合剂主要有树脂、焦油或两者复合，有时配入沥青和蒽油等，但由于许多厂家的焦油或蒽油中水分控制不好，降低了其使用性能。这些都是含碳的有机结合剂，对无水炮泥的堵口性起着决定性作用，同时可随温度升高而缩聚碳化，形成碳化网络，提高炮泥的高温强度和润湿角。

结合剂含量越高，则挥发分逸出越多，结构疏松，气孔大，强度下降，并伴随着较大的收缩，而且早期软化严重，很难保证在堵口初期有足够的强度，导致拔炮时间延长，而且有漏铁水的危险。若含量偏低，则炮泥经泥炮打入铁口后迅速固化烧结，强度高，气孔率小，体积密度大，透气性差。在加入膨胀剂的作用下，铁口堵得过死，不易钻铁口，易损坏钻头，会影响正常冶炼生产流程的畅通。

日本研究人员分别采用煤焦油、低黏度树脂、高黏度树脂和一种特殊的焦油沥青型结合剂进行试验，结果发现：特殊结合剂炮泥比煤焦油和树脂炮泥有更高的强度和较低的气孔率，且在突然受热期间形成稳定结构；在突然受热时，高黏度树脂炮泥比低黏度的炮泥具有更高的强度和更低的气孔率及较少的裂纹；侵蚀试验中，抗铁侵蚀性能最好的是煤焦油结合的炮泥，其下分别为高黏度树脂、特殊结合剂、低黏度树脂炮泥；树脂炮泥和特殊结合剂炮泥硬化速率比煤焦油炮泥更大。

c　外加剂

外加剂的加入对炮泥质量有极大的影响。为满足炼铁高炉对高质量炮泥的需要，研制了不同外加剂。常见的外加剂有烧结剂、膨胀剂等，可有效地改善炮泥的质量。近几年，随着人们对炮泥研究的深入，越来越多的非氧化物添加到炮泥中，对改善炮泥的性能起到了很好作用。除碳化硅外还有以下几种：

（1）氮化硅。氮化硅的相对分子质量为140.28，属强共价键结合的化合物，具有线膨胀系数低，抗热震性好，机械强度高（能保持其强度到1200℃高温不变），自润滑性好，耐高温，耐腐蚀等特点。目前在冶金工业中应用广泛。炮泥中加入适量的氮化硅，可提高炮泥的抗渣铁侵蚀性和抗渣铁冲刷性。

（2）氮化硅结合碳化硅；氮化硅结合碳化硅由两种耐高温的化合物复合而成，具有耐高温、抗氧化、抗热震、耐酸碱侵蚀，抗金属炉渣熔蚀等优良性能。炮泥添加氮化硅结合碳化硅，可以提高炮泥的高温强度，降低出铁次数，延长每次出铁的时间。

（3）氮化硅铁；氮化硅铁是氮化硅和铁的混合物，通常这种混合物中含有 75%~80% 的 Si_3N_4，12%~17% 的 Fe，游离的 Si 不大于 1%。氮化硅铁加入到炮泥中，在有 Fe 存在的条件下，1200℃以上，特别是在 1400~1500℃，无论是 Al_2O_3 还是 SiO_2 质炮泥，其中 Fe 成为反应媒体，使 Si_3N_4 与 Fe 和 C 相反应，生成 SiC 强化基质，同时生成 N_2 和 CO 气体，可防止炉渣侵入，减少炉渣的侵蚀作用。

d 生产工艺

从炮泥的配比设计到生产过程，再到使用前的保存，每一过程都对炮泥的质量有影响。首先在生产前要确定合理的配比方案；其次在生产时要严格按照工艺操作规程进行，注意各种原料在碾制时的加料顺序；湿碾时间要严格掌握，时间不能太短；碾制完成后炮泥的保存对使用性能也有很大影响，此时应注意环境温度的变化。夏天气温高，对有水炮泥要采取遮盖等措施，在困料时免得水分蒸发；冬天气温低，无水炮泥要加热保存，以免炮泥冷凝成块。

1.2.2.2 出铁沟用耐火材料

高炉出铁沟由主铁水沟（主沟）、支铁沟（支沟）和渣沟构成。主铁沟剖面图如图 1.7 所示。铁水经高炉出铁口流出后，流经主铁沟，在主铁沟尽头，铁水从撇渣器（渣铁分离器）下面穿过进入支铁沟，经过摆动溜嘴流入鱼雷式铁水罐，熔渣从上面溢出进入渣沟。

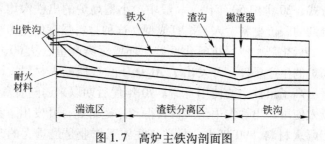

图 1.7 高炉主铁沟剖面图

高炉出铁沟主要是引导高炉内高温铁水和熔渣的通道，其在结构上分为贮铁式、半贮铁式和非贮铁式三种（图 1.8）。贮铁式出铁沟是指铁沟内积有铁水，可保护出铁沟，降低由于温度急变给出铁沟带来的损毁，同时提高出铁沟抗冲刷性能，从而延长出铁沟的使用寿命，通常沟底衬里很少损毁，它一般应用在多铁口的大型高炉上。而非贮铁式出铁沟是指铁沟内无积铁，铁水直接冲击沟底的衬里，所以相对寿命较低，常用于小高炉。半贮铁式的损毁情况介于两者之间。

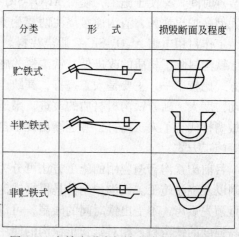

图 1.8 主铁沟形式与铁水冲击处断面情况

A　高炉出铁沟用耐火材料的性能和施工要求

高炉出铁时，铁水温度高达1450℃，流经铁水沟的铁水量依高炉的大小不同，每分钟达到4~7t。铁水中含有大量的炉渣，每吨铁水含有180~340kg炉渣。一座高炉每昼夜出铁多达15次，每次持续时间为70~120min。这样出铁沟耐火材料工作层内衬反复频繁地受到高温铁水和炉渣的冲刷、磨损和侵蚀作用，工作条件十分恶劣，特别是主铁沟段的耐火材料内衬受到的侵蚀作用更为严重，成为了高炉炼铁系统中消耗耐火材料最多的部分。因此根据高炉出铁沟的工作情况，炉前沟衬耐火材料必须满足如下性能要求：

(1) 具有优良的高温耐磨性，耐铁水和熔渣的冲刷能力强；

(2) 耐熔渣的化学侵蚀性和渗透性好，抗氧化能力强；

(3) 具有良好的抗热震性，抗爆裂性好；

(4) 重烧体积变化小，具有致密均匀的结构。

根据高炉炉前施工和使用要求，出铁沟耐火材料还必须满足以下条件：

(1) 在现场施工时，要求出铁沟耐火材料具有良好的施工性能，可进行快速施工；

(2) 由于高炉出铁沟的出铁周期间隔短，施工时间短，要求施工后，能很快投入使用，所以要求出铁沟浇注料能够快速烘烤而不炸裂；

(3) 在施工和使用中不产生有害气体，不污染环境；

(4) 使用后要求出铁沟耐火材料不粘渣铁，便于拆除和修补。

B　高炉出铁沟用耐火材料的发展

铁沟料的发展经历了从简单的材料以单一的结合方式，慢慢发展到不同性能的、多种材料复合结合的方式。20世纪50年代，一般中、小型高炉的出铁沟均采用焦炭、黏土熟料，以焦油作结合剂的廉价材料，人工捣打成型，这种材料强度低且由于铁沟料中含有大量的焦粉，而没有防氧化剂，使得抗氧化性差，环境污染严重。从60年代起，为适应高生产能力大容积高炉的生产条件，开发出了 Al_2O_3-SiC-C 质耐火材料，因其优异的耐剥落和耐侵蚀性，显著提高了出铁沟的使用寿命。70年代后期以来，随着 Al_2O_3-SiC-C 质浇注料的研制成功和投入使用，出铁沟耐火材料得到广泛研究，开发出了品质各异、适应性不同的多种不定形耐火材料。90年代，泵送浇注施工作业是最重大的改进。泵送浇注既可节省时间，又便于施工，使得 Al_2O_3-SiC-C 质浇注料成为了高炉出铁沟的主要耐火材料。在大型高炉出铁场，渣沟通常浇注两层耐火材料。永久衬用铝矾土基 Al_2O_3-SiC-C 质浇注料，工作衬用电熔 Al_2O_3-SiC-C 质浇注料。

铁沟料除了材质的改进外，铁沟料的施工方式也发生了很大的变化。铁沟料最初的施工方式比较单一，主要是人工捣打，其缺点是体积稳定性差、强度低、使用寿命短、工人劳动强度大。随着铁沟料材质的改进，泵送浇注技术的发展，施工方式也得到了发展，由机械捣打代替了人工捣打，并逐渐出现了自动捣打、振动成型，以及浇注施工甚至自流浇注等施工方式。

目前出铁沟普遍应用的施工方法可分为三种：可移动式铁沟预制件、固定式沟衬直接捣制以及浇注施工。铁沟预制件是根据铁沟的形状尺寸，在预制模具内浇注成型。其优点是可预先烘烤，不受出铁时间的限制，可以保证浇注料性能不受施工条件的限制，从而获得高强度的铁沟料，相对延长出铁沟的使用寿命。其缺点是外形尺寸不能太大，否则烘烤条件不能满足要求；另一个缺点是在铁沟内使用时，预制件之间存在的接缝成为出铁沟的薄弱环节。而直接捣制式铁沟料除受出铁间隔时间限制外，捣打的致密度和强度均较低，适用于中小高炉的出铁沟，使用寿命相对较短。浇注法施工在大型高炉出铁沟上使用是可取的，一般大型高炉都有多个出铁口，铁沟料的浇注和烘烤可以得到充分保证。浇注料施工的主要优点是可获得均匀致密的整体沟衬，可大幅度延长出铁沟的使用寿命，且工人劳动强度较低。为了便于维护出铁沟用耐火材料，近期开发的采用喷涂/喷补技术施工的耐火材料性能良好，施工更加方便。该项技术既适用于低水泥浇注料，又适用于凝胶结合浇注料，大大提高了出铁沟的使用性能。

综合来看：目前使用的 Al_2O_3-SiC-C（ASC）质捣打料或浇注料是可以满足当前高炉出铁沟的操作要求的。Al_2O_3-SiC-C 质捣打料有普通捣打料和免烘烤捣打料两种，适用于 $1000m^3$ 以下的中、小型高炉。浇注料主要用于有两个及以上出铁口的大、中型高炉，主要有振动浇注料、快干浇注料、自流浇注料和快干自流浇注料等。

我国国家耐火材料标准规定的高炉出铁沟用耐火浇注料性能指标见表 1.16。

表 1.16 高炉出铁沟用耐火浇注料的理化指标（YB/T4126—2005）

项 目		指 标					
		ASC-1	ASC-2	ASC-3	ASC-4	ASC-5	ASC-6
$w(Al_2O_3)$（不小于）/%		70	53	60	48	48	60
$w(SiC+C)$（不小于）/%		12	25	16	10	17	10
体积密度（不小于）/g·cm^{-3}	110℃×24h	2.90	2.80	2.70	2.40	2.40	2.70
	1450℃×3h	2.85	2.75	2.65	2.35	2.35	2.65
加热永久线变化（1450℃×3h）/%		±0.3	±0.3	±0.5	±0.5	±0.5	±0.5
常温耐压强度（不小于）/MPa	110℃×24h	20	18	20	15	15	20
	1450℃×3h	30	25	40	30	30	40
使用部位		主铁沟线	主沟渣线	主沟	铁沟	渣沟	摆动流槽

C 优质 Al_2O_3-SiC-C 浇注料的特点

采用了高纯原料；物料的组成和粒度得到了调整；具有快速烘干和防爆裂性能；加入少量的金属 Al 粉；加入少量的有机发泡剂；加入少量的有机纤维；具有较好的抗氧化性；加入少量的 Si 粉；加入氮化硅铁；加入了高效反絮凝剂；加入少量的聚磷酸盐，使得材料在使用时具有良好的施工性能。

D ASC 浇注料各原料的作用

出铁沟用 ASC 浇注料一般为低水泥或超低水泥浇注料，主要由 Al_2O_3 骨料，SiC、碳、水泥及各种添加剂配合而成。

a Al_2O_3 骨料

Al_2O_3 骨料是浇注料的主成分，是构成浇注料的颗粒骨架。Al_2O_3 骨料主要包括电熔白刚玉、棕刚玉、亚白刚玉、烧结氧化铝和高铝矾土熟料，使用时应根据材料的使用条件等综合选定。高档材料选用电熔致密刚玉，中档材料选用棕刚玉，低档材料用烧结刚玉或矾土熟料。

b SiC

浇注料中添加 SiC 主要是考虑：（1）可以有效地防止碳的氧化，提高出铁沟耐火材料的抗氧化性；（2）SiC 膨胀系数低，仅为 Al_2O_3 的一半，可以防止 ASC 浇注料加热冷却过程的开裂；（3）SiC 的热导率高，可以提高 ASC 浇注料的抗热震性；（4）SiC 氧化后产生的 SiO_2、CO 和 CO_2 可以有效地抑制材料的氧化；（5）SiC 可以有效地提高材料的抗冲刷性能。但是当 SiC 加入量过大时，材料的高温强度下降，因此 SiC 的加入量需控制在 10%～25%。研究和现场使用表明：SiC 含量高，可以提高浇注料的抗渣侵蚀性。因此浇注料的 SiC 含量往往高达 20%以上。

c　碳

在 Al_2O_3-SiC-C 浇注料中，碳可以阻止熔渣向材料内部渗透；将炉渣限定在耐火材料的表层，提高材料的抗侵蚀性；同时碳还可以提高材料的热导率，提高材料的抗热震性，减轻材料的结构剥落和开裂。碳可以选用石墨、炭黑、沥青焦等原料加入。当然碳在浇注料中的作用效果与碳的加入量和碳原料的种类有关。碳通常以沥青球或焦的形式加入，加入量为 5%左右。

d　水泥

铁水沟用 Al_2O_3-SiC-C 浇注料通常用高铝水泥和纯铝酸钙水泥作结合剂。加入水泥是为了维持材料的低温和中温强度；加入水泥的同时，会带入少量的 CaO，不利于材料的抗侵蚀性；另外水泥的用量增加，浇注料的需水量增加，导致浇注料的气孔率提高，体积密度下降，抗侵蚀性降低。因此铁水沟用 Al_2O_3-SiC-C 浇注料一般为低水泥浇注料和超低水泥浇注料，浇注料中 CaO 的总含量控制在 1.0%～2.5%以下。

e　硅粉（硅素）

加入硅粉可以与材料中的碳在一定温度下生成 SiC。生成的 SiC 在基质中呈两种状态，一种是非常细小的 SiC 晶须，直径约为 0.1～0.5μm，它分布于基质的颗粒与颗粒之间，起到架桥衔接的作用，具有很强的补强效应，可以提高浇注料的高温强度；另一种是呈蠕虫状或絮状的 SiC，它可以改善浇注料的显微结构，使浇注料形成 SiC 结合的 Al_2O_3-SiC-C 材料，可以提高浇注料的抗氧化性和抗渣性。

f　金属铝粉

由于金属铝粉可以和浇注料中的水反应生成 H_2，H_2 排除后留下细小的排气孔，有利于内部水分的排出，可以脱掉部分游离水，同时可以防止在烘烤时产生爆裂。反应过程中放出的热量也可以加快脱水速度，加快浇注料的凝结硬化过程，提高浇注料的强度；此外反应后生成的 $Al(OH)_3$ 凝胶可形成新的结合相，也能提高浇注料的强度。

但是金属铝粉的加入量不宜过多，否则会放出大量的氢气，留下太多的孔道，使得材料的结构疏松，强度降低，抗侵蚀性变差。

g　有机纤维

有机纤维可以防止浇注料在烘烤的过程中发生爆裂，因为有机纤维在浇注料烘干过程中被烧失，留下了排气通道，有利于浇注料中的水分排出。

h　聚磷酸钠

聚磷酸钠加入到浇注料中后，由于其具有分散减水效果，所以可以提高浇注料的体积密度，降低材料的气孔率，提高强度，改善浇注料的施工性能等。选用的聚磷酸钠主要为三聚磷酸钠和六偏磷酸钠等。

i　缓凝剂或促凝剂

浇注料中加入缓凝剂或促凝剂是为了调整浇注料的使用时间，使得浇注料有更好的施工性能。铝酸钙水泥常用的促凝剂有：NaOH、KOH、$Ca(OH)_2$、Na_2CO_3、K_2CO_3、Na_2SiO_3

等；铝酸钙水泥常用的缓凝剂有：NaCl、$BaCl_2$、$MgCl_2$、$CaCl_2$、柠檬酸、酒石酸、葡萄糖酸、乙二醇、磷酸盐和木质磺酸盐等。

E 出铁沟耐火材料的损毁

高炉出铁沟的损毁与其工作的环境有直接的关系。以宝钢 $4000m^3$ 的高炉为例，高炉出铁沟的工作环境是：高炉日出铁量为 1 万吨，出渣量为 3200 吨，出铁速度为 5~7t/min，铁水温度高达 1500℃，停止出铁后出铁沟的温度降到约为 500℃，炉衬材料和渣铁暴露在空气中；因此高炉出铁沟用耐火材料要受到高温铁水和熔渣的热冲击而引起裂纹、化学侵蚀、渗透以及冲刷蚀损。

首先，是高温铁水的作用。由于高炉压力的作用，从高炉内喷涌而出的温度高达 1500℃ 的铁水直接冲击出铁沟工作面，导致沟衬材料冲刷损毁，尤其在冲击区范围内。该处形成的涡流不但加剧了铁水和熔渣对沟衬的热冲击作用，同时也加剧了沟衬的冲刷蚀损，对沟衬材料的损毁最严重，因此，该处的损毁决定了出铁沟的使用寿命。

其次，在冶金工业中，熔渣对耐火材料的损毁是最严重的。由于熔渣中含有比较复杂的化学成分，因此易与耐火材料中发生反应，形成低熔点物质，造成耐火材料结构的破坏，使耐火材料抗侵蚀、抗冲刷等性能降低。高炉出铁时，进入出铁沟内除了高温铁水，还有高温熔渣，熔渣不仅加剧了沟衬的蚀损，而且易黏附在沟壁上，它是损毁沟衬材料的主要因素。另外，熔渣对沟衬材料的损毁依据出铁沟结构的不同也有一定差异。对于贮铁式出铁沟，熔渣的损害主要是冲刷和侵蚀，而对于非贮铁式出铁沟，除了上述作用外，沟壁上黏附的熔渣越来越多地沉积，阻碍了出铁沟的正常使用，因此，炉前须进行扒渣作业，实施扒渣的同时，沟壁耐火材料会随着黏结的熔渣一起被清除掉，这是对非贮铁式出铁沟衬最大的损毁。

再次，虽然高炉是连续作业的高温设备，但出铁却是间歇式作业，使用过程中材料会承受 500℃⟷1500℃ 温度的循环作用，致使沟衬耐火材料要经受温度的急剧变化（在这一点上，贮铁式出铁沟同样比非贮铁式出铁沟有优势），因此温度的急剧变化使沟衬耐火材料抗热震性降低，而且出铁沟内衬施工后在干燥和烘烤时可能会出现裂纹，这会使得材料内部产生横向和纵向裂纹；产生的裂纹在熔渣和铁水的作用下将加速材料的侵蚀、冲刷和损毁。

除以上的损毁情况外，铁水对沟衬材料的渗透作用也是破坏材料组织结构的因素之一，它使材料熔蚀、剥落，从而降低抗冲刷性。上渣线部位熔渣和空气中的 O_2 对浇注料中的 SiC 氧化，使得生成的 SiO_2 溶解于渣膜中，造成材料的化学反应和侵蚀；下渣线部位铁水和其中 FeO 对浇注料中的 SiC 氧化，造成耐火材料的反应和侵蚀。

所以出铁沟耐火材料内衬的使用寿命与 Al_2O_3-SiC-C 浇注料的高温抗折强度有密切的关系。高温抗折强度增加，材料的侵蚀速度降低，因此提高材料的高温抗折强度可以有效地提高材料的抗机械冲刷和抗磨损性能。

F 出铁沟耐火材料的修补

目前大型高炉出铁沟的作业条件十分恶劣，为了减少出铁沟内衬的损耗，人们常采用高级耐火原料提高高炉出铁沟的使用寿命，但是这又导致了出铁沟内衬耐火材料生产成本上升，因而不得不采取某些措施降低成本。

出铁沟内衬在使用过程中并不是全部均匀地受到侵蚀，到使用后期会产生局部的损坏、剥落、龟裂等，特别是贮铁式主出铁沟中，受到从出铁口倾注出的铁水的直接冲击，使得该部位的内衬侵蚀深度可达到 200mm 以上，使铁水滞留，导致出铁沟底部的耐火材料损失殆尽。这时会造成出铁沟内衬因为局部损坏而不能继续使用，若丢弃则造成材料的浪费，提高了炼铁成本。因此为了平衡耐火材料内衬的损耗，就要在有效利用的同时，提高其使用寿命，较好的手段就是采用热喷补法。因此高炉出铁沟热喷补的方法最大限度地发挥了出铁沟耐火材料的潜力，降低了耐火材料消耗，降低了单位成本。

最适宜的喷补时机为出铁沟内衬工作的表面温度从 800℃（呈赤红色）到开始变黑（约 500~600℃）。大致的喷补流程可以通过图 1.9 表示。

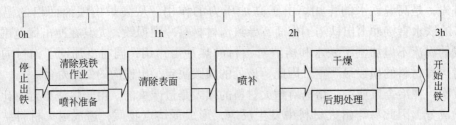

图 1.9　出铁沟喷补流程示意图

目前对出铁沟喷补料的喷补形式有两种：

（1）全面喷补。对主要易损坏的部位，采取有计划的预防性全面喷补以取得均衡损坏的方法。全面喷补法的喷补料使用量大，出铁沟内衬的使用寿命可以得到大幅度的提高，又可以缩短喷补时间，减轻作业强度。

（2）局部喷补。对出铁沟的渣线、铁线等处因为龟裂、剥落、侵蚀等原因形成局部损坏后进行的修补方法。这种方法可以用少量的喷补料进行维修，使得出铁沟内衬的整体消耗达到均衡，并能降低耐火材料的单耗和消耗成本。

在对出铁沟进行喷补时容易出现的问题一是喷补层的密度低，在后续的使用中容易损耗；二是由于喷补料与喷补层材料的性质不同，两者之间会产生黏结不牢和剥离现象，使得喷补工作不易进行，而影响材料的喷补效果。

表 1.17 为我国宝钢出铁沟所用耐火材料的理化指标。

表 1.17　宝钢出铁沟所用耐火材料的理化指标

性　能		指　标							
		ZGTX	ZGTX	TG	ZG	BDIK	TD2	RG10	TD1
体积密度	110℃×24h	≥2.80	≥2.70	≥2.4	≥2.4	≥2.8	≥2.65	≥2.3	≥2.3
/g·cm⁻³	1450℃×2h	≥2.70	≥2.60	≥2.3	≥2.3	≥2.7	≥2.6	≥2.2	≥2.2
耐压强度	110℃×24h	≥20	≥15	≥15	≥15	≥20			
/MPa	1450℃×2h	≥30	≥25	≥25	≥25	≥30			
抗折强度	110℃×24h	≥2.5	≥2.5	≥2	≥2	≥2.5	≥3	≥2	≥2
/MPa	1450℃×2h	≥3.5	≥3.5	≥3	≥3	≥3.5	≥2.5	≥3	≥1.5
线变化率%	1450℃×2h	±0.5	±0.5	±0.5	±0.5	±0.5	±0.5	±0.5	0.5
化学成分	Al_2O_3	≥68	≥50	≥50	≥50	≥68	≥70	≥58	≥50
（质量分数）/%	SiC	≥8	≥30	≥7	≥12	≥8	≥3	≥12	≥10
使用部位		主沟铁线	主沟渣线	铁沟	渣沟	摆动槽	接头	渣沟捣打料	铁沟捣打料

1.2.2.3 撇渣器用耐火材料

撇渣器是利用渣铁密度不同在出铁沟中分离渣铁的装置，如图 1.10 所示。它的工作条件非常恶劣，既要承受流动高温铁水的剧烈冲刷，还要承受熔渣的化学侵蚀，因此，要延长撇渣器寿命，必须在充分实现其基本功能的前提下，设法降低铁流冲刷力和炉渣的化学侵蚀。铁流冲刷力与铁水流速有关，铁水流速越大，冲刷力越强，因此，只有降低铁水流速，才能降低其冲刷力。但对生产中的高炉而言，铁流一般情况下相对稳定，所以，只有扩大撇渣器通道截面积，增大其容积，才能使铁水通过撇渣器时流速减缓，降低其冲刷力。炉渣对撇渣器的化学侵蚀主要指撇渣器过渣时渣对其通道的侵蚀。撇渣器对铁流的局部阻力会引起铁水流速的重新分布，而流速重新分布总是伴随旋涡形成。在旋涡区，部分熔渣质点被铁水卷走，由此造成铁水过渣。局部阻力越大，铁水过渣越严重。当然，撇渣器过渣量一般很少，但它对撇渣器的侵蚀作用不可忽视。因此，改进撇渣器结构以减小局部阻力，既有利于减轻铁水的冲刷作用，也有利于减轻炉渣的化学侵蚀作用，从而有利于撇渣器寿命的延长。渣铁分离器使用的耐火材料是与主铁沟相同的 Al_2O_3-SiC-C 浇注料。

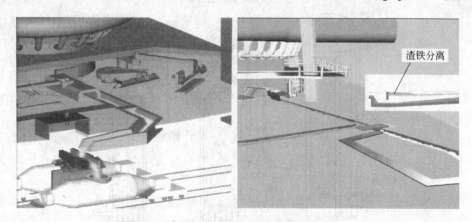

图 1.10 高炉出铁厂撇渣器和渣铁分离示意图

1.3 热风炉用耐火材料

热风炉是为高炉提供热风的设备，是一种蓄热式的热交换器，用于预热高炉热风，为高炉的高效操作提供稳定的高温度热风。热风炉的风量、风温应满足高炉炼铁的需要。风温是高炉炼铁的廉价能源，提高风温可显著增加高炉喷煤量、降低焦比、降低生铁生产成本；高风温是实现高炉炼铁高效化和低能耗的重要手段。为保证连续不断地向高炉供给热风，同时便于设备检修维护以及设备检修维护时不影响风温，一座高炉一般要配备 3~4 座热风炉，寿命应该是高炉寿命的两倍。

1.3.1 热风炉基本构造

热风炉的燃烧室由炉墙围成空塔结构，炉墙内侧砌有一层耐火砖，外侧有 1~2 层保温砖和缓冲填料。底部的燃烧器使引入的煤气和助燃空气充分混合，在燃烧室内燃烧，产生的高温气体导致蓄热室拱顶，再分配到所有格孔中去加热格子砖。燃烧室上部开有热风出口，并接有热风阀、热风管送出热风。

蓄热室的炉墙里砌满蓄热的格子砖，格子砖的格孔上下贯通，孔型有圆形、矩形，矩形孔长短边交错砌筑，以加强对流热交换的效果。蓄热室内格子砖全部支撑在耐热铸铁的支柱和炉箅子上，炉箅子与格子砖的孔眼要对应。热风炉废气在支柱间汇集，从烟道排出；鼓风从冷风口引入，在支柱间分配到所有的格孔，并加热格孔。

1.3.2　热风炉炉型

根据热风炉的燃烧室和蓄热室的布置结构不同，热风炉一般可分为内燃式、外燃式和顶燃式 3 种形式（图 1.11）。目前 3 种热风炉在我国并存。内燃式热风炉分为普通内燃式和霍戈文（Danieli Corus）改进型内燃式热风炉；外燃式热风炉分为地得式、考柏式和马琴式；顶燃式热风炉分为卡卢金（Kalugin）顶燃式和山东冶金设计研究院改进型顶燃式热风炉。

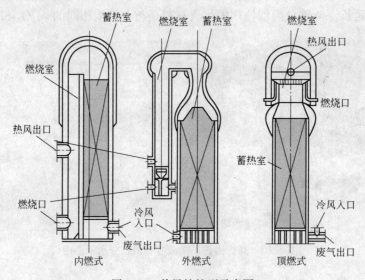

图 1.11　热风炉炉型示意图

相比内燃式热风炉（包括改进型）和外燃式热风炉，顶燃式热风炉结构对称，工程量小、占地少、投资和维护费用低，最为简约合理。壳体内面积有效利用最高，大墙内的断面 100% 用于蓄热。较低的拱顶温度便可以实现高风温和长寿命，耐火材料的工作条件明显改善，可同时做到高风温和长寿命。近年来，我国新建的高炉中已有相当的比例选择了顶燃式热风炉，为了提高温度，内燃式热风炉改造为顶燃式成了首选。顶燃式热风炉已成为热风炉技术发展的主要方向。

改进型内燃式热风炉的燃烧室与蓄热室纵向平行设计在一个壳体内，大墙内用于蓄热的面积仅为约 67%；耐火材料的工作条件较差，质量要求高。

外燃式热风炉燃烧室外置，占地面积大，耐火材料和钢材的消耗量大，基建工程量大，投资高。采用联络管与蓄热室相连，结构复杂，耐火材料尤其是拱顶联络管、联络管端口、陶瓷燃烧器等制造困难、复杂、造价高。炉体结构受力不均匀，实现长寿命较困难。

1.3.3　我国热风炉的发展

（1）1950 年代以来，热风炉主要是传统的普通内燃式热风炉，至今许多中小型高炉还在使用普通型内燃式热风炉。1969 年霍戈文改进型内燃式热风炉在欧美等国家得到成功应用。改进型热风炉是对传统的内燃式热风炉的重大改进和优化，也称为高风温长寿热风炉，1980 年后引入我国。霍戈文改进型内燃式热风炉的关键技术是：使砌体结构有可靠的高温稳定性。热风炉拱顶砌砖形状设计为悬链线形，改善砌体受力条件，增加结构稳定性，同时有利于高温烟气流在蓄热室端面上的均匀分布；拱顶与大墙砖脱开，其载荷由炉壳承受，使两者的膨胀互不影响，改善了拱顶砌体的受力状态；采用矩形陶瓷燃烧器确保煤气与空气充分均匀混合，消除了燃烧脉动并提高了蓄热室的有效面积；高温区采用硅砖。目前平均风温在 1150~1200℃。

（2）国外于 20 世纪 60 年代推广外燃式热风炉，联邦德国、日本通过使用陶瓷燃烧器风温可达 1300~1350℃。80 年代我国开始使用外燃式热风炉，风温和寿命显著提高。

外燃式热风炉是顶燃式热风炉的进化和发展，外燃式热风炉将燃烧室移到炉外，燃烧室和蓄热室纵向平行设置在两个筒体内，拱顶用联络管连接；拱顶和燃烧室顶部连接方式的变化形成了不同的外燃式热风炉。起初的炉型为地得式（DIDER）、马琴式（M&P, Matia and Pagenstecher）和考柏式（Koppers）。后来新日铁在马琴式和考柏式的基础上开发了新日铁式（NSC）。新日铁式热风炉的主要特点是：蓄热式拱顶与燃烧室拱顶结构对称，烟气在蓄热室中分布均匀，传热效率高。发展到现在，外燃式热风炉主要有地得式和新日铁式两种。目前在我国宝钢均为新日铁式热风炉，近年来新建的天钢 2200m³、太钢 4350 m³、鞍钢 10 号2580 m³、马钢两座 3600 m³ 高炉均采用了新日铁式外燃式热风炉；鞍钢鲅鱼圈4038 m³、沙钢 5800 m³ 高炉采用了地得式外燃式热风炉。外燃式热风炉的拱顶温度达到 1500~1550℃，送风温度可达 1200~1300℃。

（3）2000 年以来顶燃式热风炉在我国得到高度重视并迅速推广，采用的专利技术主要是卡卢金顶燃式和山东冶金设计研究院的改进式顶燃热风炉。顶燃式热风炉可以理解为外燃式热风炉的一种特殊形式，即把燃烧室缩短至极限后把燃烧室倒置的结构。顶燃式热风炉自上而下主要由预混室、燃烧室（拱顶）、蓄热室 3 部分组成，具有结构简单、稳定性好、气流分布均匀、布置紧凑、占地面积小、投资省、寿命长等优点。煤气、空气经预混室混匀后直接在拱顶内燃烧，高温热量集中，热损失小，热效率高，较低的拱顶温度就可以获得高的风温。耐火材料的工作条件得到了大大的改善，上部温度高，荷重小；下部温度低，荷重大，配置的耐火材料品种明显减少，组合砖数量及复杂程度显著降低，硅砖得到大量应用。目前全世界共有 100 多座热风炉采用了顶燃式热风炉；我国多采用山东冶金设计研究院设计的顶燃式热风炉，目前在莱钢、泰钢、通钢、攀钢、杭钢、凌钢、重钢等钢厂有应用；采用卡卢金式的有：莱钢、济钢、天钢、湘钢、唐钢、安钢、曹妃甸等钢厂的部分热风炉。

1.3.4　热风炉用耐火材料的发展

20 世纪 50 年代以前，高炉送风温度为 900℃左右，热风炉蓄热体使用的是黏土砖。60 年代由于风温达到了 1000~1100℃，黏土砖已不能作为热风炉蓄热体材质了，因此改用了高铝砖。70 年代，由于送风温度进一步提高到 1200℃，此时使用高铝砖也发生了问题，例如：格子砖发生下沉、变形，炉墙不均匀下沉和开裂等造成热风炉损坏。基于此，热风炉蓄热室炉顶用耐火材料提出了蠕变率的要求。80 年代开始，热风炉送风温度持续升高，一般风温在 1200~1250 ℃，而热风炉和蓄热室上部比通常送风温度高出 200~300℃，在如此高热负荷情况下，热风炉上部一般采用硅砖或 1400~1500℃ 蠕变率低的低蠕变高铝砖。

2000 年以后，随着高风温技术的发展，硅砖全部取代低蠕变高铝砖用于拱顶、上部高温区的蓄热室等高温部位，热风管道采用低蠕变高铝砖或红柱石砖。同时热风炉开始采用 19 孔或 37 孔格子砖取代传统的 7 孔和 9 孔砖。

1.3.5　热风炉炉衬损毁机理

因热风炉的结构形式不同，炉衬的损毁情况也有差异。内燃式热风炉最易损毁的部位是隔墙，外燃式热风炉则是燃烧室和蓄热室的拱顶、两室的连接过桥等高温部位。综合损毁原因主要有以下三点：

（1）热应力作用。热风炉炉衬和格子砖总是处于冷热交变的状态下，受热应力的作用，极易导致砌体产生裂纹、剥落、砌体松动等破坏因素，因此要求耐火材料有良好的抗热震性。

（2）化学侵蚀。由于燃烧用煤气和助燃空气中含有一定的碱性氧化物（氧化铁、氧化锌等），这些物质附着于砌体表面，并向内部渗透，逐渐与耐火材料发生化学反应，生成低熔物，降低了耐火材料的高温使用性能，因此要求耐火材料的纯度高，杂质含量少。

（3）机械载荷作用。热风炉是一种较高的建筑物，蓄热室下部格子砖承受的最大载荷高达 0.8MPa，燃烧室下部衬体承受的载荷也达 0.5MPa 左右，在长期受热的状态下，砌体容易产生较大的收缩变形，严重影响热风炉的使用寿命。因此要求高温区的耐火材料抗蠕变性能好，中温区的耐火材料强度高。

1.3.6　热风炉用耐火材料的性能要求

热风炉是一种周期性重复加热、放热的热工设备；根据目前热风炉的使用情况，热风炉对蓄热材料的要求主要有以下几点：

（1）具有很好的体积稳定性，即在高温使用中不至因为内部晶相结构变化造成永久性过大的膨胀与收缩，使蓄热砖、砌筑体有很好的体积稳定性。表 1.18 为几种热风炉制品的体积稳定性指标。

表 1.18　几种热风炉制品的体积稳定性指标

砖　　种	重烧温度/℃	重烧 2h 后的体积变化/%
硅砖	1500	+0.4
黏土砖，Al_2O_3 42%	1400	−0.2
红柱石砖，Al_2O_3 50%	1500	+0.2
高铝砖，Al_2O_3 55%	1500	+0.2
高铝砖，Al_2O_3 60%	1500	+0.2
高铝砖，Al_2O_3 70%	1500	+3.3

可见，红柱石砖和硅砖在高温下具有优良的体积稳定性，适宜于在热风炉的高温区域使用。

（2）抗高温荷重蠕变性能好。热风炉的炉役时间长达 20 年以上，耐火材料自重产生的负荷很大，因此要求在高温下耐火材料具有良好的抗蠕变性能。而硅砖具有极为优良的高温蠕变性能，其次是组成接近莫来石的高铝制品。

（3）有高的蓄热性能，这要求材质有高密度、高比热容。硅砖的体积密度较小，蓄热能力较差，而且在 600℃ 以下时，容易发生晶型转化，破坏材料的整体性，因此硅砖不适宜在 600℃ 以下的区域使用，另外在热风炉烘炉和停炉时也要缓慢加热或冷却，保证石英晶体的缓慢转化而不损坏材料。

（4）有较高的热导率。高的热导率可以使蓄热体在换热器周期中能以最高速度与效率进行吸热和放热。耐火材料的热导率是耐火材料非常重要的物理性能之一。材料的热导率与材料的化学组成、矿物相组成、致密度、微观组织结构和温度有关。耐火制品与热导率的关系见图 1.12。在铝硅系耐火材料中，耐火材料的热导率随 Al_2O_3 含量的增加而增加；因此如果热风炉的格子砖采用蓄热能力高的高铝砖时，将可以大幅度提高热风炉的风温。

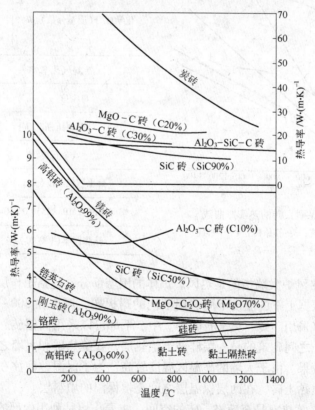

图 1.12　典型耐火制品与热导率的关系

（5）较低的线膨胀系数。线膨胀系数是指耐火材料随温度升高体积和长度增大的性能。图 1.13 给出了几种常见耐火砖的线膨胀率曲线与温度的关系。可以发现在 600℃ 以前，硅砖的线膨胀率很大；超过 600℃ 后线膨胀率几乎不变。因此，硅砖的使用温度应不低于 600℃。

1.3.7　热风炉使用的主要耐火材料

由于热风炉上下温度差极大，因此各段使用的耐火材料相差很大。

（1）热风炉拱顶区。拱顶是连接燃烧室和蓄热室的空间，包括工作层砖、填充料层和绝热层。工作时需要在高温下保持拱顶的结构稳定性，同时还要满足在燃烧时将高温烟气均匀地分配进入蓄热室，因此在设计时将拱顶设计成球形，以避免炉壳受到侧向的推力而不稳定。由于热风炉拱顶区域温度很高，超过1400℃，所以工作层所使用的制品多为硅砖、莫来石砖、硅线石、红柱石砖或低蠕变高铝砖；工作层的外部砌筑的是硅藻土砖或保温黏土砖；最外层填充的是水渣或水渣硅藻土填料。热风炉用硅砖的理化指标见表1.19。

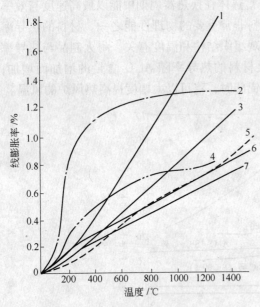

图 1.13　常见耐火砖的热膨胀曲线

1—镁砖；2—硅砖；3—镁铬砖；4—半硅砖；

5，7—黏土砖；6—高铝砖

表 1.19　热风炉用硅砖的理化指标

（YB/T 133—2005）

项　目		规定值 RG-95
化学成分（质量分数）/%	SiO_2	≥95
	Al_2O_3	≤1.0
	Fe_2O_3	≤1.3
显气孔率/%		≤22(24)
显密度/g·cm^{-3}		≤2.32
常温耐压强度/MPa		≥45(35)
残余石英/%		≤1.0
荷重软化温度（$T_{0.6}$）/℃		≥1650
蠕变率（0.2MPa×1550℃×50h）/%		≤0.8
热膨胀率（1000℃）/%		≤1.25

（2）大墙。热风炉大墙指的是热风炉炉体的围墙部分，包括工作层砖、填充料层和绝热层。工作层砖根据上下的温度不同选用不同的耐火砖，厚度在300～500mm之间，由于上部温度最高，多采用硅砖、莫来石砖等。中、下部可以采用高铝砖、硅线石砖和黏土砖等。在大墙与炉壳之间砌筑的是一层硅藻土绝热层，在绝热层和大墙之间填充一层干水渣填料层起保温的效果。由于大墙的高温区温度较高，为了保温，往往在高温区的工作层砖外再砌筑一层轻质黏土砖，在两层保温层之间充填保温的填料层。

（3）蓄热室。蓄热室是充满格子砖的空间，主要作用是利用内部的格子砖与高温烟气与助燃空气进行热交换。因此作为蓄热和传热介质的格子砖，应具有较大的受热面积、较高的热导率和质量，以利于热交换和蓄热；而增大受热面积的方法主要是在单位面积上增加格子砖的孔的数目，所以蓄热室格子砖的孔数有增加的趋势。为了提高材料的热导率，蓄热室内部的格子砖在欧洲就普遍使用黑硅砖，因为黑硅砖中氧化铁的含量较高，密度大，热导率大，蓄热能力强，热交换效率高。因此蓄热室上部采用硅质格子砖，蓄热室中部采用低蠕变高铝砖、莫来石砖、硅线石、红柱石砖等，蓄热室下部一般采用黏土砖。蓄热室用砖理化指标分别见表1.20~表1.22。

表1.20 热风炉用普通黏土砖的理化指标（YB/T 5107—2004）

项　目		指　标		
		RN-42	RN-40	RN-36
$w(Al_2O_3)$（不小于）/%		42	40	36
体积密度/g·cm^{-3}		2.00~2.20	2.00~2.20	2.00~2.20
显气孔率（不大于）/%		22(24)	22(24)	22(24)
常温耐压强度（不小于）/MPa		35	30	25
0.2MPa荷重软化开始温度（不小于）/℃		1410	1350	1300
加热永久线变化/%	1400℃×2h	−0.4~0	—	—
	1350℃×2h	—	−0.5~0	−0.5~0
抗热震性(1100℃,水冷)/次		提供数据		

表1.21 热风炉用低蠕变黏土砖的理化指标（YB/T 5107—2004）

项　目		指　标			
		DRN-125	DRN-120	DRN-115	DRN-110
$w(Al_2O_3)$（不小于）/%		45	42	40	36
体积密度/g·cm^{-3}		2.15~2.35	2.00~2.20	2.00~2.20	2.00~2.20
显气孔率（不大于）/%		22(24)	22(24)	22(24)	22(24)
常温耐压强度（不大于）/MPa		40	35	30	25
压蠕变率(0.2MPa×50h)（不大于）/%		0.8(1250℃)	0.8(1200℃)	0.8(1150℃)	0.8(1100℃)
加热永久线变化/%	1400℃×2h	−0.3~0.1	—	—	—
	1350℃×2h	—	−0.3~0.1	—	—
	1300℃×2h	—	—	−0.4~0.1	—
抗热震性(1100℃,水冷)/次		—	—	—	−0.4~0.1

表1.22 热风炉用普通高铝砖的理化指标（YB/T 5016—2000）

项　目		指　标		
		RL-65	RL-55	RL-48
$w(Al_2O_3)$（不小于）/%		65	55	48
耐火度（不低于）/℃		1780	1760	1740
0.2MPa荷重软化开始温度（不低于）/℃		1500	1470	1420
重烧线变化/%	1500℃,2h	0.1~−0.4	0.1~−0.4	—
	1450℃,2h	—	—	0.1~−0.4
显气孔率（不大于）/%		22(24)		
常温耐压强度（不小于）/MPa		50	45	40
抗热震性(1100℃,水冷)（不小于）/次		6(炉顶、炉壁砖)		

注：括号内的数值是蓄热室格子砖的指标。

（4）燃烧室。燃烧室是煤气燃烧的空间。燃烧室空间的设置与热风炉的炉型和结构有很大的关系。外燃式热风炉的燃烧室与蓄热室分开设置，而内燃式热风炉的燃烧室和蓄热室设置在一个大墙内，中间由隔墙分开，顶燃式热风炉的燃烧室设置在蓄热室的顶部。燃烧室的高温区域使用的是硅砖、莫来石砖或低蠕变高铝砖，中、低温区域使用的是高铝砖和黏土砖。热风炉用低蠕变高铝砖的理化指标见表1.23。

表 1.23　热风炉用低蠕变高铝砖的理化指标（YB/T 5016—2000）

项　目		指　标						
		DRL-155	DRL-150	DRL-145	DRL-140	DRL-135	DRL-130	DRL-127
$w(Al_2O_3)$（不小于）/%		75	75	65	65	65	60	50
显气孔率（不大于）/%		20	21	21	22	22	22	23
体积密度/g·cm^{-3}		2.65~ 2.85	2.65~ 2.85	2.50~ 2.70	2.40~ 2.60	2.35~ 2.55	2.30~ 2.50	2.30~ 2.50
常温耐压强度（不小于）/MPa		60	60	60	55	55	55	50
蠕变率(0.2MPa×50h)（不大于）/%		0.8 (1550℃)	0.8 (1500℃)	0.8 (1450℃)	0.8 (1400℃)	0.8 (1350℃)	0.8 (1300℃)	0.8 (1270℃)
重烧线变化/%	1550℃×2h	0.1~-0.2	0.1~-0.2	0.1~-0.2				
	1450℃×2h				0.1~-0.2	0.1~-0.4	0.1~-0.4	0.1~-0.4
抗热震性（1100℃，水冷/次）		提供数据（炉顶、炉壁砖）						

注：体积密度为设计用砖量的参考指标，不做考核。

（5）隔墙。隔墙是在内燃式热风炉中设置的分开燃烧室和蓄热室的炉墙。热风炉的隔墙是两面加热的炉墙，而大墙为单面加热，因此在内燃式热风炉内部炉墙的膨胀较大，会造成隔墙向格子砖一侧倒塌；另外，隔墙的下部两侧温度差较大，热膨胀的差值较大，工作时隔墙会产生弯曲而裂开，造成底部的炉算子和支柱烧坏。因此砌筑时应该留出膨胀缝和加固的方法。隔墙使用的耐火材料与燃烧室使用的耐火材料相同。

（6）燃烧器。热风炉燃烧器是将煤气和空气混合并送进燃烧的设备。热风炉使用的燃烧器分为金属材质和陶瓷材质两种，其中陶瓷材质的燃烧器主要是莫来石质或堇青石-莫来石质。堇青石砖理化指标见表1.24。

表 1.24　热风炉陶瓷燃烧器用堇青石砖的理化指标（YB/T 4128—2005）

项　目	规定值	
	RT-A	RT-B
$w(Al_2O_3)$（不小于）/%	46	55
$w(Fe_2O_3)$（不大于）/%	2.0	1.5
$w(MgO)$（不大于）/%	3.0	3.0
$w(Na_2O+K_2O)$（不大于）/%	1.5	1.0
显气孔率（不大于）/%	25	23
体积密度（不小于）/g·cm^{-3}	2.15	2.30
常温耐压强度（不小于）/MPa	40	55
0.2MPa荷重软化温度($T_{0.6}$)（不小于）/℃	1420	1520
加热永久线变化/%	±0.2(1350℃×2h)	±0.2(1400℃×2h)
抗热震性（1100℃，水冷）（不小于）/次	40	70

我国宝钢外燃式热风炉各部位用耐火材料的配置见表 1.25。

表 1.25　宝钢外燃式热风炉用耐火材料配置

部　位	位　置	耐火材料	备　注
蓄热室大墙	上部	硅砖	莫来石砖
	中部	高铝砖	
	下部	黏土砖	
蓄热室格子砖	上部	硅砖	莫来石砖
	中部	高铝砖	
	下部	黏土砖	
两拱顶		硅砖	炉皮存在高温酸气体腐蚀
燃烧室	上部	硅砖	莫来石砖
	下部	高铝砖	
混风室		高铝砖	莫来石砖
陶瓷燃烧器	上部	堇青石砖	
	下部	黏土砖	
冷风管		黏土砖	
热风管		高铝砖	莫来石砖

1.4　焦炉用耐火材料

焦炉是将煤加热到 950~1100℃后，干馏制得焦炭及化工产品的一种使用寿命长、结构复杂并可连续生产的热工设备，主要由炭化室、燃烧室、炉顶、斜道、蓄热室及小烟道等部分组成。结构如图 1.14 所示。

1.4.1　焦炉炭化室用耐火材料

炭化室是从炉顶装入焦煤，并经隔壁的燃烧室加热后将焦煤炭化后，从一侧将焦炭推出的空间，它是一种周期性工作的窑炉。在炼焦过程中，由于炭化室墙必须能承受 600~1300℃。温度的变化，因此，必须选用具有良好热传导性以及在以上温度区间内具有低体积膨胀性、高荷重软化点及高温稳定性的硅砖作为其砌筑材料。

1.4.2　焦炉炉头和炉门用耐火材料

在炉头部位，因为每次推焦操作时摘取炉门，即有对炉头的磨损，也使得炉头部位的散热极为迅速，从而使得炉头耐火材料工作温度区间也相应增大，为 270~1100℃左右，对于硅砖，在 500℃以前，其体积膨胀量占总膨胀量的 75%~80%，因此不适合作炉门的耐火材料，所以炉头与空气接触部位只能使用抗热震性好、耐磨损的高铝砖或硅线石砖。

焦炉炉门主要作用是将炭化室闭合使其成为一个密封的空间供炼焦使用。在设计焦炉炉门衬砖时，既要考虑保温性能，又要考虑其衬砖的结构强度。为了保证炉头焦炭成熟，炉门用材料必须保温隔热，防止热量从炉门衬砖处流失。同时，焦炉在推焦、装煤时都要

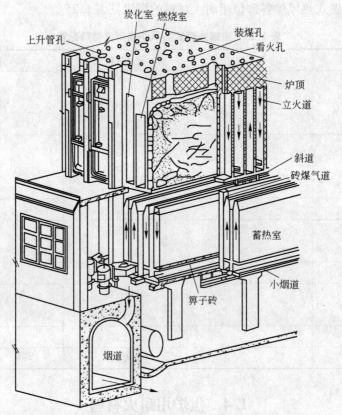

上升管孔　　炭化室　燃烧室　　装煤孔　　看火孔

炉顶

立火道

斜道

砖煤气道

蓄热室

小烟道

箅子砖

烟道

图 1.14　焦炉结构示意图

摘取炉门，要求炉门衬砖必须具有高强度、高耐磨性能及抗热震性。目前，炉门衬砖主要采用堇青石砖或是表面上釉高铝质浇注料，水冷、热震次数均在 50 次以上。曾经使用过漂珠砖-聚轻砖，主要考虑到炉门质量及摘门机构的承载力。但经过长时间使用后，因为该砖孔隙率过大，造成渗碳，最终未在焦炉炉门衬砖上使用推广。

1.4.3　焦炉炭化室底部用耐火材料

焦炉炭化室底部因常受托煤板的摩擦，磨损严重，故将该部位的砖进行特别加厚处理，材质与炭化室的侧墙材料相同。

1.4.4　蓄热室用耐火材料

蓄热室主要是进行热交换的空间，其作用是吸收高温废气内的热量，并预热上升的空气与高炉煤气。现在的蓄热室主要采用黏土质的 12 孔薄壁格子砖。同时，为了防止因为高炉灰与黏土砖反应而将格子砖出口堵塞，在格子砖最上面两层采用低铝黏土砖。蓄热室格子砖已经开始使用纳米表面涂覆材料对表面改性，改变其热导率，提高格子砖的吸热及放热速率，增加热传递效率。蓄热室的中下部也有采用半硅砖的。

1.4.5　焦炉小烟道用耐火材料

焦炉小烟道主要用于空气、煤气的长向分配以及燃烧后高温废气的导出。在空气与煤气的导入过程中，由于高炉煤气内主要含有碱性物质，所处环境温度为270℃左右，因此会对耐火材料产生一定的腐蚀。小烟道衬砖主要采用黏土砖。

1.4.6 焦炉用不定形耐火材料

焦炉用不定形耐火材料主要是火泥与浇注料。焦炉用火泥主要有中温硅火泥、低温硅火泥及黏土火泥。火泥作为焦炉耐火砖的黏结材料及填缝材料，其作用应该是在冷态下有一定的黏结强度，以保证砌体不会滑动，不会变形；在热态下则应该具有良好的黏结性及可压缩或膨胀变形性能。若要保证砌体的结构强度，使砌体达到最佳工作状态，火泥（黏结剂）的烧成后黏结抗折强度应为耐火砖抗折强度的1/3~1/2。

1.5 球团竖炉和烧结机用耐火材料

随着炼铁高炉的大型化，烧结矿和球团矿的需求量越来越大，同时为了稳定高炉操作和提高生产效率，入炉料必须具有足够的强度和适宜的粒度，以保证炉内气体的顺行和物料的透气性。烧结技术得到了较快的发展，球团竖炉和烧结机已成为大型钢铁联合企业必不可少的重要设备，而且普遍向大型化方向发展。

1.5.1 球团竖炉用耐火材料

球团竖炉是将球团矿生球焙烧成具有良好冶金性能的优质含铁原料的热工设备。竖炉按其断面形状可以分为圆形和矩形两种，但目前各国多以矩形球团竖炉为主。竖炉主要由炉膛、燃烧室、烟道和导风墙等部分组成。

球团竖炉是在正压下进行操作的，煤气以一定的压力喷入燃烧室进行燃烧，生成的高温烟气沿燃烧室火道进入竖炉炉膛，加热和焙烧球团，因此燃烧室必须密封，否则难以形成足够的压力，废气难以穿透料柱，满足不了焙烧的工艺要求。由于燃烧室的温度不高，在1100℃左右，所以采用的耐火材料主要是黏土砖和高铝砖。为了保证燃烧室的密封性，砌筑时砖缝不能超过2mm，每层砖采用磷酸盐泥浆砌筑。导风墙的设置有利于缩短冷却风所通过的料层，使阻力减小。导风墙要承受高温气流的冲刷和球团矿的磨损，因此使用的耐火材料为优质的黏土砖和高铝砖。

1.5.2 烧结机用耐火材料

烧结机是将铁精矿粉、结合剂和熔剂等混合物料在高温下烧结成块矿的设备。根据烧结方式的不同，烧结机可以分为间歇式烧结机和连续式烧结机两大类。间歇式烧结机有从炉算子下往上鼓风的烧结锅和在炉算子下抽风的固定式烧结盘或携动式的烧结盘，以及悬浮烧结设备等。因为它不是连续生产，有生产效率低和劳动条件差等缺点，所以间歇式烧结机只在一些小厂使用。连续式烧结机有环式和带式两种，目前广泛使用的是带式烧结机。带式烧结机由烧结机驱动装置、烧结车轨道和导轨、台车、装料装置、点火装置、抽风箱和密封装置等组成。

烧结机使用耐火材料的部位主要有点火器、烧结机热风管、风箱和冷却罩等部位的内衬。点火器由耐火材料衬体和烧嘴等部分组成，使用温度为1100~1300℃。点火器炉墙和炉顶一般采用黏土砖或高铝砖砌筑，也有用同材质的耐火浇注料预制块的。热风管、风箱和冷却罩等部位的使用温度较低，一般采用轻质喷涂料或耐火浇注料砌筑。

1.6   非高炉炼铁用耐火材料

非高炉炼铁法是指除高炉炼铁外的其他还原铁矿石的方法。非高炉炼铁法可以归结为两大类：直接还原法和熔融还原法。

近年来，非高炉炼铁工艺得到了大力的发展，主要原因是：

（1）由于焦煤的储量越来越少，价格越来越高，而非高炉炼铁则可以使用非焦煤和其他能源作燃料，基本不用或少用焦炭炼铁。

（2）随着钢铁冶金工业的发展，废钢的需求量大大增加，废钢供应量日益紧张，非高炉生产的海绵铁是废钢的良好替代品。

（3）非高炉炼铁省去了炼焦设备，投资费用低，污染少。

这些原因为非高炉炼铁的发展提供了有利条件。

1.6.1   直接还原法用耐火材料

直接还原法生产的主要产品有固态的海绵铁、铁粒和液态的生铁，其中以海绵铁生产方法最为成熟，产量最大。海绵铁生产主要是用铁精矿、氧化铁皮等含氧化铁高的原料在还原介质作用下被还原成金属铁，该反应是固相反应，并放出很多气体，在生成的固体铁里有很多气孔，像海绵一样，故称海绵铁。反应温度一般在 800～1300℃，所用的还原介质主要有煤、天然气和煤气等非焦还原剂。所用的设备主要有竖窑、方形窑、环形窑、回转窑、隧道窑、台车底连续炉等。

目前世界上以天然气为还原介质的竖窑生产海绵铁为主，约占80%。不管是哪一种窑，使用温度都不高，所以一般铝硅系耐火材料作为窑衬就能满足温度的要求。但是需要注意的是耐火材料里的 Fe_2O_3 在 CO 气氛条件下会还原生成金属铁和 Fe_3C。Fe_3C 的存在会促进炭的沉积，导致耐火材料的脆化裂解，因此为了提高设备炉衬的使用寿命，应该降低耐火材料中的 Fe_2O_3 含量，同时使材料的组织结构致密，气孔微细化。

1.6.2   熔融还原炉用耐火材料

熔融还原炼铁新工艺是不使用焦炭或少用焦炭，在高温熔融状态下进行铁氧化物的还原，并进行渣铁分离，得到类似高炉的含碳铁水的一种冶炼方法，它具有冶金流程短，规模较小，对环境的污染小等特点。但由于其开发过程浩大繁琐，投入巨大，并且很多工程问题须通过工业生产实践才能得出正确结论，因此一度处于停滞状态。随着对其理论技术的认知不断加深，并迫于生态环境、自然资源的压力，加速了熔融还原和直接炼铁技术的发展。经过数十年的研究开发，现已有 30 多种熔融还原炼铁工艺问世，但 COREX 熔融还原炼铁工艺是目前唯一实现了工业化生产，率先取得成功的近代钢铁业前沿技术之一。该方法的优点：（1）不用焦炭和烧结矿就可以直接生产铁水；（2）可以直接利用粉矿和粉煤，有效利用资源，吨铁能耗下降20%以上；（3）生产线和装备简单；（4）有利于环境保护，它不需要烧结机和焦炉，减少了污染源，使炼铁厂的污染减少了70%；（5）流程投资降低，生产规模灵活；（6）提高了生产效率。

  COREX 的研究工作始于 1977 年，在 20 世纪 80 年代初期进行了半工业试验，并于 1989 年在南非伊斯科公司首次实现工业化应用。如今，全世界目前有 4 套 COREX C2000 型设备正在生产，累计已生产出优质铁水 1700 万吨。韩国浦项钢铁公司于 1995 年投产了世界上第一套 C2000 设备，年产铁水 70 万吨，生产稳定，作业率超过 95%，输出煤气用于发电。南非萨尔达纳钢铁公司 C2000 设备于 1999 年投产，年产铁水 65 万吨，输出煤气供直接还原竖炉生产海绵铁 80 万吨/年。印度金达尔公司第一套 C2000 设备于 1999 年投产，原料选用非常灵活，生产率达 128t/h，年产铁水近百万吨；第二套于 2001 年投产，输出煤气用于发电和生产氧化球团。我国宝钢集团浦钢第一套 C3000 型 2007 年投产，设计 150 万吨/年；第二套 2010 年投产。图 1.15 为 COREX 工艺流程示意图。

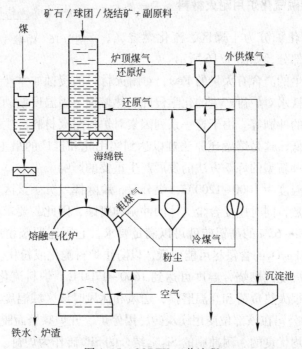

图 1.15   COREX 工艺流程

  熔融气化炉是 COREX 工艺生产铁水的重要设备。熔融气化炉位于 COREX 系统的下部。该炉上部呈扩大的半球形，下部为圆柱形。煤、熔剂与还原铁矿通过加压密封料仓进入熔融气化炉顶部。煤入炉后，与约 1000~1100℃的煤气相遇，迅速干燥、干馏、炭化，并下降到炉体圆柱体部分。之后，又受到从下部风口送入的氧气流作用，形成稳定的流化层，流化层下部温度为 1600~1700℃。炭化后的煤炭粒子与氧气反应，先产生 CO_2。随着气流上升，CO_2 遇碳被还原转化为 CO。为改善煤气质量，提高还原能力，保护风口，特别从风口通入蒸汽。因此，熔融气化炉顶部排出的高温煤气中含有 CO+ H_2 占 95%。这种高温煤气兑冷煤气调温到 900℃，送入热旋风除尘器中，净化后，再通过还原竖环管进入还原竖窑。热旋风除尘器净化沉降的尘粒经尘斗用冷煤气送回到熔融气化炉。

  从熔融气化炉球形顶部进入炉内的高金属化预还原炉料在下降过程中被加热，熔化并最终成为铁水和熔渣。还原竖窑位于 COREX 系统上部，呈圆柱形。由熔融气化炉产生的还原气体（煤气）经过调温和净化，从还原竖窑的中下部风口进入窑内，穿过固体料层（从竖窑顶部加入的矿石和熔剂）上升，固体料靠自重下降，被高温还原气体加热、还原。还原后的金属化铁料通过竖窑下部排料器和下料管连续均匀地落入熔融气化炉。COREX 熔融还原炼铁工艺分预还原和熔炼两个阶段。预还原阶段是在竖窑里把铁矿石固相还原成金属铁或海绵铁，然后海绵铁就直接进入熔融气化炉而炼成铁水的熔化阶段。

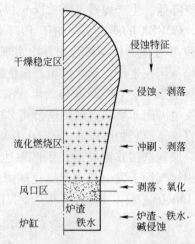

图 1.16　熔融气化炉各区域侵蚀情况

1.6.3　COREX 熔融气化炉用耐火材料

一般将熔融气化炉分为干燥区、流化燃烧区、风口区和炉缸四个部分，如图 1.16 所示。

熔融还原法产生的渣含有大量的 FeO，对耐火材料的侵蚀非常严重。炉衬蚀损主要是渣熔蚀、碱蒸气和铁水对炉衬产生的化学侵蚀、热熔损、因温度波动产生的热剥落、炉料的撞击和炉尘气体的冲刷等。由于这一系列因素对炉衬耐火材料产生的严重损毁，导致了设备的使用寿命很低，这是熔融还原法难以达到实用化和推广的最主要原因之一。因此，炉衬耐火材料对这种新型的炼铁方法的发展产生重要的影响。

因为干燥区的温度为 1000~1200℃，煤分解，脱除挥发分。该区域的炉衬受到炉料机械撞击作用非常强烈，同时还受含尘气体的冲刷和腐蚀，因此，要求炉衬耐磨。该区域使用 Al_2O_3 含量为 55%~65% 的高铝砖就可以满足要求，它同还原竖窑的窑衬一样，为了提高使用寿命，要求 Fe_2O_3 的含量尽可能地低，以防止炉衬脆化或粉化。

由于煤在流化燃烧区燃烧，温度可达到 1600~1700℃。炉料流化，对炉衬冲刷严重，耐火材料炉衬承受很大热负荷和高温磨损，送风和休风时该区域温度波动很大而又引起剥落。南非的 ISCOR 公司在该部位使用镁炭砖，因停炉、开炉频繁而脱落严重。应该选用抗热震性和热稳定性均优良的、耐冲刷的 Si_3N_4 结合的 SiC 砖作为炉衬。

熔融气化炉的风口采用氧操作，风口砖的热负荷高，工作条件苛刻。对含碳耐火材料有较强的氧化作用。熔渣和铁水在该处形成，因此高温下的风口砖受到强烈的腐蚀作用。风口采用 SiC 砖，风口上部至检修孔部位炉衬采用镁炭砖，它有水化现象，建议用 Si_3N_4 结合的 SiC 砖作为内衬。风口组合套砖，采用 β-SiC 结合的 SiC 砖效果很好。通过对 Al_2O_3-Cr_2O_3 砖进行侵蚀试验，结果发现：它抗侵蚀性非常好，耐剥落也非常好，因此风口及其以上区域应该用碳化硅砖和铬刚玉砖。Sialon 结合刚玉砖也应该是非常好的选择。

熔融气化炉的炉底、炉缸和铁口等部位的耐火材料炉衬始终与高温铁水和熔渣相接触，所产生的侵蚀是耐火材料损坏的主要原因。所用耐火材料与高炉的相当，主要用微孔炭砖，并用一层陶瓷杯。在出铁口仍用 Al_2O_3-SiC-C 材料，这些耐火材料与高炉炉底和炉缸用耐火材料相同，可参阅高炉用耐火材料部分。表 1.26 是宝钢 CEREX3000 耐火材料使用情况。

表 1.26 宝钢 CEREX3000 耐火材料使用情况

部　位	耐　材　配　置
拱顶区	上部：高铝喷涂料+轻质喷涂料 下部：刚玉砖+保温砖
半焦床区	上部：铸铁冷却壁+Sialon-刚玉砖 下部：铜冷却壁+刚玉砖
风口区	大型刚玉预制块
陶瓷杯	侧壁：　Sialon-刚玉砖 陶瓷垫：上层莫来石砖+黏土砖+中心砖 　　　　下层莫来石砖+中心砖
炉　缸	炉缸侧壁和象脚部位：微孔炭砖+超微孔炭砖
炉　底	炉底：普通炭砖+高导石墨砖

2 铁水预处理用耐火材料

2.1 铁水预处理简介

铁水预处理是指铁水进入炼钢炉之前采取的冶炼工艺。铁水预处理工艺始于铁水炉外脱硫，1877 年，伊顿（A. E. Eaton）等人用以处理不合格的生铁。铁水预脱硅、预脱磷始于 1897 年，英国人赛尔（Thiel）等人用一座平炉进行预处理铁水，脱硅、脱磷后在另一座平炉中炼钢，比两座平炉同时炼钢效率成倍提高。到 20 世纪初，由于人们致力于炼钢工艺的改进，所以铁水预处理技术发展曾一度迟缓。直至 20 世纪 60 年代，随着炼钢工艺的不断完善和材料工业对钢材产品质量的要求日趋严格，铁水预处理得到了迅速的发展，并逐步成为钢铁冶金的必要环节。

传统的炼钢方法常将炼钢的所有任务放在转炉内的炼钢工艺中去完成。但是随着钢铁原料、燃料的日趋贫化，造成了这些原料、燃料中的磷、硫含量高，使得炼钢用铁水中初始磷、硫含量增加；另外，随着科学技术进步的发展，用户对炼钢产品的质量、性能的要求越来越苛刻，这就要求钢中的杂质含量如磷、硫含量很低才能满足用户的要求。而传统的转炉炼钢方法，由于炉内的高温和高氧化性，转炉的脱磷、脱硫能力受到限制。因此为了解决这些矛盾，现代的高炉炼铁和转炉炼钢之间采用了铁水预处理工艺，对进入转炉冶炼之前的铁水做去除杂质元素的处理，以扩大钢铁冶金原料的来源，提高钢的质量，增加转炉炼钢的品种和提高技术经济指标。铁水预处理工艺实质上是把原来在转炉内完成的一些任务在空间和时间上分开，分别在不同的反应器中进行，这样可以使冶金反应过程在更适合的环境气氛条件下进行，以提高冶金反应效果。目前，铁水预处理工艺已经发展到了很成熟的阶段，先进国家的铁水预处理比例高达 90%~100%。

2.1.1 铁水预处理的目的

铁水预处理是指铁水在进入转炉炼钢之前，为了去除某些有害成分或回收有益成分的处理过程。针对炼钢而言，主要是使铁水中的硅、硫、磷含量降低到所要求的范围，以简化炼钢过程，提高钢材的质量。

在铁和钢的生产过程中，硫之所以成为主要脱除或控制的元素之一，是因为它对钢的性能有着多方面的影响。

（1）热脆：硫在铁液中以 FeS 形式存在，1600℃硫在铁液中能无限溶解，但其溶解度随温度的降低而减小，在固态铁中的溶解度很小。在钢液凝固过程中，低熔点（1193℃）的 FeS 将浓聚于液相中，并将与 Fe 形成低熔点共晶（988℃），最后凝固时形成网状组织分布于铁晶粒周界上。当钢在热加工的加热过程中，温度超过 1100℃左右时，富集于晶界的低熔点硫化物将使晶界成脆性或熔融状态，在轧制或锻造时，即出现裂纹，这种现象称为"热脆"。

（2）疲劳断裂：钢材的疲劳断裂是由于使用过程中钢材内部显微裂纹不断扩展的结果。当硫含量偏高时产生晶界裂纹，这就是由于硫高而导致疲劳断裂的原因。

（3）力学性能：硫化物夹杂对钢材力学性能的影响，主要是由于硫化物夹杂在钢材加工中易变成长条状和片状，因此使钢材横向抗拉强度及塑性大大下降，同时冲击韧性也下降。

（4）抗蚀、焊接和切削性能：钢中硫化物夹杂还会引起坑蚀现象。在钢的焊接过程中，钢中的硫化锰夹杂能引起热撕裂。硫对钢还有一种很好的影响，即它能改善钢的切削性能。

2.1.2 铁水预处理工艺方法

铁水预处理是对炼钢用铁水进行脱硅、脱磷和脱硫处理（简称为"三脱"），主要在出铁沟、鱼雷式混铁车、铁水包和混铁炉中进行。

铁水预处理工艺方法有：铁水沟连续处理法（铺撒法）、铁水罐喷吹法、机械搅拌法、专用炉法、摇包法、转鼓法、钟罩法以及喷雾法等。

铁水沟连续处理法：此法是一种最简易的铁水预处理方法，可分为上置法和喷吹法两种。前者只需将预处理剂铺撒在铁水沟适当的位置，预处理剂即随铁水流下，靠铁流的搅动和冲击使预处理剂和铁水发生反应而脱出有关杂质元素；而后者则需在铁水沟上设置喷吹搅拌枪或喷粉枪，使预处理剂经喷吹搅拌强化与铁水的接触。

铁水罐喷吹法：将预处理剂用喷枪喷入铁水罐内的铁水中，使其与铁水充分反应，以达到净化铁水、脱除或提取有关元素的目的。铁水罐有鱼雷罐和敞口罐之分。

机械搅拌法：将置于铁水表面的预处理剂通过搅拌与铁水有效接触的一种高效方法，这种方法多用于深度脱硫。

专用炉法：此法是用一种容量宽松易于控制的铁水预处理专用设备处理铁水，也有用转炉作为专用炉的。

铁水预脱硫的各种处理方法如表 2.1 所示。

表 2.1 铁水预脱硫处理方法

脱硫方法	脱硫设备	脱硫剂加入方式	铁水搅拌方式
铺撒法	铁水沟 铁水罐	铁水沟和铁水罐的底部	利用铁水流的冲击和涡流进行搅拌
摇包法	铁水罐	加入铁水罐	利用旋转包的偏心摇动进行搅拌
搅拌法	铁水罐	加入铁水罐	利用耐火材料搅拌器进行搅拌
喷吹法	铁水车 铁水罐	用载气喷入铁水车或铁水罐的深部	在喷枪喷脱硫剂的同时进行搅拌
底吹搅拌法	铁水罐	加在铁水的表面	由铁水罐底部透气砖吹入气体进行搅拌
钟罩插入法	铁水罐	将装有镁焦的钟罩插入铁水中	从钟罩逸出的镁蒸气搅动铁水

目前在国内外各钢厂中较流行的铁水预处理方法为搅拌法（KR 机械搅拌法）和喷吹法。

2.1.3　KR 法与喷吹法在铁水预脱硫中的应用

（1）KR 机械搅拌法：此法是将耐火材料浇注并经过烘烤的十字形搅拌头，浸入铁水包熔池一定深度，借其旋转产生的漩涡使氧化钙或碳化钙基脱硫粉剂与铁水充分接触反应，达到脱硫目的。优点是动力学条件优越，有利于采用廉价的脱硫剂如 CaO，脱硫效果比较稳定，效率高，脱硫到 0.005% 以下，脱硫剂消耗小，适应于低硫品种钢要求高、比例大的钢厂采用。缺点：设备复杂，一次投资较大，脱硫铁水温降大。

（2）喷吹法：利用惰性气体（N_2 或 Ar）作载体将脱硫粉剂（如 CaO、CaC_2 和 Mg）由喷枪喷入铁水中，载气同时起到搅拌铁水的作用，使喷吹气体、脱硫剂和铁水三者之间充分混合进行脱硫。目前，以喷吹镁系脱硫剂为主要发展趋势。优点是设备费用低，操作灵活，喷吹时间短，铁水温降小，相比 KR 法，一次投资少，适合中小型企业的低成本技术改进。缺点：动力学条件差，在都使用 CaO 脱硫剂的情况下，KR 法的脱硫效率是喷吹法的四倍。

（3）KR 法与喷吹法的比较

1）技术与设备：在喷吹法中，单吹颗粒镁脱硫工艺因其设备用量少、基建投入低、脱硫高效经济等诸多优势而处于脱硫技术的主要趋势之一，在相当长的时间我国都是引进国外的技术和设备，到 2002 年 10 月国内才首次开发出铁水罐顶吹单一钝化颗粒金属镁脱硫成套技术设备。整套装置中，除重要电器元件采用进口或合资的外，其余机电产品 100% 实现了国产化，包括若干最关键的技术设备。喷吹技术和设备的国产化直接降低了建设投资和运行操作成本，从前期的一次性投资来看，要比 KR 法略有优势。

虽然搅拌法的技术专利也是国外拥有，可从其设备和技术本身而言并没有难点。机械构成是常规的机械传动和机械提升，加料也采用的是常规大气压下的气体粉料输送系统，可以说在系统的机、电、仪、液等方面的技术应用都是十分成熟，尽管如此，KR 法设备仍然是质量大且复杂，可它的优势是运营操作费用低廉，由此所产生的经济效益完全可以弥补前期的一次性高额投资。根据有关推算，一般 3~5 年即可收回所增加的投资。

2）脱硫效果：一般对铁水预处理的终点硫含量要求是不高于 0.005%。喷吹法因其脱硫剂 Mg 的较强脱硫能力，KR 法由于其表现出的动力学条件，在可以接受的时间内，一般（≤15min）它们都能达到预处理要求的目标值。在喷吹法中，复合脱硫剂使用 CaO 比例越高，脱硫效果越差，使用纯镁时脱硫效果最好，KR 法使用 CaO 脱硫剂脱硫率仅略低于喷吹法纯镁脱硫剂的脱硫率。

3）温降：铁水温降的消极影响是降低了铁水带入转炉的物理热，主要体现在转炉兑入废钢的比例下降，导致转炉冶炼的能耗和物料消耗升高，直接影响了冶炼的经济成本。KR 法的动力学条件好，铁水搅拌强烈，而且 CaO 的加入量较大，导致温降也大。目前国内 KR 法工艺应用较成熟的武钢可以使温降控制在 28℃ 左右。相比之下，镁基脱硫温降比较小，主要原因是喷吹法动力学条件差，铁水整体搅拌强度不大，热量散失少，金属镁的脱硫反应过程是个放热反应，镁的利用率高，脱硫粉剂加入量少。

4）铁损：铁水预处理脱硫过程的铁损主要来自两部分：脱硫渣中含的铁和扒渣过程中带出的铁水。一方面，较少的脱硫剂产生的脱硫渣少，则渣中铁含量也低，由此颗粒镁喷吹脱硫的铁损少一些；另外，颗粒镁喷吹脱硫的渣量少，扒净率相对低，而 KR 法的脱硫渣扒净率相对高。喷吹法时，采用脱硫剂的 CaO 含量越高，则扒渣铁损越大，而 KR 法使用 CaO 作为主要脱硫剂成分，其铁损只是略高于喷吹镁脱硫铁损。

2.2　铁水预处理用耐火材料

铁水预处理通常在高炉出铁沟、鱼雷式铁水罐和铁水包中进行。铁水预处理用耐火材料一般指用于下列几方面的耐火材料：出铁沟用耐火材料；鱼雷式铁水罐和铁水包用耐火材料；喷枪用耐火材料；铁水搅拌器用耐火材料。

2.2.1　铁水预处理剂

脱硫剂常用的有活泼金属脱硫剂（金属镁）、碳化物脱硫剂（如电石 CaC_2）、碳酸盐脱硫剂（如苏打）、氧化物脱硫剂（如石灰）。脱硅和脱磷剂皆以氧化物为主，辅以熔剂和活化剂。氧化剂有固体氧化剂（铁磷等）和气体氧化剂（氧气）；熔剂主要是石灰和苏打，起固化硅、磷等氧化物的作用，形成稳定的硅酸盐和磷酸盐，同时降低熔渣的熔点。活化剂是用来激化脱硅、脱磷反应的物质（如萤石和氯化钙等），也起助熔的作用。铁水预脱硫常用的脱硫剂有四种：石灰粉系、碳化钙系、钝化镁系、苏打粉系。各脱硫剂的优缺点见表 2.2。

表 2.2　各脱硫剂的优缺点

脱硫剂	优　点	缺　点
石灰粉系	价格便宜，脱硫对罐体耐材侵蚀少，扒渣容易	脱硫效率低，温降大，铁损大，易受潮失效
碳化钙系	脱硫效率高，渣量少，温降小，易于防止回硫	易受潮，易产生爆炸，对运输贮存和使用要求高
钝化镁系	脱硫能力强，耗量少，渣量少，温降小，铁损低	高温时，脱硫效率低，要求喷入铁水的深度大，价格高
苏打粉系	价格便宜	脱硫效率低，温差大，污染环境，渣稀，扒渣困难

目前发展了一种单吹颗粒金属镁的铁水预处理脱硫方法。铁水包单吹颗粒金属镁脱硫技术是为了进一步提高脱硫效率和金属镁的利用率，降低生产运行成本而在共吹法基础上发展起来的新型脱硫方法，它取消碳化钙，而单吹颗粒镁，比混吹（镁+石灰）节省成本，脱硫效率高，可将铁液中 S 含量降至 0.001% 以下，脱硫剂利用率可高达 95% 以上。

脱硫机理：吹入铁水的颗粒镁经喷枪上的气化室预热，在喷枪出口处迅速得到气化，并溶入铁水。气化上升或溶入铁水中的镁在载流气体搅拌下与铁水中的硫进行充分的接触，发生高效的脱硫反应，从而达到最经济的脱硫目的。

镁在铁液中的行为：$Mg(s) \rightarrow Mg(l) \rightarrow Mg(g) \rightarrow [Mg]$，经历熔化、气化、溶解过程。铁水中溶解镁与硫反应：$Mg(g) + [S] = MgS(s)$。

单吹颗粒镁铁水脱硫工艺相对于 KR 搅拌法脱硫工艺而言，设备用量少，基建投入低，脱硫效率更高，脱硫效果更好，铁水温降低，铁损低。但是喷吹法最大的缺点是动力学条件差。有研究表明：在都使用氧化钙脱硫剂的前提下，KR 搅拌法的脱硫率是喷吹法的四倍。另外，颗粒镁的高昂价格也限制了喷吹法的发展。两者具体的性能比较见表 2.3。

表 2.3　搅拌法与纯镁喷吹工艺的比较

工艺方法	处理容器	脱硫剂	脱硫剂消耗 /kg·t^{-1}	脱硫率 /%	处理时间 /min	最低硫量 /%	处理温降 /℃	铁损 /kg·t^{-1}	钢厂
KR 法	100t	CaO	4.69	92.5	5	≤20×10^{-4}	28	15.4	武钢二炼
纯镁喷吹	100t	Mg	0.33	≥95	5~8	≤10×10^{-4}	8.12	7.1	武钢二炼

2.2.2　铁水预处理对耐火材料的作用与要求

各种预处理剂对耐火材料都有很强的侵蚀作用，尤其是苏打灰系预处理剂中 Na_2O 具有很好的脱磷、脱硫效果，但是它的熔点很低（852℃），对耐火材料的侵蚀作用很激烈。同时 Na_2O 还是一种强氧化剂，可使石墨和碳化硅氧化。在使用石灰系预处理剂时，石灰、萤石和氧化铁混合使用，氧化铁和萤石对耐火材料有强烈的侵蚀作用，不过它们的侵蚀作用比 Na_2O 要轻一些。此外，由于处理过程中添加石灰，炉渣的碱度变化大，从酸性渣变化为碱性渣，耐火材料要经受酸性渣和碱性渣的侵蚀。

（1）铁水预处理过程对耐火材料的作用：

1）高温铁水和炉渣的强烈冲刷磨损作用。由于铁水的温度高达 1400℃ 以上，同时在铁水预处理过程中，炉衬和搅拌及喷吹装置用耐火材料，都将受到高温铁的强烈的冲刷，所以在铁水预处理过程中要求所使用的耐火材料高温强度大，耐磨损。

2）各种预处理剂的化学侵蚀作用。由于各种脱硫剂在使用过程中都与炉衬和搅拌及喷吹装置用耐火材料发生一定的反应，并能生成一些低熔物，溶解在铁水中，特别是对于一些低熔点苏打等助熔剂，它们使得各种预处理剂对耐火材料的侵蚀变得尤为剧烈，所以在铁水预处理过程中要求所使用的耐火材料能抵抗各种预处理剂的侵蚀。

3）炉渣的渗透和侵蚀作用。在铁水预处理过程中，CaO 和 FeO 都将与耐火材料中 SiO_2、Al_2O_3 生成低熔点的物质，从而对耐火材料产生侵蚀和熔损，所以要求在铁水预处理过程中所使用的耐火材料有良好的抗炉渣侵蚀性。

4）间歇操作带来的温度剧变作用。由于在每次铁水预处理过程之间，铁水预处理装置都将会经历装入铁水、铁水处理和倾倒铁水及空包的过程，所以铁水预处理装置将会经受一定的温度变化，这种温度的变化就要求铁水预处理装置用耐火材料具有良好的热震稳定性。

除此之外，还要求所用的耐火材料便于现场施工，对环境污染小。

（2）铁水预处理剂对耐火材料的作用。铁水预处理剂多采用苏打灰、石灰、氧化铁、CaC_2 等，它们对耐火材料的作用分别表现为：

1）苏打灰（Na_2CO_3）：熔点852℃，比铁水的温度（1250~1450℃）低得多，加入到铁水中会立刻熔融分解，生成的 Na_2O 会与耐火材料中的 SiO_2、Al_2O_3 等生成低熔点的偏硅酸钠（$Na_2O·SiO_2$，熔点1088℃）等低熔物，导致耐火材料的熔损。

2）石灰（CaO）：氧化钙可与耐火材料中的 SiO_2、Al_2O_3 等反应生成长石类晶体

（$CaO \cdot Al_2O_3 \cdot 2SiO_2$ 或 $2CaO \cdot Al_2O_3 \cdot SiO_2$）和铝酸钙（$mCaO \cdot nAl_2O_3$）及玻璃相等物质，引起耐火材料的蚀损。

3）氧化铁（Fe_2O_3）：是一种两性氧化物，对酸性材料来说，它作为强碱的 FeO 起作用，生成 $FeO\text{-}Al_2O_3\text{-}SiO_2$ 系低熔物相和 $2FeO \cdot SiO_2$、$FeO \cdot Al_2O_3$ 等化合物，侵蚀耐火材料。含有高浓度 FeO 的低黏度 $FeO\text{-}SiO_2$ 系炉渣不仅对 $Al_2O_3\text{-}SiO_2$ 系耐火材料有很强的侵蚀性，而且对碱性耐火材料的侵蚀作用也很强。

4）电石（CaC_2）：它的侵蚀作用来源于氧化后生成的 CaO 对耐火材料的侵蚀反应。

5）萤石（CaF_2）：是强熔剂，可降低炉渣的熔点和黏度，加速对耐火材料的侵蚀，分解生成的 CaO 也对耐火材料发生侵蚀反应。

2.2.3 鱼雷式铁水罐用耐火材料

鱼雷式铁水罐（鱼雷式混铁车）因为其形状像鱼雷而得名。在钢铁企业，鱼雷式铁水罐主要起到运送铁水、存储铁水和进行铁水预处理的作用。采用鱼雷式混铁车的主要优点有：生产费用低、铁水的温降小、粘铁损失小，可降低炼钢成本和提高经济效益。

混铁车主要由罐体、倾动装置和牵引机构等组成，其中罐体由中间的圆筒和两端的锥体组成。两端的锥体由耳轴支撑，罐体外面是金属钢壳，内衬为砌筑的耐火材料。

2.2.3.1 鱼雷铁水罐的工作环境

鱼雷铁水罐的工作环境可以分为两种情况：一种是不进行铁水预处理的环境，另一种是进行铁水预处理的情况。当采用混铁车仅作为供应铁水的工具时，铁水经摆动溜嘴进入混铁车内，由牵引机车将鱼雷混铁车牵引至转炉车间倒罐作业区。转炉需要铁水时，将铁水倒入铁水罐中，称量后用吊车兑入转炉内进行初炼处理。如果利用混铁车进行铁水预"三脱"处理，那么首先将混铁车牵引到铁水预处理站，经过预处理后，扒出熔渣，再牵引到转炉车间倒罐作业区，将铁水倒入铁水罐后，再进一步进行扒渣、称量、测温和取样后兑入转炉进行初炼处理。

因此混铁车内的耐火材料使用时受到的作用有：

（1）在铁水流入流出时，装入侧内衬受到铁水直接的强烈冲击磨损作用；同时炉衬材料还会受到高温辐射、热冲击、渣铁的化学侵蚀等作用。

（2）当使用铁水预处理剂后，炉衬的化学侵蚀更强烈，特别是渣线部位化学侵蚀作用更严重，因为含苏打的预处理剂将直接熔损炉衬，加速渣线炉衬的损毁。

（3）混铁车空罐的温度为 $700 \sim 800\,℃$，流入罐内的高炉铁水的温度为 $1350 \sim 1450\,℃$，使得耐火材料内衬受到严重的热震损伤的作用。

（4）由于喷吹处理时强烈的气流的搅拌，铁水罐内衬受到铁水和炉渣的冲刷与磨损作用。

（5）当进行三脱处理时，炉渣的碱度变化很大，可以从 0.5 变化到 3.0 以上，这对耐火材料的侵蚀也非常严重。

根据鱼雷混铁车的工作条件，它所用的耐火材料应该具有较高的耐压强度，对酸碱熔渣均具有较好的抗侵蚀性，同时应该具有较高的抗热震稳定性，抗剥落性好，结构致密。

鱼雷式铁水罐由外而内分别由铁壳、保温层、永久层和工作层组成。保温层在砌筑时多使用保温石棉；永久层使用的是黏土砖；工作层根据使用条件和耐火材料的应用不同大致分为：隔热安全衬、罐口、罐顶、渣线、渣线以下和铁水冲击垫衬等部位。为了使得鱼雷铁水罐的寿命得到整体提高和各部分耐火材料发挥出它们的最大优势，通常在砌筑时采用了综合砌筑的方法。砌筑时通常先从两端进行砌筑，再砌筑罐底，然后自下而上进行砌筑，最后砌筑灌口，砌筑灌口时，由于形状不规则，很难设计耐火砖，往往使用套浇的方法较好。图2.1为宝钢320t鱼雷式铁水罐的耐火材料内衬结构图。

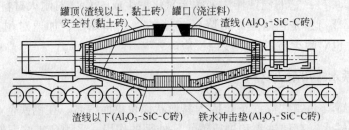

图 2.1   宝钢 320t 鱼雷式铁水罐的耐火材料内衬结构

2.2.3.2   鱼雷式铁水罐内衬用耐火材料的发展

早期当鱼雷式铁水罐不进行铁水预处理时，多使用黏土砖；后来由于铁水预处理的需要，黏土砖很难满足铁水预处理的工作要求，改为高铝砖、高铝-SiC 砖、高铝-SiC-C 砖、莫来石砖、刚玉砖、白云石砖、红柱石砖、镁炭砖、Al_2O_3-MA-SiC-C 砖、MgO-MA-C 砖、Al_2O_3-SiC-C（ASC）砖等，并在 ASC 砖中加入 ZrO_2、石墨、Al 等金属粉、硼硅酸盐玻璃、$\beta-Si_3N_4$、$\beta-Al_2O_3$、AlON、硅线石族矿物和叶蜡石等，进一步提高了 ASC 砖的耐蚀性等性能。但是目前以 Al_2O_3-SiC-C 砖使用最为普遍，效果最好。例如在未进行铁水预处理时，工作衬采用致密黏土砖砌筑，渣线部位使用莫来石砖，内衬寿命为 700 次。在进行铁水预处理后，改用 Al_2O_3-SiC-C 砖砌筑，寿命也达到了 1700 次。

我国国家耐火材料标准规定的铁水预处理用 Al_2O_3-SiC-C 砖性能指标见表 2.4。

表 2.4   铁水预处理用 Al_2O_3-SiC-C 砖的理化指标（YB/T 164—2009）

项　　目	指　　标		
	ASC-Z	ASC-T	ASC-D
$w(Al_2O_3)$（不小于）/%	55	57	62
$w(SiC+F.C)$（不小于）/%	17	14	10
$w(F.C)$（不小于）/%	8	6	4
显气孔率（不大于）/%	8	10	10
体积密度（不小于）/g·cm^{-3}	2.75	2.75	2.75
耐压强度（不小于）/MPa	35	40	45
高温抗折强度（1400℃×0.5h）（不小于）/MPa	5	5.5	6

注：高温抗折数值仅作参考，不作为考核指标。

2.2.3.3 Al_2O_3-SiC-C 不烧砖的特点

Al_2O_3-SiC-C 不烧砖为氧化铝、碳化硅和碳组成的树脂结合不烧砖。氧化铝为砖的骨料颗粒，对苏打和氧化铁型炉渣具有很强的抗侵蚀性能，但是氧化铝的热膨胀率较高，耐热震损伤性较差；碳可以有效地防止炉渣的渗透和侵蚀，可以改善材料的抗热震性，但是易氧化；碳化硅可以有效防止碳的氧化，同时可以提高材料的耐磨性和耐冲刷性。采用树脂结合可以提高材料的施工性能，可以有效地将原料结合在一起，同时高温烧成后的残碳，可以提高材料的抗侵蚀性能。

Al_2O_3-SiC-C 不烧砖由于其结构的特殊性，在工艺上有许多不同于烧成耐火制品的特点：

（1）Al_2O_3-SiC-C 不烧砖要求原料煅烧良好。因为 Al_2O_3-SiC-C 不烧砖没有烧成工序，烘干后直接投入使用，所以必须用煅烧良好的原料保证使用时在高温下不致因烧结而带来较大的体积变化。

（2）必须有合理的颗粒配比并施加较高的成型压力。由于没有烧成工序的致密化，Al_2O_3-SiC-C 不烧砖的致密化必须在成型工序完成，因此必须有合理的颗粒配比和颗粒形状。

（3）Al_2O_3-SiC-C 不烧砖要选择适当的结合剂。在生产实践中，某些不烧制品由于一种结合剂往往不能达到要求，因此复合结合剂的研究得到迅速发展。而 Al_2O_3-SiC-C 不烧砖所选择的结合剂必须具有良好的冷态强度并能防止潮解，同时希望不降低其高温性能。

（4）添加剂的选择。通常情况下不烧砖最大的缺点是重烧收缩较大，因而荷重软化开始温度较低，同时，不烧砖在生产及使用中所表现出来的其他缺点如成型致密性等，也可以通过选择合理的添加剂予以解决。

（5）干燥制度的控制。Al_2O_3-SiC-C 不烧砖须经过烘干，使其中的结合剂、添加剂达到固化程度。对于不烧制品干燥制度必须严格控制，否则会造成性能变化等一系列问题。

2.2.3.4 Al_2O_3-SiC-C 不烧砖的使用条件和损毁机理

鱼雷铁水罐用 Al_2O_3-SiC-C 不烧砖的使用条件为：

首先运输 1450℃ 左右的高温铁水，在运输过程中，高温铁水和熔渣对其进行冲刷侵蚀，尤其是渣线部位，冲刷侵蚀比较严重，是决定一个罐使用寿命的重要因素。

其次，在罐内进行三脱处理，则预处理剂对罐内衬的侵蚀极为严重，并且在预处理过程中罐内衬材料还要经受高温预处理熔渣的侵蚀冲刷磨损。

第三，铁水罐在装入、流出铁水时，内衬承受着剧烈的温度变化，并由此引起内衬材料的裂纹和剥落。

第四，铁水罐在装入铁水时，高温铁水对其底部有强烈的机械冲刷，致使该部位内衬材料易出现因热冲击造成的损毁。

另外，铁水罐在使用过程中局部易出现内衬氧化现象，尤其是罐口部位损毁严重。

在一般情况下，Al_2O_3-SiC-C 砖在鱼雷铁水罐内衬上使用时，工作面上的碳首先被氧化，过程是苏打灰加入铁水中立即熔融分解出 Na_2O，Na_2O 是碳的强氧化剂，可使 Al_2O_3-SiC-C 砖发生脱碳作用，并使砖中的 SiC 分解成二氧化硅和一氧化碳。Al_2O_3-SiC-C 砖工作层脱碳后，炉渣随之侵入砖内脱碳层与基质反应生成低熔物，结合机制受到破坏，Al_2O_3 颗粒脱落，耐火材料遭受损毁。Al_2O_3-SiC-C 砖损毁是脱碳-渣渗透-渣渗透层侵蚀-熔损的循环侵蚀过程。具体过程如图 2.2 所示。因此 Al_2O_3-SiC-C 砖的性能和使用效果改进的方向是提高砖的抗氧化性，具体措施有提高砖的致密度、降低气孔率和添加抗氧化剂等。

2.2.4 铁水包用耐火材料

相对于鱼雷式混铁车而言，铁水包是一种适合于近距离运输的铁水运输和预处理装置。铁水包的工作温度一般在 1300~1400℃。当盛装铁水时，包衬耐火材料受到高温铁水的冲击而产生冲刷磨损和强烈的热震而产生很大的热应力；在盛装铁水期间会受到铁水和渣的化学侵蚀以及空气的氧化；当倒铁水时，受到铁水的冲刷和高温氧化；当铁水罐倒空后，温度急剧降低而使得包衬急冷，同时也使包衬材料暴露在空气中而氧化。如果在铁水包内进行预处理，包衬材料还会受到铁水预处理剂的侵蚀及形成的熔渣的冲刷侵蚀。在这样反复的过程中，包衬材料受到急冷急热、预处理剂和渣铁的侵蚀以及空气的氧化，铁水和炉渣的冲刷，因此选用的耐火材料应该具有良好的抗热震性、抗冲刷性和抗氧化性。在铁水包中使用的耐火材料有

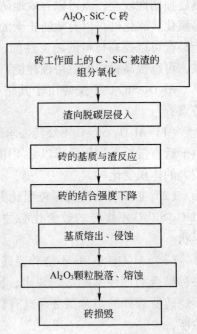

图 2.2 Al_2O_3-SiC-C 砖损毁示意图

优质黏土砖、高铝砖；也有使用 Al_2O_3-SiC-C 砖的，使一次性使用寿命可达到 800 次以上，通过修补维护后可达到 1500 次以上。现在有明显向高档次耐火材料发展的趋势，即使用 Al_2O_3-SiC-C 浇注料和 Al_2O_3-SiC-C 砖的比例在增加。铁水包用耐火材料理化指标见表 2.5。

在铁水包中使用 Al_2O_3-SiC-C 砖时需要注意的问题：一是 Al_2O_3-SiC-C 砖的热导率较高，如果铁水包的内衬较薄，容易造成铁水的温降较大，包壁壳的温度较高，不利于冶炼。二是铁水包不仅有铁厂使用的铁水包，而且钢厂也需要使用铁水包运输铁水到转炉，它们的工况有明显的区别。铁厂的铁水包周转慢，温降大，有的还需进行铁水预处理；而钢厂的铁水包周转快，温降小，只作为周转铁水的设备使用。因此即使使用同材质的耐火材料砌筑时，使用寿命差别也很大。

表 2.5   铁水包用耐火材料理化指标

牌　号	TB-1	TB-2	TB-3	TB-4	TB-5	TB-6
材　质	黏土砖	铝碳化硅砖	铝碳化硅、炭砖	高铝砖	铝碳化硅炭质浇注料	铝碳化硅炭质浇注料
使用部位	炉墙炉底工作层	炉墙炉底工作层	渣线	炉墙炉底工作层	炉底和熔池	渣线
$w(Al_2O_3)$（不小于）/%	42	70	70	70	60	50
$w(Fe_2O_3)$（不大于）/%	1.5			1.8	1.5	1.5
$w(SiC)$（不小于）/%		10	15		10	15

2.2.5 喷枪用耐火材料

喷枪为铁水预处理的重要装置,在铁水预处理时,喷枪浸入铁水中,预处理剂通过喷枪以氧气、氮气为载体吹入铁水中,与铁水充分混合和反应。喷枪主要由枪杆和枪体组成,枪杆的主要作用是完成与喷吹系统的连接和喷枪的安装固定;枪体的主要作用是将预处理剂导入到熔融的铁水之中进行铁水预处理。

喷枪所用耐火材料经历了由定形到不定形的发展过程。最初的喷枪由袖砖套装而成,即采用不同材料,不同工艺制成的袖砖,在钢管外套接起来。国外许多钢厂的钢包喷粉用喷枪,普遍采用黏土质的袖砖和枪头砖,使用一次或二次便主动淘汰以防止因喷枪中途损坏而报废整罐钢,而维苏威尤斯喷枪用的袖砖和枪头砖采用高铝质原料和鳞片石墨经等静压成型制作,砌筑时,除最上一块用定心袖砖外,其余袖砖与喷枪管之间留有间隙,以便隔热,该枪使用寿命较长。

随着不定形耐火材料的发展,喷枪用耐火材料逐渐被浇注料整体浇注成型取代,形成一体化结构,比如,联邦德国的炉外精炼用喷枪,即采用不定形耐火材料作衬体,使用寿命为 50 次;而日本早期的倒 T 形喷枪采用高铝质可塑料捣打成型,在喷枪的渣线部位采用抗渣侵蚀性能较好的特级高铝可塑料或增加耐火材料层的厚度,或改进为莫来石、红柱石高铝质耐火浇注料整体浇注,并在渣线部位材料中添加了镁铝尖晶石改善抗渣性,此后又进一步采用有机纤维改进浇注料的抗热震性、添加耐热钢纤维提高浇注料层的结构强度;而日本另一家公司则在浇注料中添加棒状陶瓷耐火原料和耐热钢纤维,以提高脱硫喷枪浇注料的整体结合强度与抗热震性。

我国在 20 世纪 50 年代初期开始用苏打铺撒法处理高硫铁水,但由于我国转炉炼钢起步较晚,因此直到 70 年代末才发展起来铁水炉外脱硫技术。我国初期多采用黏土质袖砖,其寿命仅为 1~3 次,从 20 世纪 80 年代中后期开始,喷枪耐材逐渐发展为浇注料整体浇注喷枪。使用不定形耐火材料制成的整体喷枪具有组织均匀、无接缝、抗热震性能好、寿命长等特点,其材质以 Al_2O_3-SiO_2 系为主。

目前预处理喷枪大都由金属管芯和耐火浇注料构成,管芯为普通壁厚的无缝碳素钢管,外层为高铝质不定形耐火浇注料,以震动成型的方法制成整体喷枪。要求高铝浇注料中加入 4% 左右的耐热钢纤维,浇注料中的 Al_2O_3 含量为 60%~80% 时材料具有较好的抗侵蚀性能和抗热震性。喷枪工作时,不同位置上的耐火材料受到不同的损伤作用,图 2.3 给出了喷枪各部位耐火材料的损毁因素和对耐火材料的要求。表 2.6 给出了铁水预处理喷枪的工作条件。表 2.7 为某厂生产的铁水预处理脱硫喷枪的性能指标。

表 2.6 铁水预处理喷枪的工作条件

工作参数	宝 钢	鞍钢第三炼钢厂
铁水包容量/t	320	80
铁水温度/℃	1400~1425	1400
处理剂种类	CaO,CaC$_2$	CaO,CaC$_2$
处理时间/min	20	22
炉渣碱度枪龄/次·支$^{-1}$	22.7	25

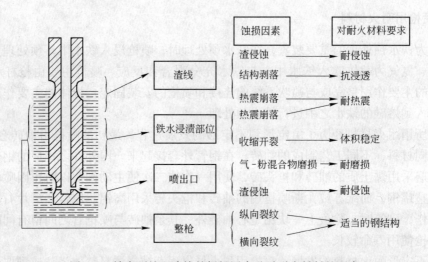

图 2.3　铁水预处理喷枪的损毁因素及对耐火材料的要求

表 2.7　某厂生产的铁水预处理脱硫喷枪的性能指标

性　能	项　目	指　标
化学成分 $w/\%$	$Al_2O_3 + SiO_2$	$\geqslant 90$
体积密度/$g \cdot cm^{-3}$	110℃×24h	$\geqslant 2.9$
抗折强度/MPa	110℃×24h	$\geqslant 8.0$
	1100℃×3h	$\geqslant 7.0$
	1500℃×3h	$\geqslant 10.0$
耐压强度/MPa	110℃×24h	$\geqslant 90$
	1100℃×3h	$\geqslant 80$
	1500℃×3h	$\geqslant 110$
线变化率/%	1500℃×3h	$\geqslant 0 \sim +0.4$

在喷枪头部的喷出口周围，耐火材料受到高速气流和粉料的激烈磨损和炉渣的侵蚀作用；在铁水浸渍的中间部位，熔损作用小，主要是受到材料在使用过程中温度波动产生的龟裂和剥落造成的损伤；在渣线部位，主要受到预处理剂的侵蚀作用，其次喷枪在使用过程中，还会受到机械的震动。因此在使用过程中，要求喷枪用耐火材料必须能与喷枪结构有机结合在一起，以提高喷枪整体使用性能；必须具有足够的强度，以适应喷枪使用时由于机械振动带来的损坏；应具有优良的抗热震性，尽量减少因温度的急剧变化使喷枪枪体产生裂纹；还应具有良好的高温体积稳定性，避免因高温受热后产生收缩裂缝、剥落；具有良好的抗侵蚀性，使浇注料能有效抵抗脱硫粉剂、熔渣等物质的侵蚀。

在脱硫工艺操作中，喷枪边插入到铁水深处，边喷吹气体和粉料，工作一段时间后拔出。因此，喷枪首先是间歇性操作，同时，喷吹的气体搅动了铁水，而铁水的搅动使喷枪耐火材料经受高温冲刷磨损，并且喷吹时枪体振动带来机械破坏作用，加上间歇式作业产生的温度的骤然变化，使喷枪浇注料的工作条件十分苛刻，易产生穿孔、开裂、熔损、剥落等现象，进而破坏枪体的芯管结构。另外，脱硫剂对喷枪的损毁也比较严重，这些处理剂在对铁水进行处理的同时对耐火材料的损坏作用也极其严重，且大大加剧了熔渣对内衬浇注料的侵蚀，因此喷枪用耐火材料的损毁有渣和铁水的侵蚀和冲刷；反复的加热和冷却引起的热剥落和龟裂；喷枪的摇动和振动等机械作用引起的剥落。图 2.4 为铁水脱硅后喷枪的损毁示意图。

改进方法：通过改善材料的基质和用抗热震性好的材料，可以显著提高材料的抗热震性和抗侵蚀性；添加耐热钢纤维，可以保持浇注料在使用过程中的整体性，减小材料使用过程中产生的内应力和结构剥落；在钢管和浇注料之间留出膨胀缝隙，可以防止浇注料和枪芯之间在使用时由于材料的性能不一致而产生的裂纹。

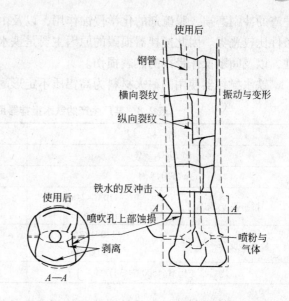

图 2.4　铁水脱硅喷枪浇注料的损毁（虚线为使用前）

2.2.6　铁水搅拌器用耐火材料

搅拌预处理方法分为两种形式，分别是莱茵法和 KR 法。两种方法最大的区别是搅拌器插入铁水内部的深度不同，莱茵法只是部分插入铁水，通过搅拌使罐上部铁水和脱硫剂形成涡流互相混合接触，同时通过循环使整个罐内铁水都能达到上层脱硫区。KR 法脱硫是将搅拌器沉浸到铁水内部，而不是在铁水和脱硫剂之间的界面上，通过搅拌形成铁水漩涡，使脱硫剂撒开并混入铁水内部，加速脱硫过程，如图 2.5 所示。武钢使用的 KR 搅拌器如图 2.6 所示。

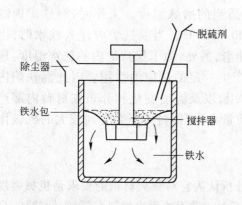

图 2.5　KR 铁水脱硫装置示意图

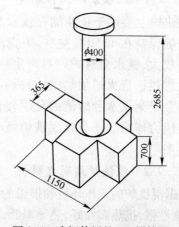

图 2.6　武钢使用的 KR 搅拌器

在铁水进行预处理时，搅拌器浸入到铁水包中，以 $100 \sim 140 \mathrm{r/min}$ 的速度旋转搅拌，铁水呈漩涡运动，使铁水和预处理剂充分混合反应，搅拌器的耐火材料受到激烈的铁水和炉渣的冲刷磨损，脱硫剂的化学侵蚀作用，以及由于间歇作用遭受的温度激变作用，使用条件比较恶劣。因此搅拌器损毁的原因主要是铁水和熔渣的冲刷磨损与侵蚀，脱硫剂的侵蚀，以及间歇操作带来的热震损伤。

铁水搅拌器使用的耐火材料为高铝质不定形耐火浇注料，理化指标如表2.8所示。

表2.8　某厂生产的铁水搅拌器用耐火材料的理化指标

指　标		数　值
$w(Al_2O_3)/\%$		>60
$w(SiO_2)/\%$		30~35
抗折强度/MPa	110℃×24h	>24
	1500℃×3h	>60
体积密度/g·cm^{-3}	110℃×3h	>2.6
	1500℃×3h	≥2.5
烧后线变化率(1500℃×3h)/%		<0.5

改进耐火材料性能和延长搅拌器使用寿命的措施有:在配料中加入高膨胀性的硅石颗粒骨料。因为硅石颗粒在高温作用下会形成微裂纹,在受到热震作用时,起到缓冲应力的作用,从而提高材料的抗热震性。添加2%左右的氧化铝微粉,水泥的用量减少至2%,以提高耐火浇注料的抗侵蚀性能和耐磨性能。添加SiC以改善浇注料的耐侵蚀性和抗热震性。

2.2.7　混铁炉用耐火材料

混铁炉是为了使高炉供应的铁水和转炉的需要之间保持平衡,在高炉和转炉之间设置的临时储存铁水的设备。混铁炉的主要作用是为了储存铁水以及均匀铁水的温度和成分。为了保证出铁时的温度,通常给混铁炉配有辅助燃烧器进行供热。混铁炉主要由炉体、炉盖开闭机构和炉体的倾动机构等组成。而炉体由炉壳、托圈、进铁口、出铁口和炉内的砖衬等组成。

2.2.7.1　混铁炉的工作环境

混铁炉主要用于长期储存铁水和维持铁水适当的冶炼温度。工作时,混铁炉内的温度一般保持在1350℃左右,炉壳的温度为300~400℃。当混铁炉内注入铁水时,由于落差较大,铁水会对炉内衬产生一定的机械冲击,另外,为了保持炉内的铁水温度,还要喷吹燃料进行火焰加热,这对内衬材料也会产生一定的热应力作用。因此混铁炉内衬材料会受到铁水和熔渣的化学侵蚀和渗透作用,以及温度变化和分布在材料内部产生的热应力作用。还有当混铁炉倾动时,由于质量大,炉体衬砖还会受到较大的机械作用的影响。

2.2.7.2　混铁炉用耐火材料

根据混铁炉的工作环境和损毁的原因,可以分析认为它对耐火材料的要求是机械强度高,抗渣性强,抗热震性好,热导率低,重烧线变化不大。采用的耐火材料有镁砖、镁铬砖、高铝砖、黏土砖和一些耐火材料填料。同时由于混铁炉在使用过程中也存在局部损毁的问题,一般也采用耐火喷涂料进行修补。使用的材质根据炉衬的砌筑情况而定,有镁质和铝镁质两类。表2.9为我国某厂混铁炉使用的耐火材料理化指标。

表 2.9 我国某厂混铁炉使用的耐火材料理化指标

项 目	镁 砖	镁铝砖	高铝砖
$w(MgO)/\%$	90.06	81.50	0.42
$w(Al_2O_3)/\%$	1.78	10.45	74.34
$w(SiO_2)/\%$	4.34	3.43	20.32
$w(Fe_2O_3)/\%$	2.32	2.34	2.21
显气孔率/%	18.1	18.6	25.8
体积密度/g·cm^{-3}	2.89	2.77	2.37
耐压强度/MPa	73.2	30.5	53.5
使用部位	渣线区域底部	进铁口和出铁口上两圈	炉顶和其他非接触铁水部位

3 转炉炼钢用耐火材料

炼钢的主要方法有平炉炼钢法、转炉炼钢法和电炉炼钢法，其中平炉炼钢法已被淘汰，而转炉炼钢法根据吹氧方式的不同又可以分为氧气顶吹炼钢法、氧气侧吹炼钢法、氧气底吹炼钢法和氧气顶底复吹炼钢法，目前大多数转炉为顶底复吹炼钢法；电炉炼钢法有电弧炉炼钢法、感应炉炼钢法和电渣炉炼钢法，而目前世界上95%以上电炉钢都是由电弧炉生产，所以电炉炼钢往往指电弧炉炼钢。表3.1给出了炼钢的基本方法。

表 3.1　炼钢的基本方法

炼钢方法		目前的情况
平炉炼钢		已被淘汰，并转为转炉炼钢
转炉炼钢	氧气顶吹炼钢	一部分为顶吹炼钢，多数为顶底复吹炼钢
	氧气侧吹炼钢	
	氧气底吹炼钢	
	氧气顶底复吹炼钢	
电炉炼钢		广泛采用

3.1　转炉炼钢简介

转炉炼钢法是向（转动的）炉内铁水吹入氧化性气体，以氧化其中的杂质元素而炼成钢水的各种方法的统称，又称吹炼法。转炉冶炼时，首先按照配料要求，先倾动转炉，在转炉的迎钢面一侧装入一定量的废钢后兑入适量铁水，然后摇正转炉，加入适量的造渣材料（分批加入），加料后把氧枪从转炉炉顶插入，并吹入纯度大于99%的高压氧气流，使它直接跟高温铁水发生氧化反应，除去其中的杂质。在除去大部分硫、磷后，当钢水的成分和温度达到冶炼要求时停止吹炼，提升氧枪，准备出钢。出钢时倾倒炉体，使钢水从出钢侧通过出钢口注入钢包内，然后钢水进入下一冶炼工序。出完钢后，钢渣通过炉口倾倒到钢渣罐中；最后再次摇正转炉，等待下次冶炼或进行转炉的维护操作。氧气转炉炼钢过程中会产生大量的棕色烟气从转炉的炉帽口排出，它的主要成分是氧化铁粉尘和一氧化碳气体等。因此必须加以回收和综合利用，以防止污染环境。回收的氧化铁粉尘可以用来炼钢，回收的一氧化碳可以作化工原料或燃料。

转炉炼钢法有以下特点：

（1）吹入的氧气带有极大的动能和动量，气体与铁水、炉渣形成高度弥散的乳化状态，反应速率极高，故生产率极高，热效率也高；

（2）主要原料是铁水，废钢占0~30%；

（3）属于"自热熔炼"类型，靠铁水的物理热和氧化反应的化学热，不用外加热源；

（4）转炉炼钢生产周期与高炉和连续铸钢容易匹配，有利于钢铁生产流程的物流通顺和全连铸生产的实现；

（5）由于冶炼过程是氧化性气氛，去硫效果差，有些昂贵的合金元素也易被氧化而损耗，因此所冶炼的钢种和质量受到一定的限制。

最早的转炉炼钢方法是由英国工程师 Bessemer 于 1856 年发明的，当时是采用形如梨状的炉子，用黏土作为炉衬，从炉底向炉内的铁水吹入空气来进行炼钢，称为底吹空气酸性转炉炼钢法（Bessemer Process）。

1879 年英国冶金学家 Thomas 采用碱性材料白云石作炉衬在 Bessemer 法的基础上发明了底吹空气碱性转炉炼钢法（Thomas Process）。由于两种方法都是采用空气来吹炼，使得钢水中的氮含量高，恶化了钢材的质量。

1952 年，在能够大量、廉价地从空气中获得氧气后，奥地利的 Linz 和 Donawitz 发明了空气顶吹转炉炼钢法（LD Converter Process 或 BOF Process），从而开创了现代氧气转炉炼钢法的新时代。

1965 年，加拿大的液化空气公司研制成功双层管氧气喷嘴，1967 年，联邦德国的马西克米利安钢铁公司引进这一技术，在底吹转炉上吹炼成功，命名为氧气底吹转炉炼钢法（OBM Process）。

20 世纪 70 年代，顶吹转炉从小型化向大型化方向发展，造成仅靠顶枪的氧气射流冲击金属熔池的搅拌能力不足，渣-金属反应不充分。为了解决这一问题，从 1974 年起，人们就开始探索在顶吹的基础上，引入底吹技术。到 1978 年，法国钢铁研究院在顶吹转炉上用底吹惰性气体搅拌试验成功，开创了顶底复合吹炼转炉炼钢新方法。此后，这一新的转炉炼钢方法在世界范围内得到迅速发展。

3.2 转炉（converter）简介

转炉作为炼钢的反应容器，它由炉帽、炉身和炉底组成，在炉帽与炉身的连接处安置了一个出钢口。炉底有截锥形和球冠形两种，其中球冠形炉底强度高，多为大型转炉所采用。炉帽常做成截锥形，以减少吹炼时的喷溅和热量损失。在高温下，炉口容易产生变形，为了保护炉口，目前采用通入循环水强制冷却，这样可减小炉口的变形，有利于炉口结渣的清除。炉身是整个炉子的承载部分，皆采用圆柱形。

转炉的炉壳采用钢板焊接成型后，再将各部分焊接成一整体，由外至内转炉炉衬由绝热层、永久层和工作层组成。绝热层为石棉板，厚度为 10~20mm，该层的作用是减少热量损失。永久层是侧砌的一层标准镁砖，主要起保护炉壳的作用，在炼钢过程中不损耗。工作层为镁炭砖，该层与钢液、炉渣和炉气接触，受到高温化学侵蚀、机械冲击、温度剧变等作用，该层的损耗直接影响到转炉的炉龄。图 3.1 为转炉结构示意图。

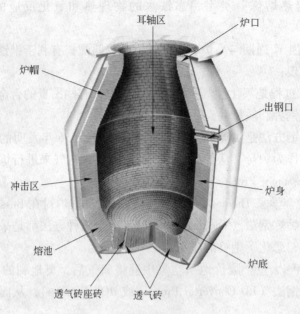

图 3.1　转炉结构示意图

3.3　转炉用耐火材料的发展

20 世纪 50 年代，在欧洲转炉炉衬几乎全部是焦油结合的白云石砖，这不仅是因为对转炉作业率的要求不高，而且主要是欧洲有丰富的白云石矿藏。而在北美却有很多转炉使用的是烧成镁砖，这是由于北美镁砂的价格与白云石价格相差无几，而镁砖的使用性能比白云石砖要好得多。焦油结合白云石砖的残碳仅来源于焦油石墨化后所形成的碳（约 2%），充填于气孔之中。焦油结合白云石砖抵抗炉渣中 FeO 的侵蚀能力差，且耐磨性也比镁砖差。炉渣易渗透入砖中，在冷热交替变化时产生龟裂而剥落。后来人们把焦油结合砖对炉渣的不润湿性和镁砖的良好抗渣性结合起来发展了焦油浸渍的烧成镁砖，但残碳仍停留在 2%，对于在高温下进一步提高炉衬寿命受到了限制。为进一步提高残碳含量，出现了焦油结合镁砖（含碳约 5%）和沥青浸渍焦油结合镁砖（含碳约 6%），有的甚至向砖中添加炭黑，以期进一步提高抗渣性。曾经一段时间内欧洲、北美都主要使用沥青浸渍焦油结合镁砖作为转炉炉衬。

随着对碳在砖中作用的认识进一步明确，日本九州耐火材料公司成功地试制出了石墨含量很高的镁炭砖，最初只用于要求高抗热震性的电弧炉渣线处，1979 年以后相继在转炉渣线及整个炉体使用，使得转炉炉衬的寿命大大提高。镁炭砖中的碳含量一般在 8%~25% 的范围内。

现在镁炭砖不仅在日本，而且在欧洲、北美、中国都普遍使用，镁炭砖的种类也很多，加入金属粉的第二代镁炭砖具有更好的抗氧化性和高温强度。与此同时，欧洲鉴于本身的资源还开发了白云石炭砖（含碳 3%~15%），日本、欧洲为降低成本也开发了镁白云石炭砖（含碳为 9%~15%）。转炉炉衬材质的发展见图 3.2。

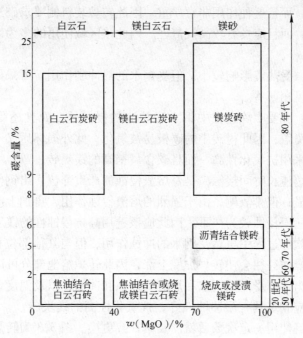

图 3.2 转炉炉衬材质的发展

3.3.1 转炉工作衬砖各部分的性能要求及耐火材料

转炉炉衬的损毁机理非常复杂，总的来说，氧气转炉炉衬在物理、化学和热应力的共同作用下，发生机械磨损、冲刷、熔蚀和热剥落等现象，最终导致炉衬损毁。由于转炉炉衬各部分的工作条件相差很大，所以造成转炉炉衬各部分的损毁情况不同，因此转炉工作衬各部分用耐火材料的性能要求很大。表 3.2 为某些转炉工作衬所用定形耐火材料的理化指标。

表 3.2 转炉用耐火材料理化指标

牌 号	MT-14B	MT-14A	MT-18A	MT-10A	GQ-1	GQ-2
材质	镁炭砖	镁炭砖	镁炭砖	镁炭砖	镁炭砖	镁炭砖
使用部位	炉底、炉帽	炉帽、出钢口	炉身、耳轴、熔池	出钢口	供气砖	供气砖
$w(MgO)/\%$	≥74	≥76	≥72	≥80	≥70	≥85
$w(C)/\%$	≥14	≥14	≥18	≥10	≥15	≥6
显气孔率/%	≤3	≤3	≤3	≤4	≤5	≤5
体积密度/$g \cdot cm^{-3}$	≥2.95	≥2.95	≥2.92	≥3.00	≥2.85	≥2.95
耐压强度/MPa	≥35	≥40	≥40	≥40	≥35	≥40

炉口和炉帽部位：主要受到高温炉气的冲刷，炉渣的喷溅，常附着有炉渣和金属，清理附着物时，受到机械撞击，同时两炉钢冶炼期间受到强烈的热冲击的影响，因此要求砌筑的耐火材料具有较高的抗热震性和抗渣性，耐熔渣和高温炉气冲刷，并不易粘钢，即使粘钢也易于清理。因此该部位多使用高温强度高的镁炭砖。

炉衬的装料侧：除了受到钢水和炉渣的侵蚀外，还在装料时受到废钢的强烈撞击和兑入铁水的强烈冲刷，而且这种作用非常严重。因此转炉装料侧要求砌筑的耐火材料高温强度高，抗热震性好，而且应具有较高抗渣性。因此该区域使用的多为高抗侵蚀和高抗热震的镁炭砖。

炉衬的出钢侧：受热震影响较小，但受钢水的热冲刷作用，可采用与装料侧相同级别的耐火材料，厚度可稍薄些。

两侧耳轴部位：除受吹炼过程中钢水和炉渣的侵蚀外，而且还受到气流的冲刷和氧化，其表面无渣层覆盖，因此衬砖中的碳极易被氧化，此外损坏后又不太好修补，所以侵蚀严重，砌筑时应采用抗氧化性高，而且碳含量稍高的镁炭砖。

渣线部位：与熔渣长时间接触，是受熔渣侵蚀的严重部位。出钢侧渣线随出钢时间而变化，损坏不够明显；但排渣侧，由于强烈的熔渣侵蚀作用，再加上吹炼过程中转炉腹部遭受的其他作用，所以侵蚀较为严重。因此应该选用高抗侵蚀性的镁炭砖。

熔池部分：在吹炼过程中虽然受钢水的冲蚀作用，但与其他部位相比，损伤较轻，而且转炉的溅渣护炉操作往往会使转炉炉底上涨，因此转炉熔池部分可以使用普通镁炭砖。

出钢口部分：出钢口受高温钢水和炉渣的侵蚀和冲刷，以及温度急剧变化的影响，损毁较为严重，因此应砌筑具有耐冲蚀性好，抗氧化性高的镁炭砖，一般采用整体镁炭砖，或组合镁炭砖，而且使用一定次数后就需要修补或更换。图 3.3 为转炉出钢口用耐火材料示意图。

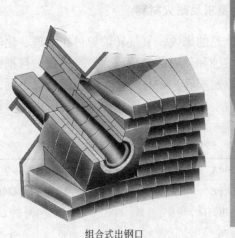

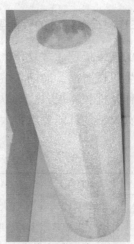

组合式出钢口   整体式出钢口砖

图 3.3 转炉出钢口用耐火材料

3.3.2 转炉用镁炭砖（magnesia carbon brick）

镁质材料具有较高的耐火性能并呈碱性（MgO 熔点 2805℃），因此有较好的抵抗碱性炉渣能力，但是由于线膨胀系数较高（$(14 \sim 15) \times 10^{-6}℃^{-1}$，$0 \sim 1500℃$），高温时热导率较低（$\lambda_{MgO,100℃} = 34.33$ W/(m·K)，$\lambda_{MgO,1000℃} = 6.70$ W/(m·K)），抗热剥落能力差。石墨难被炉渣润湿、耐熔性好（石墨熔点>3000℃），并且线膨胀系数小（$3.34 \times 10^{-6}℃^{-1}$，$25 \sim 1600℃$）、导热性能优良（$\lambda_{石墨,1000℃} = 229$ W/(m·K)），因此抗热剥落性好，但是易氧化。鳞片石墨显著氧化开始温度 T_A 一般为 580℃ 以上。在镁质材料中引入石墨，提高了镁质材料抗渣性和抗剥落能力。

当镁砂和石墨组合在一起制成镁炭砖后，镁炭砖表现出了优良的抗渣、铁侵蚀性和渗透性，抗热震性。主要原因是：

（1）镁炭砖基质中主要由石墨和镁砂粉组成，石墨和镁砂颗粒之间以及镁砂颗粒之间均被牢固的碳碳结合网络包围，不容易产生滑移，C 和 MgO 无共熔关系，不产生液相，仅仅石墨和镁砂原料引入的杂质产生少量液相。因此在使用过程，当炉渣中渗透力特别强的氧化铁遇碳后会被还原成金属铁。由于还原作用，炉渣熔点、黏度升高，渗透力大大降低。

（2）炉渣和铁水与石墨不润湿性。因为炉渣和铁水与石墨接触角均在 90°以上，所以制成的镁炭砖抗熔渣的侵蚀性优良。

（3）在镁炭砖材料内部可形成致密方镁石层的防护作用；在 400℃ 以上，镁砂中的 MgO 与碳发生反应生成 Mg 蒸气，Mg 蒸气顺着气孔外溢，在与炉渣接触的界面与渣中 FeO 反应再次生成了氧化镁，形成致密的方镁石层，从而阻止炉渣的渗透。

（4）CO 气体压力的影响。渗透的炉渣与镁炭砖中的碳反应生成 CO 气体，在气孔通道中压力可达 0.2MPa（2atm）以上，可以阻止或延迟炉渣渗入气孔。

镁炭砖的这些优良性能是与镁炭砖中石墨的存在密不可分的，因此石墨质量对镁炭砖性能的影响很大。主要表现在以下几点：

（1）石墨纯度的影响。随石墨纯度的提高，镁炭砖的侵蚀指数急剧下降且高温抗折强度指数明显增高，尤其是纯度大于 95%时更明显。因此镁炭砖中选用石墨时纯度通常均为 95%以上。

（2）灰分的影响。当石墨中的 SiO_2 含量大于 3%时，镁炭砖的侵蚀指数明显上升；同时 SiO_2、Al_2O_3 等杂质还降低制品的耐火度，并且灰分还将影响砖的抗氧化性，所以要求石墨的杂质含量越低越好。

（3）石墨抗氧化性的影响。含碳制品侵蚀的限制性环节就是脱碳速度，因此，石墨的抗氧化性对制品的耐蚀性影响很大，而石墨的结晶越完整，比表面积越小，抗氧化性也越好，所以镁炭砖生产时一般选用结晶完整、石墨化好的石墨原料。

（4）石墨粒度和形状的影响。鳞片状石墨与土状石墨相比，不但纯度高，而且结晶完好，因此含碳制品一般用鳞片状石墨，且鳞片粒度越大、越薄越好。石墨粒度太小同时还会降低泥料的混炼性和成型性以及抗氧化性。

为了要保持镁炭砖的这些优良性能，必须防止或延迟镁炭砖中石墨的氧化。而石墨极易氧化，鳞片石墨显著氧化开始温度一般为 580℃以上，所以在生产和使用过程中必须采取相应的防氧化措施。目前采用的方法主要有：

（1）调整镁炭砖的颗粒级配，选择合适的结合剂，采用高吨位抽真空压力机等来提高镁炭砖的密度，一方面可以减少镁炭砖孔隙中残存的氧量，另一方面还可以减少使用过程中的氧和氧化物向砖内部侵入的通道。

（2）加入抗氧化添加剂（Al、Si、Mg、Al-Si、Al-Mg、SiC、B_4C 等），可以使得抗氧化剂在高温下先于石墨氧化，而起到保护石墨的作用；在转炉镁炭砖中常使用的抗氧化剂是金属铝粉，金属铝粉的作用不仅可以防止石墨的氧化，而且还可以提高镁炭砖的高温抗折强度。研究表明：在镁炭砖中合适的金属铝粉的加入量为 1%~3%，过低起不到抗氧化作用，过高对镁炭砖的抗渣性和耐热剥落性不利。

（3）对所加入的鳞片石墨进行抗氧化改性处理。将插入剂等分子插入石墨层内形成石墨层间化合物，高温下石墨层内的插入物分解，可以推开石墨层而使石墨产生体积膨胀。基于这一原理，将改性后的石墨加入到镁炭砖中，高温下可使镁炭砖的基质产生微小的膨胀，砖中的炭素材料与镁砂紧密结合而使砖体变得致密，从而提高镁炭砖的抗渣性和氧化性。

（4）在碳结合耐火材料的表面涂抹抗氧化涂层，特别是对于镁炭砖砌筑的转炉炉衬在使用前进行烘烤时进行防氧化涂层处理，可以起到良好的效果。

另外值得注意的是镁炭砖在使用过程会产生有毒气体，所以目前镁炭砖有一种趋势或倾向是发展环保镁炭砖。这可以通过以下方法做到：

（1）采用较少的树脂结合剂，但是这往往会导致镁炭砖的抗热震性不够和常温强度降低，所以适宜的加入量为3%左右。

（2）提高结合剂的残碳量，减少挥发分，这可以减少使用过程中有毒物质的挥发。

（3）对镁炭砖碳化处理，即在使用前先把有害于环境的挥发分先去掉，在使用过程中就不会再产生有害于环境的挥发分。

（4）对沥青进行无害化处理，防止沥青在使用过程产生有毒物质。

我国国家耐火材料标准规定的镁炭砖理化指标如表3.3所示。

表3.3　镁炭砖的理化指标（GB/T 22589—2008）

牌　号	指　标					
	显气孔率（不大于）/%	体积密度/g·cm⁻³	常温耐压强度（不小于）/MPa	高温抗折强度（1400℃,300min）（不小于）/MPa	w(MgO)（不小于）/%	w(C)（不小于）/%
MT-5A	5.0	3.15±0.08	50	—	85	5
MT-5B	6.0	3.10±0.08	50	—	84	5
MT-5C	7.0	3.00±0.08	45	—	82	5
MT-8A	4.5	3.12±0.08	45	—	82	8
MT-8B	5.0	3.08±0.08	45	—	81	8
MT-8C	6.0	2.98±0.08	40	—	79	8
MT-10A	4.0	3.10±0.08	40	6	80	10
MT-10B	4.5	3.05±0.08	40	—	79	10
MT-10C	5.0	3.00±0.08	35	—	77	10
MT-12A	4.0	3.05±0.08	40	6	78	12
MT-12B	4.0	3.02±0.08	35	—	77	12
MT-12C	4.5	3.00±0.08	35	—	75	12
MT-14A	3.5	3.03±0.08	40	10	76	14
MT-14B	3.5	2.98±0.08	35	—	74	14
MT-14C	4.0	2.95±0.08	35	—	72	14
MT-16A	3.5	3.00±0.08	35	8	74	16

牌 号	显气孔率（不大于）/%	体积密度/g·cm⁻³	常温耐压强度（不小于）/MPa	高温抗折强度（1400℃,300min）（不小于）/MPa	$w(MgO)$（不小于）/%	$w(C)$（不小于）/%
MT-16B	3.5	2.95±0.08	35	—	72	16
MT-16C	4.0	2.90±0.08	30	—	70	16
MT-18A	3.0	2.97±0.08	35	10	72	18
MT-18B	3.5	2.92±0.08	30	—	70	18
MT-18C	4.0	2.87±0.08	30	—	69	18

3.3.3 转炉永久层用镁砖

镁砖的耐火度达2000℃以上，因其高温性能好，抗冶金炉渣能力强，被广泛应用于钢铁工业炼钢炉衬和混铁炉等，目前转炉永久层用镁砖多为烧成镁砖和镁硅砖。表3.4为我国转炉用镁砖的理化指标。按照国际标准 ISO 1109—1975 规定 $w(MgO) \geq 80\%$ 的碱性制品为镁砖。镁砖可根据 MgO 含量将镁砖分为三级：90%、95%、98%，相应级别 MgO 含量最小值分别为86%、91%、96%。用于生产镁砖的镁砂主要有普通镁砂和海水镁砂两种。镁砖质量的好坏主要取决于原料镁砂颗粒的质量、镁砖的体积密度、MgO 含量、杂质含量和 $w(CaO)/w(SiO_2)$ 等。表3.4为转炉用常用镁砖的理化指标。

表3.4 转炉用镁砖的理化指标

牌 号	GB/T 2275—87	GB/T 2275—87	GB/T 2275—87	ML-87
材质	烧成镁砖	烧成镁砖	烧成镁硅砖	镁砖
使用部位	永久层	永久层	永久层	永久层
$w(MgO)/\%$	91	89	82	≥87
$w(CaO)$（不大于）/%	3	3	2.5	
$w(SiO_2)/\%$				≤3
显气孔率（不大于）/%	18	20	20	20
体积密度/g·cm⁻³				2.90
耐压强度/MPa	58.0	49	39.2	≥39.2
重烧线变化/%	1650℃,2h: -0.5~0	1650℃,2h: -0.6~0		≥1520℃ (荷软)

我国国家耐火材料标准规定的镁砖性能指标如表3.5所示。

表3.5 镁砖的理化指标（GB/T 2275—2007）

项 目	指 标								
	M-98	M-97A	M-97B	M-95A	M-95B	M-93	M-91	M-89	M-87
$w(MgO)$（不小于）/%	97.5	97	96.5	95	94.5	93	91	89	87
$w(SiO_2)$（不大于）/%	1.0	1.2	1.5	2.0	2.5	3.5	—	—	—

项　目	指　标								
	M-98	M-97A	M-97B	M-95A	M-95B	M-93	M-91	M-89	M-87
$w(CaO)$（不大于）/%	—	—	—	2.0	2.0	2.0	3.0	3.0	3.0
显气孔率（不大于）/%	16	16	18	16	18	18	18	20	20
体积密度/g·cm⁻³		3.00~3.20			2.95~3.15		2.90~3.10	2.85~3.05	
常温耐压强度（不小于）/MPa	60		60		60	60	60	50	50
0.2MPa 荷重软化开始温度（不小于）/℃	1700		1700		1650	1620	1560	1550	1540
加热永久线变化（1650℃×2h）/%	-0.2~0		-0.2~0		-0.3~0	-0.4~0	-0.5~0	-0.6~0	—

3.3.4　转炉用不定形耐火材料

转炉用不定形耐火材料主要是指在转炉修砌过程中所使用的火泥、填缝料以及捣打料等耐火材料。转炉用不定形耐火材料的理化指标见表 3.6。

表 3.6　转炉用不定形耐火材料的理化指标

品　种	$w(MgO)$/%	$w(CaO)$/%	体积密度（110℃×24h）/g·cm⁻³	显气孔率（110℃×24h）/%	常温耐压强度（110℃×24h）/MPa	加热永久线变化（1500℃×2h）/%
炉底捣打料	≥80	≥10	≥2.60	—	—	—
镁碳火泥（mortar）	≥90	≥5	—	粒度<0.5mm	—	—
镁质填缝料	≥95	$SiO_2 ≤2\%$	—	粒度<0.5mm	—	—
炉口镁质捣打料	≥85	$Cr_2O_3 ≥3.0\%$	≥2.6	—	≥4.0	-1.0~0

3.3.5　氧枪

氧枪是转炉炼钢供氧系统中的关键设备。氧枪枪身由三层无缝钢管套装而成，内层钢管是氧气的通道，由于氧枪在吹炼时处于高温下工作，需要对氧枪通高压水进行冷却，内层管和中层管之间的环缝是进水的通道，中层管与外层管之间的环缝是出水通道。宝钢300t 转炉的氧枪总长为 24.6m，冷却水耗量为 250~300t/h，内管直径为 250mm，中层管直径为 350mm，外层管直径为 400mm，氧枪总重为 20t。

喷头位于枪身的端部，是极为重要的构件，设计合理的喷头能够正确合理地供氧，使熔池搅拌良好，能够快速化渣和强化元素的氧化。喷头一般为紫铜制成。早期的氧枪喷头多采用单孔的拉瓦尔型喷头，目前已普遍采用多孔的喷头。例如宝钢的 300t 转炉采用 5 孔喷头，喷头形状为拉瓦尔管，由收缩段、喉口和扩张段组成。高压氧气流过拉瓦尔管时，喷孔可将氧气的压力转变为动能，在喉口处流速达到声速，在扩张段，氧气的压力能继续转化为动能，使氧气流速超过声速，从而获得超声速气流。

转炉氧枪在使用过程受到高温烟气的冲刷和磨损，同时在吹炼和溅渣护炉的过程中还要承受高温烟气和炉渣的侵蚀；冶炼结束后，在大气中冷却，还会承受温度的急剧变化，受到热震的强烈冲击，因此转炉氧枪用耐火材料必须具有良好的抗热震性，良好的抗炉渣、铁的冲刷和侵蚀的能力；在施工过程中，由于转炉氧枪的枪体较长，在浇注过程中所用的耐火材料必须具有良好的流动性。目前使用的耐火材料主要是铝硅质钢纤维浇注料。

转炉喷枪耐火材料的研究表明：加入纯铝酸钙水泥可使浇注料具有较高的强度，但纯铝酸钙水泥加入量过多将带入较多的 CaO，从而降低浇注料的高温性能；因此，在保证一定的常温强度和施工性能的条件下，应尽量减少其加入量，以提高浇注料的高温性能；其加入量以5%为宜。在浇注料中加入一定量的硅灰，对于降低加水量、提高水泥水化结合强度、降低浇注料气孔率、提高其中温强度贡献很大；同时，由于硅灰的主要成分是 SiO_2，且杂质含量较多，当其加入量过高时易降低浇注料的高温性能。硅灰加入量以2%~3%为宜。$\alpha\text{-}Al_2O_3$ 微粉对浇注料具有调整体积稳定性的作用，一方面由于其粒度较细，能填充到浇注料较大颗粒之间的间隙中，从而使得浇注料气孔率降低，常温强度增加，另一方面由于其具有较高的反应活性，可以促进和 SiO_2 的反应，生成莫来石，对提高浇注料的强度和抗热震性很有好处；随着 $\alpha\text{-}Al_2O_3$ 微粉加入量增大，浇注料气孔率有所降低，中温强度增加，流动性得到改善，但其加入量过大时，浇注料的流动性反而降低，其加入量以6%~8%为宜。由于喷枪壁薄，使用时温度波动较大，枪体机械震动剧烈，因此枪体的高温体积稳定性非常重要，为尽量减少钢管内芯的热膨胀与浇注料的差异，必须使喷枪浇注料在中、高温条件下具有一定的膨胀。蓝晶石粉可以在低于1350℃下发生转化反应产生较小体积膨胀，析出的 SiO_2 又可与材料中的 $\alpha\text{-}Al_2O_3$ 反应生成莫来石，这样也有助于结合。如果在液相范围内产生膨胀，那么膨胀会引起液体的移动，浇注料的许多空隙可能被液体填充。所以莫来石的生成不仅能够提高浇注料的结构强度，改善烧后线变化，而且还能部分消除浇注料在高温和冷却过程中产生的收缩裂缝，从而提高浇注料的使用寿命，所以，在细粉中应添加适量的蓝晶石粉。但其加入量过大时，导致浇注料剥落，故其加入量以10%左右为宜。添加不锈钢纤维可以有效防止浇注料开裂，即使有裂纹产生，纤维的挠性也能阻止裂纹的扩展，提高浇注料的抗热震性，同时能够增强浇注料的常温、中温强度，但当温度超过1100℃时，钢纤维的作用不明显，当钢纤维加入量超过3%时，浇注料的强度不再增强，甚至有所降低，因此，钢纤维的加入量以1%~3%为宜。要提高浇注料的强度，应降低加水量，在浇注料中引入一定量的减水剂时，减水剂溶于水后能吸附于分散相（固体微粒子或胶体粒子）表面，提高溶液中粒子表面的 ζ 电位（动电电位），或形成空间限制效应（空间位阻），增大粒子间的排斥力，结果会使由分散粒子组成的凝集结构中包裹的游离水释放出来，从而在粒子间起润滑作用和分散粒子的作用。分散剂的作用有：(1) 降低浇注料拌合用水量，降低制品或砌体的气孔率，提高体积密度；(2) 降低水泥用量，有利于提高浇注料纯度；(3) 改善浇注料流变性，易于施工，提高施工效率；(4) 可配制流态浇注料，以实现管道输送新拌浇注料；(5) 可实现浇注料的自流平、自密实作用；(6) 可配制高密度、高强度浇注料。研究表明减水剂的加入量在0.5%左右较好。

转炉氧枪在使用过程中主要发生结瘤损毁。主要是由于吹炼过程中炉渣化得不好或枪位过低等，炉渣发生"返干"现象，金属喷溅严重并黏结在氧枪上。氧枪的枪位指氧枪的喷头到静止金属熔池液面的距离，在吹炼过程中氧枪通常在三种枪位下进行操作。化渣枪位（高枪位）：用于促使石灰融化和成渣，提高炉渣的氧化性；基本吹炼枪位：正常的吹炼枪位，向金属熔池内供氧，使铁水中的元素氧化，并兼顾熔池的搅拌；拉碳枪位（低枪位）：在吹炼的后期，低枪位操作以进一步脱碳，加强熔池搅拌，均匀金属液的成分和温度，降低渣中的 FeO 和钢中气体的含量。氧枪枪位过高或过低，均容易造成金属喷溅，飞溅起来的金属夹杂炉渣粘在氧枪上造成氧枪结瘤。另外，喷嘴结构不合理、工作氧压高等对氧枪结瘤也有一定的影响。宝钢 300t 转炉的化渣枪位为 2.3~2.5m，基本枪位为 2.0m，拉碳枪位为 1.8m 左右。

实际生产中，由于原材料条件变化较大，操作人员没有及时根据情况做出相应的调整；或者操作人员没有精心操作或操作不熟练，操作经验不足，往往都会使冶炼前期炉渣化得太迟，或者过程炉渣未化透，甚至在冶炼中期发生炉渣严重"返干"现象，这时继续吹炼会造成严重的金属喷溅，使氧枪结瘤。

3.3.6　挡渣出钢

钢水质量直接影响钢材的性能。减少转炉出钢过程中的下渣量是提高钢水质量的一项重要环节。在转炉出钢过程中如何降低下渣量是长期困扰钢铁企业的技术难题，已成为转炉冶炼特殊钢、优质钢的制约因素。在转炉出钢后需要在钢包内进行脱氧和合金化，通过加入与氧具有强的亲和力的元素，来降低钢液的氧含量。如果出钢结束时，不采取挡渣措施，炉内的含有（P_2O_5）的高氧化性渣就会进入钢包中。由于脱氧合金化操作，降低了钢液的氧化性，破坏了渣、金属间的反应平衡，使渣中的磷和氧向钢液转移，造成回磷和过多消耗脱氧元素；同时下渣量过大，将会增加钢液中的非金属夹杂物，增加后续精炼工序的合成渣用量和后续工序的难度和处理时间，也会影响到钢包耐火材料的使用寿命。因此为了防止钢液回磷和提高合金的收得率，需要采用挡渣机构在即将出完钢前把挡渣球送入炉内，防止炉内的炉渣进入钢包中。

在转炉出钢过程中，由于转炉渣的密度小于钢水而浮于钢面上，因此转炉出钢时的下渣包括三部分：前期渣，当转炉倾动至平均 38°~50° 时，由于渣路过出钢口，造成转炉内的钢渣流出，即前期渣，如图 3.4 所示。过程渣，前期渣之后开始出钢，可观察到钢水的涡旋效应而将钢渣卷入流出，造成卷渣，即过程渣。后期渣，出钢后期至出钢结束阶段，由于挡渣或摇炉不及时，造成钢渣流出，即后期渣，如图 3.5 所示。转炉从出钢到钢包的下渣量中，前期渣量大体占 30%，涡旋效应从钢水表面带下的渣量约为 30%，后期渣约 40%，如图 3.6 所示。

挡渣出钢是在转炉吹炼结束时，向钢包内放入钢水而把氧化性渣留在炉内的操作。出钢时随着钢水液面的下降，当钢水深度低于某一临界值时，在出钢口上方会形成漏斗状的漩涡，部分炉渣在钢水出完以前就由出钢口流出，造成渣、钢分离不清。挡渣出钢技术主要是针对汇流漩涡开发的。有挡渣球、挡渣塞、高压气挡渣、挡渣阀门、下渣信号检测和滑板法挡渣等各种方法。

挡渣球：由耐火材料包裹在铁芯外面制成，其密度在 4.3~4.4g/cm³ 之间，大于炉渣的密度而小于钢水的密度，因而能浮在渣钢的界面处。出钢时当钢水已倾出 3/4~4/5 时，用特定的工具伸入炉内将挡渣球放置在出钢口的上方。出钢临近结束时，漩涡将其推向出钢口，将出钢口堵住而阻止炉渣流出。为了提高挡渣球的抗热震性能，提高挡渣效率，研制有石灰质挡渣球，制作过程为首先在铁芯的外面包一层耐火纤维起缓冲作用，球的外壳以白云石、石灰等作原料，用合成树脂或沥青等作黏结剂。图3.7为现场使用的挡渣球图片，图3.8为转炉出钢时挡渣球的使用示意图。

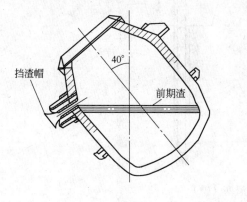

图3.4 前期下渣

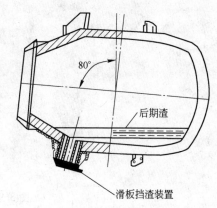

图3.5 后期下渣

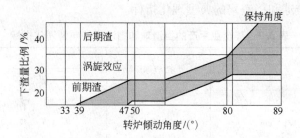

图3.6 转炉出钢过程下渣

图3.7 挡渣球

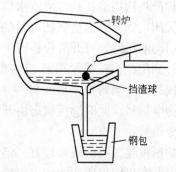

图3.8 转炉出钢时挡渣示意图

挡渣塞（镖）：是将挡渣物制成上为倒锥体，下为塞棒的塞。由于形状接近于漏斗形，可配合出钢时的钢水流，故效率比挡渣球高。有的上部锥体增加小圆槽而下部改为六角锥形，以增加抑制钢流漩涡的能力。出钢时用专用的机械装置将金属挂钩挂住金属吊杆1，伸进转炉，对准出钢口，把尾杆2插向出钢口，在出钢的抽力的作用下，挡渣塞就不会游离出钢口，浮标3起到不被钢水抽走和挡渣的作用，这样就显著提高了挡渣效率。图3.9为挡渣塞的实物图和结构示意图。

由于上述两种挡渣方法费用低，操作简便，因而目前被各钢厂广泛采用。表3.7为我

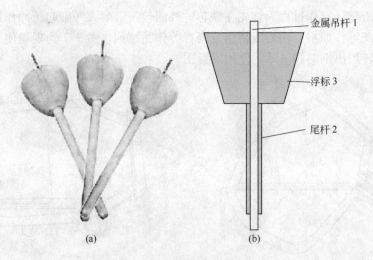

金属吊杆 1

浮标 3

尾杆 2

（a）　　　　　　　　　　（b）

图 3.9　挡渣塞（镖）

（a）挡渣塞实物图；（b）挡渣塞结构示意图

国某企业生产的挡渣球和挡渣塞的典型理化指标。

表 3.7　某企业生产的挡渣球和挡渣塞的典型理化指标

名　　称	挡渣球	挡 渣 塞	
		塞头部分	塞杆部分
$w(Al_2O_3+SiO_2+Fe_2O_3)$（不小于）/%	80	80	78
体积密度（不小于）/$g \cdot cm^{-3}$	4.0	3.5	2.6
耐压强度（不小于）/MPa	20	45	30

转炉滑板法挡渣：是将滑动水口耐火元件安装到转炉出钢口部位，以机械或液压方式开启或关闭出钢口，以达到挡渣目的。转炉滑板挡渣自动控制工艺过程是在炼钢结束时，先人工启动液压站，打开滑板；转炉倾动 35°角度时发出关闭滑板指令信号，此时滑板状态是由开到闭；当转炉倾动到 75°~80°时钢渣已全部上浮。发出打开滑板指令信号，此时滑板再次打开。当转炉倾动到 90°~110°时出钢，出钢结束控制系统见渣后向滑板发出关闭滑板指令信号，此时滑板状态由开到闭。出钢结束后转炉反倾动到垂直位置时发出打开滑板指令信号。

转炉滑板装置挡渣效果较好，但其装置设备复杂，成本较高，设备操作复杂。另外，该装置安装在出钢口所在的特定位置上，受吹炼期间喷溅的影响，安装与拆卸均不方便。

3.4　转炉炉衬维修技术

采用优质耐火材料和良好的维护修补技术，转炉使用寿命长和耐火材料单耗降低是基本发展方向。我国转炉用耐火材料与日本的基本一致。较普遍选用碳含量为 14%~18%的镁炭砖，而欧洲就不一样，普遍选用碳含量为 10%~15%的镁炭砖。田守信等人的研究结果表明，如果炼钢节奏快，选用较低碳含量的镁炭砖为好；相反，如果炼钢节奏很慢，间歇时间较长，就应该选用较高碳含量的镁炭砖。总之，一般情况下，倾向于采用欧洲的观点，主张转炉选用较低碳含量的镁炭砖较合适，这有利于降低炉衬表面温度和提高使用寿命。

要提高转炉的使用寿命，炉衬耐火材料是影响使用寿命的重要因素，但是操作条件是更重要的因素，良好的操作条件是炉龄高寿命的基础。一般情况下，操作条件是由生产的产品和工艺技术路线及操作者的技能水平决定的，所以操作条件不是可以随便更改的。但是，相应的维护措施却可以大幅度提高转炉炉衬的寿命，使得转炉炉衬达到高寿命的要求。目前转炉维护的措施主要有：溅渣护炉技术、修补维护技术两个方面。

3.4.1 转炉炉衬的侵蚀原因

炉衬耐火材料的损毁机理与耐火材料的化学成分、矿物结构、炼钢工艺过程等一些十分复杂的因素有密切关系。几十年来，人们对炼钢熔体与耐火材料之间的高温物理化学反应做过大量的研究，归纳起来炉衬损毁的原因大致分成四类：

（1）钢水、废钢、炉渣和气体粉尘对耐火材料的机械冲击和磨损。

（2）耐火材料在高温钢水和熔渣中的溶解。

（3）高温溶液对耐火材料的渗透和侵蚀。

（4）高温使用条件下耐火材料的挥发。

转炉渣的成分主要为 CaO、SiO_2、FeO 等，当炉渣碱度偏低时，对以 CaO、MgO 为主要成分的炉衬耐火材料侵蚀严重，炉衬寿命降低；相反，当炉渣碱度较高时，对炉衬的侵蚀则较轻微，炉衬寿命也相对有所提高，这导致炼钢工艺中造渣技术的变革。采用轻烧白云石造渣，结果炉衬寿命有较大幅度的提高。当炉渣中含有氟离子、金属锰离子等时，或者熔池温度升高到 1700℃ 以上，溶液的黏度会急骤下降，炉衬的损毁速度加快，寿命大幅度降低，所以转炉钢水温度偏高，会使炉衬寿命相应降低。

溶液渗入耐火材料内部的成分包括：渣中的 CaO、SiO_2、FeO，钢液中的 Fe、Si、Al、Mn、C 甚至还包括金属蒸气、CO 气体等。这些渗入成分沉积在耐火材料的毛细孔道中，造成耐火材料工作面的物理化学性能与耐火材料基体的不连续性，在转炉操作的温度急变下会出现裂纹、剥落和结构疏松，严格地说这个损毁过程要比溶解损毁过程严重得多。

因此，要降低溶液对耐火材料的渗透，措施有：（1）应降低炉衬耐火材料的气孔率和气孔的孔径；（2）在耐火材料中加入与溶液不易润湿的材料，如石墨、炭素等；（3）严格控制溶液的黏度，即控制冶炼强度、控制出钢温度等。

由炉衬材料的抗渣蚀性试验，可得出镁炭砖的渣侵蚀过程为：镁炭砖中的石墨首先氧化而失去抵抗熔渣的侵蚀能力，使得熔渣渗入砖中；砖中的方镁石相被渣中 SiO_2、Fe_2O_3 侵蚀反应生成的低熔物熔失，从而使得镁炭砖被损毁。在含碳炉衬的耐火材料中，随着碳含量的增加抗渣侵蚀性会有提高，但不是碳含量越高越好。因为碳含量越高，氧化失碳后炉衬耐火材料的结构越疏松，使用效果会变差。通过从大量的抗渣试验研究和转炉实际操作可以得出一些炉衬耐火材料抗侵蚀性的认识：

（1）铁水成分对炉衬耐火材料寿命有显著影响，特别是硅、磷、硫的含量。

（2）转炉终点温度过高将导致炉衬寿命降低，特别是当终点温度在 1700℃ 以上，每提高 10℃，炉衬耐火材料的侵蚀速率都会有显著增加。

（3）提高炉渣碱度有利于降低炉渣对碱性耐火材料的侵蚀。

（4）提高渣中 MgO 含量，可以降低炉渣对炉衬耐火材料的侵蚀。

（5）渣中 FeO 含量提高会导致炉衬耐火材料的侵蚀加剧。

（6）转炉吹炼初期，渣碱度比较低，对炉衬侵蚀严重，所以应采用白云石造渣，使渣中 MgO 含量接近饱和状态，避免炉渣对镁炭砖的溶蚀。

（7）萤石对炉衬的侵蚀非常严重。萤石的加入不但可以降低渣的熔点而且还会降低渣的黏度，这会加速熔渣对耐火材料的侵蚀，因此应尽量降低萤石的加入量。

（8）白云石、镁白云石耐火材料中，MgO 的抗渣侵蚀性要优于 CaO，但是有 CaO 存在可以提高耐火材料的高温热塑性和抗渣渗透性。

（9）要求炉衬耐火材料的原料有较高的纯度，如镁白云石砂要求杂质总量 SiO_2、Al_2O_3 与 FeO 之和小于 3%；其他如电熔镁砂、石墨等也有类似要求。

3.4.2　转炉溅渣护炉技术

3.4.2.1　溅渣护炉简介

炉龄是转炉炼钢的一项综合技术经济指标。高温、高氧化性的炉渣对炉衬的机械冲刷和化学侵蚀是造成炉衬蚀损的主要原因。为了提高炉龄，炼钢工作者相继对炉衬砖材质、砌筑方法、补炉技术、溅渣技术等进行了研究和开发。转炉溅渣护炉技术是转炉在吹炼结束后，向炉渣中加入含氧化镁的造渣剂（调整渣中氧化镁含量 8%～14%），造黏性渣，通过顶吹氧枪喷吹高速氮气射流，冲击残留在熔池内的部分高熔点炉渣，在 2～4min 内将出钢后留在炉内的残余炉渣喷溅涂敷在转炉内衬整个表面上生成渣保护层，从而达到保护炉衬的目的的一种护炉方法。20 世纪 70 年代以来，国内外即开始研究开发此项技术，但是未能在生产中大量应用。1983 年普莱克斯公司获得了溅渣专利，但直到 20 世纪 90 年代以后，溅渣护炉技术才随着耐火材料质量的改进而蓬勃发展起来。溅渣护炉示意图见图 3.10。

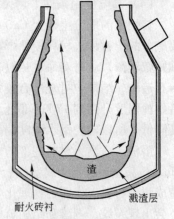

图 3.10　溅渣护炉示意图

3.4.2.2　溅渣护炉原理及优势

溅渣护炉的基本原理，是在转炉出完钢后加入调渣剂，使其中的 MgO 与炉渣产生化学反应，生成一系列高熔点物质，被通过氧枪系统喷出的高压氮气喷溅到炉衬的大部分区域或指定区域，黏附于炉衬内壁逐渐冷凝成固态的坚固保护渣层，并成为可消耗的耐材层。转炉冶炼时，保护层可减轻高温气流及炉渣对炉衬的化学侵蚀和机械冲刷，以维护炉衬、提高炉龄并降低耐材包括喷补料等消耗。

氧气顶吹转炉溅渣护炉是在转炉出钢后将炉体保持直立位置，利用顶吹氧枪向炉内喷射高压氮气（1.0MPa），将炉渣喷溅在炉衬上。渣粒是以很大冲击力黏附到炉衬上，与炉壁结合得相当牢固，可以有效地阻止炉渣对炉衬的侵蚀。复吹转炉溅渣护炉是将顶吹和底吹均切换成氮气，从上、下不同方向吹向转炉内炉渣，将炉渣溅起黏结在炉衬上以实现保护炉衬的目的。

溅渣护炉充分利用了转炉终渣并采用氮气作为喷吹动力，在转炉技术上是一个大的进步，它比干法喷补、火焰喷补、人工砌砖等方法更合理，其既能抑制炉衬砖表面的氧化脱碳，又能减轻高温渣对炉衬砖的侵蚀冲刷，从而保护炉衬砖，降低耐火材料蚀损速度，减少喷补材料消耗，减轻工人劳动强度，提高炉衬使用寿命，提高转炉作业率，减少操作费用，而且不需大量投资，较好地解决了炼钢生产中生产率与生产成本的矛盾。因此，转炉溅渣护炉技术与复吹炼钢技术被并列为转炉炼钢的两项重大新技术。

1991 年美国 LTV 钢铁公司印第安纳港钢厂率先在两座 250t 顶底复吹转炉上正式采用溅渣护炉技术，在提高转炉炉龄、提高转炉利用系数和降低成本等方面取得了十分明显的效果。转炉炉龄从 6000~7000 炉迅速提高，1994 年炉龄达到 15658 次，1996 年为 19126 次。此后其他钢厂更是创造了 36000 次的转炉长寿纪录。采用溅渣护炉技术后吨钢喷补材料消耗降低至 0.195~0.277kg 的最新水平，转炉耐火材料的消耗相应降低 25%~50%。我国 1996 年考察了该项技术后在全国推广，并取得了良好的效果，1998 年，宝钢 300t 转炉的炉龄达到 14000 炉次，鞍钢三炼钢 180t 转炉炉龄达到 8348 次，武钢二炼钢 80t 转炉分别在 2001~2002 年取得了 22766 次和 29942 次的炉龄。武钢三炼钢厂 250t 转炉也取得 10000 次的炉龄。可见国内钢厂采用此项技术后，转炉炉龄有了成倍的增长，技术经济指标也得到了明显的改善。

3.4.2.3 影响溅渣护炉主要工艺因素

A 合理选择炉渣并进行终渣控制

炉渣的选择着重是选择合理的渣相熔点。影响炉渣熔点的物质主要有 FeO、MgO 和炉渣碱度。渣相熔点高可提高溅渣层在炉衬的停留时间，提高溅渣效果，减少溅渣频率，实现多炉一溅目标。由于 FeO 易与 CaO 和 MnO 等形成低熔点物质，所以渣中 FeO 含量过高不利于溅渣护炉的操作。由 MgO 和 FeO 的二元系相图可以看出，提高渣中 MgO 的含量可减少 FeO 相应产生的低熔点物质数量，有利于炉渣熔点的提高。

从溅渣护炉的角度分析，希望炉渣的碱度高一点，这样转炉终渣中 C_2S 及 C_3S 之和可以达到 70%~75%。这两种化合物都是高熔点物质，对于提高溅渣层的耐火度有利。但是，碱度过高，冶炼过程不易控制，反而影响脱磷和脱硫效果，且造成原材料浪费，还容易造成炉底上涨。实践证明，终渣碱度控制在 2.8~3.2 为好。表 3.8 为典型转炉终渣的性质。

表 3.8 转炉炉渣性质

炉渣成分	$w(CaO)/\%$	$w(SiO_2)/\%$	$w(MgO)/\%$	$w(FeO)/\%$	碱 度
指标	36~40	11~14	7~12	10~12	2.8~3.2

由于溅渣层对转炉初渣具有很强的抗侵蚀能力，而对转炉终渣的高温侵蚀的抵抗能力很差，转炉终渣对溅渣层的侵蚀机理主要表现为高温熔化，因此合理控制转炉终渣，尽可能提高终渣的熔化温度是溅渣护炉的关键环节。合理控制终渣应着重从终渣的 MgO 含量和 FeO 含量着手。

a　终渣 MgO 含量的控制

在一定条件下提高终渣 MgO 含量，可进一步提高炉渣的熔化温度，这种高熔点炉渣在冶炼初期产生的溅渣层减轻了渣对炉衬的机械冲刷，并与渣中 SiO_2、FeO 反应，避免了渣对炉衬的化学侵蚀；在冶炼中期，溅渣层中的 MgO 与炉渣中的 FeO 生成高熔点物质，在下一次溅渣操作中成为溅渣层的主要组成部分；同时由于溅渣层被反复利用，减少了炼钢中造渣剂的使用，降低了生产和操作成本。因此，终渣 MgO 含量应在保证出钢温度的前提下超过饱和值，但含量也不宜过高，以免增加溅渣护炉成本，一般控制在 9%~10%。

调渣剂国外一般在出钢后加入，国内由于转炉操作水平较低，炉况不稳定，终渣成分变化大，且出钢后加入调渣剂化渣不彻底，因此大多数钢厂在冶炼初期便加入调渣剂，以轻烧白云石为主，也有采用镁质冶金石灰或菱镁矿作为调渣剂的。

b　终渣 FeO 控制

在溅渣护炉技术中，渣中 FeO 含量的多少起着截然相反的作用。渣中 FeO 含量高，炉渣的熔点低、流动性好，容易沿衬砖内细小气孔和裂纹渗透和扩散，有利于溅渣层与炉衬砖的结合，保护炉衬不受侵蚀。但是随着渣中 FeO 含量增高，由于溅渣层内 FeO 会与 MgO 反应使溅渣层中 MgO 相减少，导致溅渣层熔点降低，不利于溅渣层寿命提高。国内操作一般控制在 20% 以下，国外由于调渣剂在出钢后加入，所以 FeO 含量很高。

一般认为只要在溅渣前把渣中 MgO 含量调整在合适的范围内，对终渣氧化铁含量并不须特殊处理，即终渣氧化铁无论高低都可取得较好的溅渣护炉效果。但如果终渣氧化铁含量很低，渣中铁酸钙少，故应在保证足够的耐火度的情况下，降低渣中 MgO 含量，这样溅渣护炉的成本较低，容易取得高炉龄。从操作上讲，在同样温度、碱度和 MgO 条件下，氧化铁含量低，渣的黏度大，起渣快，可以减少溅渣时间，而不影响溅渣效果。

c　合理控制留渣量

在溅渣护炉中，转炉留渣量的多少不仅是溅渣护炉本身重要的工艺参数，而且决定了溅渣层的厚度。合理的留渣量一方面要保证炉渣在炉衬表面形成 10~20 mm 溅渣层，另一方面随炉内留渣量的增加，炉渣的可溅性增强，对溅渣操作有利。转炉上部溅渣主要依靠氮气射流对熔池炉渣的溅射而获得。渣量少，渣层过薄，气流易于穿透渣层，削弱气流对于渣层的乳化和破碎作用，不利于转炉上部溅渣。转炉留渣量过大，在溶池内易形成浪涌，同样不利于转炉上部溅渣。即便强化了转炉上部溅渣的效果，也往往造成炉口粘渣变小，影响正常的冶炼操作。

B　合理控制出钢温度

采用溅渣护炉工艺后，转炉出钢温度对炉龄的影响非常明显。有实验结果表明，在同样的溅渣技术条件下，每降低出钢温度 1℃，将提高炉龄 121 炉。因此，合理控制转炉出钢温度，对采用溅渣护炉工艺的转炉进一步提高炉龄有重要意义。

C　枪位控制

枪位应按照早化渣，化好渣，保证溅渣厚度和溅渣面积的原则确定。高枪位易于炉渣的破碎和乳化，有利于转炉上部的溅渣。当枪位过高时，炉渣溅到炉膛位置较低，还容易冲刷已溅到炉墙上的炉渣，更容易引起炉底上涨。低枪位易于造成渣液面剧烈波动，对渣的冲击面积小，冲击深度增大，供给的能量大部分消耗于熔池内部，有利于转炉的下部溅渣，同时由于渣滴能量大，也可溅到炉口。溅渣时枪位控制要根据炉渣的流动性和所要溅的部位而定。通常情况采取前高后低方法，既保证了炉渣的形成，溅渣效果也好，且可防止炉底上涨。

3.4.2.4　溅渣护炉技术的基本操作

将钢出尽后留下全部或部分炉渣；观察炉渣稀稠，测量温度高低，决定是否加入调渣剂，并观察炉衬侵蚀情况；摇动炉子使炉渣涂挂到前后侧大面上；下枪到预定高度，开始吹氮，溅渣，使炉衬全面挂上渣后，将枪停留在某一位置上，对特殊需要溅渣的地方进行溅渣；溅渣到所需时间后，停止吹氮，移开喷枪；检查炉衬溅渣情况，是否尚需局部喷补，如已达要求，即可将渣出到渣罐中，溅渣操作结束。

如何看出溅渣的好坏：第一对于顶底复吹转炉要观察是否形成转炉底吹透气砖"蘑菇头"。根据转炉炉龄增长情况和炉衬侵蚀速率的特点，一般在炉役前期（1500 炉）不溅渣，而这期间是"蘑菇头"的形成和发展的关键时期。如果控制不好则会造成底吹供气元件端面长期裸露。形成良好的"蘑菇头"有利于使氮气分散吹开，有利于冶炼钢种的质量。第二看溅渣层是否盖住了原来的镁炭砖表面；注意观察前后大面的挂渣情况，长期观察前后大面的挂渣情况，总结挂渣的好坏。

3.4.2.5　提高溅渣效果的途径

提高转炉溅渣护炉的途径可以从影响转炉溅渣护炉的工艺条件着手：首先耐火材料中的碳含量不宜过高，通常要求镁炭砖中的碳含量在 14%～20%；进一步控制和降低渣中（FeO）含量；合理调整渣中（MgO）含量；提高溅渣层熔化温度，以降低炉渣过热度；降低出钢温度，提高终点命中率，减少复吹次数，合理匹配转炉操作工序。

3.4.2.6　复吹转炉溅渣护炉带来的问题及解决办法

复吹转炉溅渣护炉带来的问题：

（1）炉底上涨。炉渣在炉底停留的时间越长，黏结在炉底的炉渣就越多，导致炉底上涨。炉底上涨将影响正常操作，堵塞底气喷孔。要控制好溅渣时间、渣量、氮气压力和流量，尽量减少炉底上涨，在停吹后要尽快将渣出尽。在炉底上涨太多时，可向炉底吹氧，将上涨的部分侵蚀掉。

（2）喷枪黏结。黏结炉渣，需要及时清理，当冷却水足够，冷却强度大时，喷枪不易结渣，即使有粘渣，移出喷枪喷水冷却，粘渣就会掉落。由于喷枪水冷强度不够，或炉温过热有热枪现象，则应更换喷枪，用预备的冷枪进行溅渣工作，冷枪上黏结的炉渣并不固定，冷却后易脱落。如果有残钢，则不易清理，而且降低了钢水的收得率。

（3）设备维修问题。原来更换炉衬时维修的项目如冷水烟罩、管道的清理维修、转炉驱动装置、冷却系统、除尘系统、钢包车、吊车等都有相应延长服役时间问题。钢厂采用不同炉龄段计划维修的办法。

（4）经济炉龄问题。炉衬砖和修砌费的成本与炉龄成反比关系；而氮气补炉料、调渣剂等的费用随炉龄增长而消耗量增加，对降低成本的负效应也大。是炉龄越高越好，还是在一个适当的炉龄区经济效益最好，需要考虑一个转炉的经济炉龄。

（5）经济效益的计算问题。采用此技术，能大幅度提高炉龄和降低耐火材料消耗，减少砌炉次数，提高转炉作业率，提高钢产量，对炼钢生产有较大的正面效益，但溅渣护炉造成炉底上涨，转炉复吹效果变差，钢水终点氧含量升高，合金消耗增加，此外还有生产设备上的一些问题。

（6）透气砖堵塞问题。转炉采用溅渣护炉使得炉龄大幅度提高后，带来的一个问题是底吹供气元件寿命不能同步提高。因此，美国采用转炉溅渣护炉技术后，牺牲了复吹工艺。日本和欧洲等国家为保留复吹工艺，只好牺牲了溅渣技术。我国武汉钢铁公司和钢铁研究总院共同开发的复吹转炉溅渣护炉技术，已成功地解决了保持复吹转炉底吹供气元件寿命与转炉炉龄同步这一国际炼钢生产中的重大难题。

解决办法：

（1）注重对炉渣的控制。转炉出钢后针对炉渣中不同的 FeO 含量，加入适量不同种类的调渣改质剂，控制终渣 MgO 含量，使炉渣具有合适的黏度、温度及耐火度。冶炼前期用石灰及轻烧白云石溅渣，控制过程渣 MgO 含量在 6%~8% 的范围；冶炼后期采用高 MgO 炉渣操作工艺。

（2）保护底部供气元件的技术措施，是在炉役初期通过造黏渣和控制喷嘴出口处的热平衡，使供气元件尽早在出口处形成透气蘑菇头。生成的蘑菇头既能保证底部供气量，可以在炼钢所需的供气范围内灵活调整，又能达到保护供气元件不被侵蚀的目的。同时开发并采用供气效果更加稳定、更加容易维护的新型底吹供气元件。

（3）严格控制炉膛内型形状和炉底形状及蘑菇头的大小和厚度，确保底部喷嘴畅通，不被堵塞和过分蚀损。同时通过调整冶炼钢种和改变溅渣频率来控制炉底的高度，避免炉底过度上涨。

3.4.3　炼钢转炉炉衬修补

由于转炉炉衬材料各部位工作的环境不同，造成了转炉炉衬各部位不均匀蚀损，溅渣护炉技术虽可以通过溅渣造衬，但是难以在炉衬表面形成一均匀挂渣层，而且也很难对局部蚀损严重的部位进行修补，因此转炉炉衬的修补是延长炉衬寿命、均衡炉衬损毁、降低生产成本的有力措施。由于转炉操作的不稳定因素，当炉衬某些部位出现过早地损毁时，炉衬的修补就应该开始，而且这种修补要维持到炉衬寿命中止。到炉衬使用的后期，修补量会不断增加，修补所用的时间也不断延长，已经影响到转炉的稳定操作，这时炉衬寿命就应该中止了。转炉使用的修补料主要有喷补料和热自流修补料两种。

3.4.3.1　转炉用热自流修补料

热自流修补料主要用于转炉的迎钢面和出钢侧的部位修补，又称为大面修补料，简称大面料。使用时将修补料从炉口投入炉内，摇动炉体，修补料在炉内余热的作用下，出现流动并铺展在炉衬的蚀损部位，热自流修补料应具有以下性能：

（1）自流料在转炉炉衬的余热温度下（800~1200℃）有很好的铺展性和流动性。

（2）自流料在铺展后很快固化。

（3）固体的自流料与原炉衬材料有较好的黏结性。

（4）自流料自身应有很好的抗侵蚀性，能防止修补料层在下次冶炼时被侵蚀掉。

自流料以镁砂、镁白云石砂为基本原料，工艺性能则主要取决于结合剂。常用的结合剂是沥青、树脂，或两者的混合物。传统的转炉大面投补料是中温沥青加拌的重烧镁砂，即所谓的烧补料。一般修补一次碳化时间要 40~60min，使用寿命为 10 次左右；在沥青镁砂基础上，提高了原料档次，采用了部分改性树脂和添加剂，可以明显提高大面投补料的使用寿命，并将固化时间缩短到 30~40min。

还有一种料就是含水的镁质自流大面修补料。这种料实质上是镁质自流浇注料，它含有很多硅灰，加水量一般为 5%~7%，基本上与镁质自流浇注料相同。由于流动介质是水，所以烧结用时较短和环保。而且它是浇注料，加水量很少，因此它的体积密度较高，强度也较高，因此耐侵蚀和冲刷性能较好，即有良好的使用寿命，使用寿命一般达到 25~35 炉次。由于镁质材料加水后，很快就硬化而失去流动性，因此施工现场要放置一个搅拌机，加水搅拌后，马上投入炉内。

由于镁炭砖远比镁砖更适用于转炉，因此，镁碳质自流料修补转炉大面应该是一个发展方向，值得进一步进行开发应用工作。同时今后在降低单耗和成本的目标下，大面料的结合剂也应是今后的一个研究和发展方向。

3.4.3.2　转炉用喷补料

转炉炉衬在炉役期间有局部损坏又不宜用补炉料修补的地方，如耳轴、渣线部位，可采用喷补技术。对局部损坏严重的部位集中喷射耐火材料，使其与炉衬砖烧结为一体，对炉衬进行修复。转炉炉衬喷补料的主要原料由镁砂、结合剂、增塑剂和少量水组成。通常采用的喷补方法有干法喷补、半干法喷补、火焰喷补。对转炉炉衬喷补料的具体要求是：有足够的耐火度；能承受炉内高温的作用；喷补料能附着于待喷补的炉衬上；材料脱落要少；喷补料附着层能与待喷补的红热炉衬表面（800~1000℃）很好地烧结，熔融为一体，并具有足够的强度；喷补料附着层能承受高温熔渣、钢水、炉气及金属氧化物蒸气的侵蚀；喷补料在喷射管中能通畅流动。

实施半干法喷补作业的喷补机包括贮料罐、压缩空气输运机构、喷嘴；贮料罐中的喷补料经压缩空气送到喷嘴，混入适量水分（10%~18%），在空气压力下以一定速度喷射到炉衬工作面上，喷补料最后黏结固化。影响半干法喷补效果的工艺因素有：

（1）炉衬喷补是在热态下进行的，所以工作面的残余温度对喷补效果有明显影响，一般认为 800~1000℃比较好；

（2）喷补料的颗粒组成、结合剂、加水量、空气压力等对喷补料的附着率影响严重。喷补料的基本原料是镁砂和镁白云石砂，结合剂则主要是粉状硅酸钠、磷酸钠及钙、钾的磷酸盐、铬酸盐等。结合剂的一个作用是使喷补料有黏附性，能有效地附着在炉衬工作面上；另一个作用是在高温下能形成高温矿物相，使喷补料不但能与炉衬工作面牢固地烧结成一个整体，而且使自身有很好的抗侵蚀性。在喷补料组分中常要求含有一定量 CaO，这可以提高喷补料的高温性能和黏附性。喷补料的有效性用附着率和使用次数来衡量，一般附着率要求大于85%，使用次数为3~5次。

火焰喷补最先应用于焦炉的修补，后来扩展到转炉炉衬上，是一项技术难度较大的新技术。对于转炉炉衬半干法喷补是既简单又方便的方法，但是它有致命的弱点，即在喷补过程加入水分，这些水分在接触到修补工作面时，由于残余热量的作用，会产生大量水蒸气，并会蓄积一定的蒸汽压，给喷补料和工作面的黏结以及喷补料的使用留下隐患。但火焰喷补不添加水分，而是配入可燃性物料、可燃性气体和氧气，喷补料在喷补过程中燃烧发热，一部分物料成熔融态，接触到有相当高温度的工作面时，会马上熔融烧结成一个整体。配入的可燃性物料和可燃性气体包括焦炭粉、煤粉、丙烷、甲烷、氧气等。火焰喷补多在转炉出钢后的作业间隙中进行，喷补时间很短，炉衬残余温度比较高，黏附效果好，使用寿命比较长，一般喷补一次可以使用 10~20 次。

为了提高喷补料的质量，应该向优质镁砂和镁碳质喷补料的方向发展。喷补方法应该由半干法喷补向火焰喷补方向发展。近年来出现的一种干法镁碳质喷补料（$w(MgO)>$85%，C7%~10%）是一种干式料，干喷到热炉衬时，内含发热剂燃烧，导致结合剂熔化，把喷到炉衬上的喷补料焊接在炉衬上。这样附着率达到 90% 以上，这种喷补料也类似于火焰喷补料，再加上是镁碳质的，因此使用效果非常好，使用寿命增加到 30 次以上。

3.4.4　转炉出钢口修补

转炉出钢口使用次数是转炉炼钢重要的技术指标之一。由于频繁经受高温钢水和高氧化性炉渣的直接侵蚀和剧烈冲刷，加之急冷急热的作用，出钢口极易损坏。其使用次数的长短直接影响到转炉冶炼周期、炼钢生产率和挡渣效果，进而影响钢水质量。出钢口的完好度直接控制着转炉下渣量，并对合金收得率及后步处理（LF、RH 等）工序有直接影响。出钢口损坏后常采用的方法是人工插一钢管于出钢口内，使用自流料进行修补。通常自流料的临界颗粒粒度比对应转炉热自流修补料的粒度要小，使用时先将转炉内的钢水和炉渣出尽，然后将转炉倾斜至出钢口竖直，接着在出钢口内插入一钢管后，向炉内投入修补料，修补料在炉内和出钢口余热的作用下产生流动充填在钢管与出钢口之间的缝隙后并自动烧结成一致密的整体，而达到修补的效果。表 3.9 为转炉用各种修补料的理化指标。

表 3.9　转炉用各种修补料的理化指标

品　种	$w(MgO)$ /%	$w(CaO)$ /%	$w(C)$ /%	体积密度 （110℃×24h） /g·cm^{-3}	常温耐压强度 （110℃×24h）/MPa	加热永久线变化 （1500℃×2h）/%
大面修补料 1	≥80	—	5~10	≥2.20	≥3.0	—
大面修补料 2	≥75	≥3	≥8	≥2.20	≥3.0	-1.0~-0.5
喷补料 1	≥85	<2	—	≥2.20	≥5.0	—
喷补料 2	≥80	3~5	—	≥2.20	—	—
出钢口修补料	≥80	—	—	≥2.40	≥5.0	-1.0~0

3.5　转炉的使用寿命和影响因素

影响转炉使用寿命的因素有：

（1）渣的组成。渣中氧化铁每增加 1%，炉衬的使用寿命降低 18~20 次；渣中的 MgO 含量越高，对炉衬的侵蚀越低；渣中碱度越大，对炉衬的侵蚀也就越低。目前一般转炉渣的氧化铁含量多在 18%~24%。

（2）出钢温度。出钢温度越高，使用寿命越短。一般在 1600℃ 以上，每增加 50℃，转炉使用寿命降低 10%。我国转炉的炼钢温度以前多在 1650℃ 以上，特别是小型转炉的炼钢温度经常在 1680℃ 以上，目前炼钢温度多在 1650℃ 以下，所以应适当地控制转炉的出钢温度。

（3）冶炼时间。冶炼时间长，即吹炼时间长，会加速炉衬的侵蚀，使用寿命与冶炼时间成反比。不过转炉一般冶炼时间为 20~30min，所以冶炼时间对各转炉炉衬寿命影响的差别不是很大。

（4）间歇操作。当转炉停下来时，温度降下来，开炉使用时，转炉内衬温度又迅速升高，这将在炉衬材料内部产生强烈的热震，往往导致热应力，造成侵蚀加快和裂纹甚至结构剥落，从而使炉衬使用寿命显著下降。

（5）转炉加铁水和炉料时，炉子倾动和撞击或冲刷，这都将造成炉衬的不连续损坏，因此必须对炉衬材料进行适时修补，否则就会大大降低转炉的使用寿命。

（6）转炉炉衬耐火材料的质量。在没有开发镁炭砖以前，转炉炉衬主要用烧成或焦油沥青结合的镁砖和镁白云石砖，转炉寿命最初为 200~300 炉次（小转炉）。自从镁炭砖成功应用到转炉炉衬以来，镁炭砖在转炉上的应用比例越来越高，在不溅渣和修补的情况下，一次性使用寿命达到了 2000 余炉次。而经过喷补但不溅渣的情况下，转炉炉龄达到了 6000 余炉次。在我国大炉子一般选用更优质的炉衬耐火材料，并且炉衬远离中心的氧枪，因此大炉子的使用条件更好一些，使用寿命长，耐火材料单耗也低。

（7）炉子大小。转炉炉衬用耐火材料基本上都已经标准化。它的使用寿命取决于维护和产品的质量。有人指出：耐火材料的单耗（R）与炉子容量（V）和使用寿命（L）的关系用下式表示：

$$R = \frac{K}{L\sqrt[3]{V}}$$

即耐火材料的单耗与炉子容积的三次平方根成反比，即炉子越大，耐火材料的单耗就越低。如 30t 转炉吨钢耐火材料单耗为 3kg，那么，300t 转炉吨钢耐火材料单耗应该为 1.39kg，所以大型转炉的耐火材料消耗要比小型转炉耐火材料的消耗要少。

（8）炉衬结构。由于转炉各部位受到的损毁条件不同，因此在砌筑转炉炉衬时应充分考虑炉衬各部分的侵蚀情况，采用综合砌筑法进行砌筑。

（9）炉子维护。保证高炉炉衬寿命的另一个重要方法是维护。良好的炉衬维护可以使炉衬使用寿命提高数倍，甚至达到半永久性的炉衬，因此，对炉衬的维护是极其重要的。目前转炉修补维护的措施有：1）对于前后大面，用热自流修补料定期进行修补。对于耳轴和其他部位进行喷补。2）溅渣护炉。3）对于出钢口和透气砖一般采用快速更换的方式进行，它的使用寿命也与转炉炉衬同步。

（10）冶炼钢种的影响。一般转炉冶炼碳钢，冶炼温度较低，渣的成分也比较恒定。因此，使用寿命较高或耐火材料单耗较低；而如果又有脱磷等，则使用寿命就下降很多或耐火材料单耗就高很多，因此冶炼钢种或冶炼工艺对转炉炉衬的使用寿命影响很大。

（11）转炉复吹的影响。近年来，转炉冶炼技术也得到了很大的发展，特别是转炉复吹工艺技术的发展，即在转炉炉底安置供气砖，通过供气砖向炉内吹氮气、二氧化碳、氩气或氧气，强化了熔池搅拌，改进了冶炼反应，这样缩短了炼钢时间，提高了钢水质量和降低了炼钢成本。但是复吹也加速了对炉衬耐火材料的侵蚀，导致了耐火材料单耗的增加。

总之，无论冶炼什么钢种，冶炼条件有多么苛刻，只要通过采用良好的耐火材料和修补维护，特别是修补维护，转炉炉衬就可以变成半永久性炉衬。从这里也可以看出转炉修补维护的重要性。

4 电炉炼钢用耐火材料

4.1 电炉炼钢简介

电炉炼钢是利用电能作热源来进行炼钢的，最常用的电炉有电弧炉和感应炉两种，而电弧炉炼钢占电炉炼钢产量的绝大部分，所以一般所说的电炉是指电弧炉。电弧炉是利用电弧的热效应加热炉料进行炼钢的方法。电弧炉炼钢的特点：电弧炉炼钢的原料主要是废钢；由于电弧炉以电能作为热源，避免了气体热源所含硫分对钢的污染；操作灵活，炉渣和炉气可调控成氧化性和还原性；强还原性可使炉料中的贵重金属 Cr、Ni、W、Mo、V、Ti 等极少烧损；炉温高、易控制；产品质量高。

电弧炉炼钢至今已有一百多年的历史。世界上最先使用的炼钢电弧炉是直流电弧炉，但是随着炉容的增大，当时提供大功率整流电源已十分困难，因此出现了三相交流电弧炉，并且多年来一直占据主导地位。传统的电弧炉炼钢速度慢、效率低、能耗高，因此仅适用于高合金钢和特殊钢的生产。20 世纪 60 年代后，首先采用吹氧代替矿石，使得电弧炉可以用废钢廉价生产线材和棒材用钢。随着电弧炉的发展，超高功率电弧炉及相关技术的不断完善，以及与二次精炼、连铸相配合，到 90 年代，电炉冶炼周期缩短到 1h 以下，吨钢单位的电耗小于 410kW·h，电极单耗 2.0kg，电弧炉炼钢在年产钢量和产品大纲中所占的比例不断增加，从而使电弧炉的生产成本降低到"高炉—转炉"的炼钢成本之下，电弧炉短流程完全可与转炉长流程相竞争。伴随炉型的超高功率和大型化，电网闪烁和炉壁热点等问题越来越突出，为克服这些问题，70 年代末、80 年代初开发直流电弧炉炼钢技术，并于 1982 年在德国鲁兹托·布什钢厂特殊钢厂铸造车间建造了一座炼钢直流电弧炉。目前大型直流电弧炉已成为电炉短流程重要冶金设备。

4.2 电炉结构

电炉炼钢以三相交流电或直流电作为主要热源，利用电极与炉料之间产生的电弧加热熔化炉料，然后加入氧化剂、造渣剂、铁合金等以去除夹杂，将钢水的化学成分和温度调到规定值后注入钢包，出钢以后修补损坏的炉衬，再继续装入炉料进行熔炼，反复进行生产作业。

电炉由炉体、倾动机构、电气设备、电极升降机构和冷却系统组成。炉体包括炉盖、炉壁和炉底几部分。炉体外壳为钢板，内衬由耐火材料构成。炉壁的一方为炉门，另一方为出钢口，与出钢槽相通；炉盖可以往复移动，外环由钢板制成，多为水冷式，顶部除了水冷件外，都由耐火材料组成，上部还设有电极孔和除尘孔。图 4.1 为偏心炉底出钢的交流电炉结构示意图。

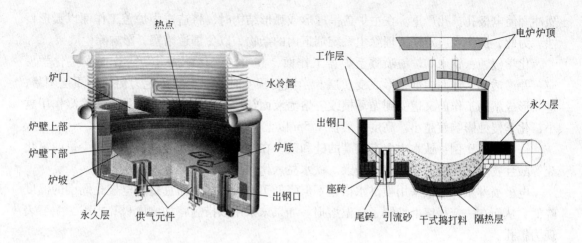

图 4.1　偏心炉底出钢的交流电炉结构示意图

4.3　电炉用耐火材料

4.3.1　电炉用耐火材料的发展

20 世纪 70 年代初期，电炉用耐火材料以改善材质、形状和砌筑方法来降低耐火材料的消耗。70 年代后期，随着电炉冶炼技术的发展，炉盖、炉壁开始采用水冷技术并很快普及，随着出钢方式的改变，水冷面积的增大，耐火材料的消耗随之下降。80 年代，炉盖耐火材料消耗达到 10kg/t 以下，90 年代其消耗降到 0.5kg/t 以下；炉壁耐火材料的消耗为 1.0kg/t，电炉总的耐火材料消耗为 2.0kg/t。虽然总的耐火材料消耗量降低了，但是对耐火材料的性能要求越来越高。

4.3.2　电炉炉顶用耐火材料

4.3.2.1　炉盖用耐火材料的工作条件与影响因素

电炉炉盖是带有电极孔和排烟孔的球面形结构，外环部分称主炉盖，中间部分称小炉盖（又称三角区），装料时炉盖可移开。电炉冶炼工艺极其复杂，三角区预制件使用条件非常苛刻。主要是受到电极弧光辐射、急冷急热、钢水和炉渣的化学侵蚀、除尘时所形成的高速气流冲击磨损以及炉盖结构不合理等因素的综合影响。

弧光辐射：电炉冶炼时电极放电所产生弧光温度高达 3000℃以上，对小炉盖工作面进行剧烈熔损。起弧阶段，电弧暴露在炉料上方，距炉顶近，热辐射大，电弧越长，功率越大，对炉顶辐射热越大，炉顶损坏越快。一般钢厂要求在起弧时采用较低档送电，控制电弧长度；在穿井过程中逐渐采用大电压大电流供电，都是为了保护炉盖。

急冷急热：电弧加热、出钢和炉盖旋转到炉外装料造成急冷急热，进而使炉盖产生热应力造成工作面剥落。

除尘系统抽力：除尘系统抽尘所形成的高速气流对炉盖工作面的冲击磨损。抽力不足时，废钢熔化所产生的烟气和火焰大部分从电极与电极孔之间的间隙逸出，气流长时间剧烈冲刷使电极孔扩孔严重。在主炉盖呈球形或弧形结构时,将造成小炉盖工作面以弧形侵蚀。为此,操作者应定期清理除尘系统烟道内的杂物,以免烟道堵塞,影响除尘效果。

化学侵蚀:钢水和炉渣喷溅至炉盖工作面,其中某些化学成分与工作面发生化学反应,并渗透到工作面内部,形成变质层。当温度骤变时所产生的热应力促使变质层剥落,进而形成新的工作面又遭受到循环损毁。熔池液面与小炉盖工作面距离越高,喷溅作用越小,化学侵蚀影响就越小。高度一般在 1.5m 以上。

铁水兑入比例:铁水中含有较高的硅和硫,在氧化气氛下易形成氧化硅和少量的氧化硫等酸性物质,加剧对小炉盖的损毁。铁水兑入比例越高,影响越大。

电极喷淋水:电极采用喷淋水措施不但降低了电极消耗,而且造成电极孔周围的温度降低,从而在一定程度上抑制了高温熔损。如果未采用该措施将加剧电极孔损毁,主要表现为扩孔。

可更换水冷圈的漏水影响:可更换水冷圈在很多钢厂都存在漏水现象。漏水时,水迅速被气化并随烟气抽出,对小炉盖影响不大。但是漏水严重时有可能导致钢水大喷或炉子爆炸事故,为预防该事故发生,往往提前将水冷圈换下焊接。与此同时小炉盖随之被吊下,重新焊接好后再一起吊上使用,此时工作面变质层遭受到严重的急冷急热作用,将导致小炉盖寿命大幅度降低。有时见小炉盖在冷却状态下开裂严重或衬体较薄时,使用者便将之翻掉,人为地限制了小炉盖的使用寿命。因此,杜绝可更换水冷圈漏水是钢厂的首要任务。

炉盖结构影响:平顶结构炉盖在自重作用下,因电极孔之间的筋开裂,在无外力支撑的条件下易造成松动、塌落,甚至 3 个电极孔连成 1 个大孔,最终导致更换炉盖。如果是拱顶结构,即使有裂缝也会在炉盖自重作用下将裂缝挤紧,不会造成松动,可延续炉盖的寿命。因此,拱顶结构的炉盖在使用效果上要比平顶结构好。

造泡沫渣技术水平:电炉冶炼后期,需要造泡沫渣。泡沫渣覆盖在钢水表面,将电极弧光埋住,不但提高热效率,而且弧光外露较少,对小炉盖工作面的熔损作用小,因此泡沫渣造得好坏对小炉盖的使用也有一定影响。造泡沫渣有两种方法,一种是利用钢水中含有较多量的碳,在氧化气氛下,可自动形成一氧化碳穿过炉渣形成泡沫渣;另一种方法利用得较普遍,在炉门口利用碳氧枪喷吹炭粉和氧气,生成一氧化碳穿过炉渣形成泡沫渣,同时也可以人工补加炭粉造渣。

4.3.2.2　炉盖用耐火材料的要求

电弧加热、出钢和炉盖旋转到炉外装料造成急冷急热,需要电炉炉盖用耐火材料具有良好的抗热震性。由于钢水和炉渣喷溅以及氧化硅和少量的氧化硫等酸性物质对炉盖的侵蚀,要求耐火材料具有对高温炉渣的良好抗渣性;炉盖在自重作用下,因电极孔之间的筋开裂,在无外力支撑的条件下易造成松动、塌落,要求炉盖用耐火材料具有良好的整体性,结构牢固不开裂。

4.3.2.3　炉盖用耐火材料的发展

电炉炉顶最初采用硅砖砌筑,自 20 世纪 60 年代末期开始试用高铝质材料以来,因其耐火度、高温抗侵蚀性能以及抗热震性比硅砖好,因此,高铝质材料在电炉炉顶上被长期使用。表 4.1 为电炉炉顶用高铝砖的行业标准。

表 4.1 炼钢电炉炉顶用高铝砖的理化指标（YB/T 5017—2000）

项 目		指 标			
		DL-80	DL-75	BDL-80	BDL-75
$w(Al_2O_3)$（不小于）/%		80	75	80	75
耐火度（不低于）/℃		—	—	1780	1780
0.2MPa 荷重软化开始温度（不低于）/℃		1530	1520	1530	1520
重烧线变化(1500℃×2h)/%		0.2～-0.4	—	—	—
显气孔率/%	炉顶砖（不大于）	19		18	
	拱角砖（不大于）	21		20	
常温耐压强度（不小于）/MPa		75	65	60	55
抗热震性(1100℃,水冷)（不小于）/次		提供数据		8	

到 20 世纪 90 年代后，全水冷炉顶技术的广泛采用，为降低停炉时间，降低工人劳动强度，在电极三角区位置普遍采用高铝质或刚玉质并添加钢纤维的耐火浇注料整体预制炉盖。在未采用水冷炉顶的钢厂，其电极三角区仍然采用磷酸盐（主要是磷酸铝）结合烧成或不烧高铝砖砌筑。可见电炉炉顶大致经历了砖-预制件-整体浇注的发展历程；砖主要包括硅砖、高铝砖、浸渍炉盖砖、碱性炉盖砖、综合炉盖（高铝砖+碱性砖）；预制块为三角形或环形预制块，材质为高铝质或刚玉质浇注料；整体浇注炉盖为含氧化铬的超低水泥高铝质，并加不锈钢纤维炉盖。综合来看，整体浇注料炉盖将来可能成为电炉炉盖材料的一种发展趋势。表 4.2 为几种电炉炉盖用浇注料的理化指标。

表 4.2 几种电炉炉盖用浇注料的理化指标

项 目		刚玉质		铬刚玉质	高铝质		莫来石质
		1	2		1	2	
化学组成（质量分数）/%	Al_2O_3	>93	97.4	>92	>63	88.0	>90
	Cr_2O_3			3～5		2.00	($Al_2O_3+SiO_2$)
	CaO	<1.2	1.74	<1.2		2.78	
常温耐压强度/MPa	110℃，24h	>60	29.6	>60	>40	29.4～41	>45
	1500℃，3h		68.3		>70		>75
	1550℃，3h	<100		>110		42.0～56.0	
抗折耐压强度/MPa	110℃，24h	>6	7.1	>6	>4.0	6.6～10.3	>4.0
	1500℃，3h				>6.0		>7.0
	1550℃，3h	<12.3	19.4	>12.3		24～32	
线变化率/%	1500℃，3h		-0.52		±0.5		±0.5
	1550℃，3h	±0.5		±0.6		-0.65～2.50	
体积密度/g·cm⁻³	110℃，24h	3.15～3.20		3.15～3.20		2.73～2.79	2.5～2.6

4.3.2.4 改进浇注料质量的工艺措施

为了提高浇注料的质量，可以从以下工艺着手进行改进：

（1）采用纯度高、杂质少、高温体积稳定性好的原料，这样可以提高浇注料的高温体积稳定性和抗侵蚀性。

（2）尽量减少 CaO 的用量，即尽量减少水泥的用量，因为 CaO 含量的增加将大幅度增加液相的数量；这对浇注料的高温性能不利。

（3）添加适量的 α-Al_2O_3 以提高材料的中温强度，因为 α-Al_2O_3 可与 CaO 反应生成 CA 和 CA_2，产生一定的体积膨胀，此膨胀作用可以弥补浇注料因为脱水和晶型转化带来的体积收缩。

（4）加入适量的软质黏土作为烧结剂，促进液相的生成和烧结作用以期形成陶瓷结合。

（5）加入一定量的膨胀剂（蓝晶石），通过蓝晶石材料的莫来石化形成的体积膨胀，以改善材料在烧结过程产生的体积收缩。

（6）加入耐热不锈钢纤维提高材料的抗热震性同时增强材料的韧性，可以减少浇注料的结构剥落和损毁。

（7）加入适量的防爆剂以利于浇注料中的水汽在烘烤时能顺利排出，以改善浇注料的烘烤质量。

4.3.3　电炉炉壁用耐火材料

电炉炉壁按照不同的工作环境可以分为普通炉壁区、渣线区和热点区 3 个部分。电炉炉壁在冶炼过程中要受到高温电弧的辐射作用以及加料和出钢水时温度急剧变化的影响，同时还会受到钢液的直接冲刷、高温炉渣的化学侵蚀，以及加料时物料的机械撞击和倾动时的机械振动等的影响，特别是渣线区附近，材料的侵蚀尤为严重。在三相交流电弧炉中，炉壁各部位的温度分布很不均匀，其中三相电极对应的热点区域温度最高，该部位除了受到熔渣和钢液的侵蚀之外，还要受到高温电弧的直接辐射，所以炉衬损毁速度最快，尤其是电极附近的渣线部位往往是炉壁最薄弱的环节，最易受侵蚀。此外，电炉炉门口和两侧炉壁由于受到熔渣侵蚀和扒渣机的冲撞，是最易损毁的区域，常常成为停炉的主要原因。表 4.3 是炉壁耐火材料损毁部位及原因分析。

表 4.3　炉壁耐火材料损毁部位及损毁原因

损毁部位	损毁原因	损毁程度
炉门口及两侧炉壁	熔渣侵蚀和扒渣机械冲撞	最严重
左右两侧炉壁顶部离电极最近的热点部位	电弧烧损和脱碳氧化	较严重
炉壁渣线部位	熔渣侵蚀和钢渣冲刷	严重
出钢口侧炉壁	冷区	最轻

4.3.3.1　影响炉壁耐火材料使用寿命的因素

电炉炉壁用耐火材料的使用寿命往往和电炉厂采用的冶炼技术密切相关。为了强化冶炼和减轻冶炼条件对耐火材料的影响，各企业纷纷采用了如下冶炼技术：

电炉水冷炉壁技术：电炉水冷炉壁通常采用铸钢或钢板制作而成，其中钢板多用于大型电炉炉壁。冷却壁块的大小、个数和安装位置根据实际生产的情况而定，目的是要达到炉衬材料各部位的使用寿命比较均衡，在使用时可以在水冷壁块的内部表面喷涂一层耐火材料方便挂渣或在水冷壁的内侧砌筑一层镁炭砖保护水冷块。使用水冷炉壁技术可以在炉壁的表面形成一层挂渣层以减少炉渣和铁水对炉壁耐火材料的侵蚀。目前安装的水冷炉壁已占电炉炉壁的60%以上，大大降低了耐火材料的消耗，节约了冶炼成本。电炉冷却板典型安装方法见图4.2。

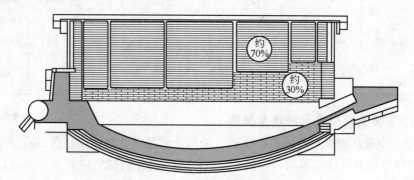

图4.2 电炉冷却板的典型安装方法

泡沫渣技术：采用水冷炉壁技术，可以强化冶炼操作，但是水冷必然带来较大的热损失。通过向熔池内喷碳和吹氧，或向熔池中加入起泡剂而生成大量的泡沫，从而盖住因增大电压而产生的长电弧，这样可以使得电炉升温加快，同时改善电弧对熔池的传热效率，降低电耗。由于电弧埋入渣中，可以明显减少电弧对炉壁和炉盖的热辐射，并且在冶炼过程中可以采用长电弧操作，这样不仅可以达到快速脱磷而且能提高炉衬寿命、提高热效率、缩短冶炼周期、降低电耗及电极消耗。

氧燃助熔技术：利用助熔氧燃烧嘴，通过向熔池内喷吹燃料和氧气，可以消除炉内的冷点，使整个炉内可以同步熔化，同时可以增加输入炉内的总热量，并可减少电耗，降低电极与耐火材料的消耗，缩短冶炼周期。

氧煤喷吹技术：利用煤和氧燃烧产生的高温火焰作为电炉熔化期的辅助热源，可以增加炉内的热量，减少电极加热和操作，提高炉衬使用寿命。

电炉炉壁按使用条件分为3部分：主炉壁、渣线和热点。由于三个部分的工作条件不同，使用寿命也不相同，所以大多使用综合砌炉法以达到整个炉衬均衡蚀损。

4.3.3.2 普通功率电炉侧墙用耐火材料

普通电炉炉壁主要采用镁砖、白云石砖和镁铬砖砌筑。不带水冷炉壁的电炉侧墙，热点区域和渣线部位是使用条件最苛刻的部位，不仅受到钢水和炉渣的严重侵蚀和冲刷以及加入废钢时的机械撞击，而且还受到高温电极弧光的热辐射，一般采用 MgO-C 砖砌筑。

4.3.3.3 超高功率（UHP）电炉侧墙用耐火材料

超高功率电炉侧墙几乎都使用 MgO-C 砖砌筑，其热点区域和渣线部位则使用性能优良的 MgO-C 砖砌筑。对于采用偏心炉底出钢（EBT）的超高功率电炉，由于其水冷面积已达到 70%，从而大幅度降低耐火材料的使用量。现代水冷技术需要高导热性能 MgO-C 砖，UHP 电炉用 MgO-C 砖以高纯电熔镁砂和鳞片状石墨作原料，以酚醛树脂作结合剂，经配料、混合后在高压下成型，采用高温烧成后再浸渍沥青，生产烧成沥青浸渍 MgO-C 砖。通常将 MgO-C 砖埋入炭中或者在还原气氛中直接烧成，烧成温度在 800~1500℃。侧墙工作层厚度与电炉容量有关，一般在 200~450mm 左右，其永久衬厚度在 100mm 左右。

表 4.4 为我国电炉炉壁用耐火材料的典型指标。

表 4.4　我国电炉炉壁用耐火材料的典型指标

部 位	品 种	化学组成(质量分数)/%						气孔率/%		耐压强度/MPa	
		MgO	SiO$_2$	Al$_2$O$_3$	Fe$_2$O$_3$	CaO	C	20℃	1000℃	20℃	1000℃
渣线区	镁炭砖	80	0.4	0.4	0.3	0.6	14.0	<3	8	>40	25~30
热点区	镁炭砖	80	0.4	0.4	0.5	0.7	15.0	<3	<12	>40	25~30
熔池区	沥青结合镁炭砖	86	0.5	0.4	0.6	0.9	8.0	<3	6.0	>40	25~32

4.3.3.4　提高炉壁寿命的技术措施

(1) 进一步提高耐火材料炉衬的质量。采用大结晶镁砂制作镁炭砖,有助于提高镁炭砖的抗侵蚀性和抗氧化性。采用高纯鳞片状大结晶石墨作为镁炭砖的碳源,可以显著提高镁炭砖的抗侵蚀性能和抗氧化性,提高炉衬的使用寿命。加入适量的抗氧化剂,一方面可以防止镁炭砖中碳的氧化,同时抗氧化剂氧化后,有些可以和镁砂生成高熔点的新物质或直接生成高熔点的物质,既可以堵塞气孔,又可以提高材料的抗侵蚀效果。对镁炭砖采取真空油浸。真空油浸可以封闭镁炭砖的气孔,减少碳化后的气孔率,提高材料的抗侵蚀性。采用沥青和树脂复合结合剂,可以在材料中形成镶嵌结合模式,增强碳结合断裂韧性,改善镁炭砖的抗氧化性。

(2) 强化炉壁的喷补技术。采用合适的喷补工艺,可以延长炉衬材料的使用寿命,降低冶炼成本。喷补料常用的结合剂有硅酸盐、磷酸盐以及各种镁盐。由于磷酸盐结合的喷补料附着强度大,所以使用寿命高。

(3) 严格控制冶炼工艺。严格控制冶炼工艺,不仅可以生产出合格的产品,减少浪费,同时对炉衬的氧化和维护也极为有利,还可以大幅节约成本。严格控制冶炼工艺主要是造好泡沫渣。泡沫渣的屏蔽作用不仅提高了电炉的热效率,而且有效地保护了炉壁不受弧光的辐射作用,可以大幅度降低耐火材料的消耗。

4.3.3.5　炉衬维护技术与炉衬维护用耐火材料

通过选用合适的喷补料可以提高电炉炉衬的使用寿命。电炉采用喷补料维护可以有效地延缓炉衬的破损时间,提高炉衬的使用寿命,减少大、中修费用,同时可以保证电炉的连续生产,从而提高电炉的生产效率,而且喷补工艺简单、使用方便、生产周期短,节约能耗、适应性强。

电炉喷补料的选择:

(1) 原料选择。目前电炉喷补料的骨料主要采用镁质、镁白云石质、镁砂-铬铁矿、镁碳质、镁白云石碳质原料,同时在材料中加入适量的添加物,如加入 Si、Al、Mg 等低熔点的金属粉,喷补时金属粉氧化放热有助于提高温度,并形成无害的氧化物于喷补料中,有利于提高喷补料的附着;加入尖晶石、Cr$_2$O$_3$、SiC、B$_4$C、Si$_3$N$_4$ 等提高材料的抗氧化性和耐蚀性;添加有机防爆纤维有利于结合剂中水分的排出,可以防止浇注料在使用过程中发生爆裂;添加金属纤维,用于出钢口部位,以提高喷补料的抗剥落性;添加少量的冶金炉渣可以提高喷补料的附着性和耐蚀性。

（2）选用合适的外加剂。结合剂分为有机结合剂和无机结合剂两类。有机结合剂多采用热固性树脂和水溶性酚醛树脂；无机结合剂有 CaO 和 MgO 及其水化产物，以及磷酸盐、水玻璃、氯化物、硫酸盐等。实际使用时多采用有机结合剂复合无机结合剂的方式或几种无机结合剂复合的方式，其中尤以采用磷酸盐结合剂，并加入适量的促硬剂和增塑剂的镁质喷补料在电炉中使用较多较好。

（3）优化颗粒级配。颗粒大，回弹率高、流动性差，但是抗侵蚀性好；颗粒小，虽然可以减小回弹率，但是喷补料的气孔率高，不利于材料的抗侵蚀。一般半干法喷补料的临界粒度为 3mm。火焰喷补料的临界粒度为 1mm。

表 4.5 为国内某企业生产的电炉喷补料的理化指标。

表 4.5 某企业生产的电炉喷补料理化指标

牌号	$w(MgO)/\%$	$w(CaO)/\%$	$w(SiO_2)/\%$	$w(Fe_2O_3)/\%$	附着率/%	耐用性/次	加水量/%	吨钢消耗/kg
PB-1	87	2.5	—	0.5	>90	3	15	3.0
PB-2	84.5	2.2	3.5	0.7	>90	4	15	3.2

4.3.4 电炉炉底用耐火材料

4.3.4.1 交流电炉炉底用耐火材料及使用

电炉炉底和堤坡共同构成了熔池。电炉炉底用耐火材料分绝热层用耐火材料、永久层用耐火材料和工作层用耐火材料。

绝热层用耐火材料：绝热层是炉底最下层，其作用是降低电炉的热损失，并保证降低熔池上下钢液的温度差。通常是在炉壳上先铺一层石棉板，再铺硅藻土粉，其上面平砌一层绝热砖。

永久层用耐火材料：永久层的作用是保证熔池的坚固性，防止漏钢。通常永久层用 MgO 为 95%~96% 的烧成镁砖砌筑，镁砖先用磨砖机修整，以保证砌砖的质量。镁砖的耐火度可达 2000℃以上，其荷重软化开始温度，一般镁砖在 1520~1600℃，而高纯镁砖可达 1800℃。20~1000℃下镁砖的线膨胀率一般为 1.2%~1.4%，并近似呈线性。镁砖的热导率较高，在耐火制品中仅次于炭砖和碳化硅砖，并随温度的升高而降低。镁砖的抗热震性较差，提高镁砖的纯度可适当提高抗热震性。镁砖在常温下的电导率很低，但在高温下如 1500℃却不可忽视，若用于电炉炉底应引起注意。普通镁砖的烧成温度一般为 1500~1650℃，高纯镁砖的烧成温度则高达 1700~1900℃。该部位也可以采用镁炭砖砌筑，但比较少见。

工作层用耐火材料：工作层用耐火材料直接接触钢水和炉渣，直接承受高温热负荷和熔渣的侵蚀，钢水的冲刷、废钢机械撞击以及炉内高温下的氧化、还原操作，使熔渣渗透到炉底，导致炉底减薄。而在非连续作业的时候，炉渣中的硅酸二钙吸收了大气中的水分而溃散脱落，降低材料的耐用性，影响其使用寿命。因此，该层耐火材料应具有：烧结性能良好，在保证烧结温度下快速烧结并形成一定的强度和一定厚度的烧结层，足以抵抗炉料的机械冲击。合适的膨胀性能，其膨胀和收缩既不会产生局部过大的裂纹以减少钢水和钢渣的侵入，也不会因为收缩产生的裂纹导致局部浮起，确保炉子能够连续作业。较大的自然堆积密度和烧后密度，既能避免因施工和烧结而造成的密度不均，又能有较高的抗钢水、钢渣渗透能力。抗钢水和钢渣侵蚀能力强,蚀损速率低、蚀损均匀,使用寿命长。炉底热面与新的炉底捣打料有较强的亲和能力,能确保修补效果。

目前,高功率和超高功率电炉的工作层普遍采用镁质干式捣打料施工,该材料是以高铁高钙合成镁砂和电熔镁砂作骨料,以合成镁砂和电熔镁砂作细粉,临界粒度在 $5\sim6mm$,以合成镁砂中 C_2F(铁酸二钙)作助烧结剂,不添加任何结合剂,采用多级配料而成。通过强力捣打施工,保证施工后的密度,能够在适当的温度下烧结成坚实的整体,其寿命比以前的打结和砌砖方法要提高几倍。一般情况下使用干式捣打料一次性寿命可达到 300 炉以上,通过热修补可延长到 $500\sim600$ 炉,不但减少了停炉次数,而且吨钢耐火材料消耗明显降低。

A　镁钙铁干捣料

a　镁钙铁干捣料的机理

镁质电炉底干式捣打料以 MgO 为主晶相,Fe_2O_3 为烧结剂,在高温下主晶相与结合相通过晶界相互扩散并发生固溶反应,形成一些高熔点物相,这样便在炉底表面形成一层硬壳——烧结层。在烧结过程中,Fe_2O_3 与游离 CaO($f\text{-}CaO$)反应形成 $2CaO\cdot Fe_2O_3$(熔点 1436℃),而原料中通常还含有少量的 SiO_2 和 Al_2O_3 等杂质;SiO_2 与 $f\text{-}CaO$ 反应生成 C_2S 和 C_3S;Fe_2O_3 和 Al_2O_3 同 $f\text{-}CaO$ 反应生成 C_4AF(熔点 1415℃)和 C_2F。这两种物相熔点低,对干式捣打料起促进烧结作用。当熔池烧结时,含 C_2F 和 C_4AF 的混合料能发挥烧结作用并尽早地形成陶瓷结合。随通电时间延长,温度越来越高,硬壳也越来越厚,当烧结层达到一定厚度时炉底炉坡便能具有很高的强度,较好的防渗透能力、抗侵蚀和抗冲刷能力。

b　镁钙铁干捣料的特点

由于镁钙铁干捣料的主要矿物为氧化镁和氧化钙等高熔点物相,所以镁钙铁干捣料耐高温、抗渣蚀性好,使用过程中能快速烧结并形成一牢固整体,所以抗冲刷能力强,高温韧性好,使用时不易浮起。

c　使用效果

从现场的使用效果发现镁钙铁干捣料炉衬的侵蚀速度慢,可补性强,可明显减轻修砌、拆除炉衬的劳动强度,直接提高了钢厂的经济效益,降低了成本;同时减少了换炉壳时间,加快了生产节奏,提高了电炉的作业率。

d　镁钙铁砂生产工艺及原理

生产工艺:高铁镁钙砂的生产工艺非常简单,只要将天然菱镁石、白云石、轻烧镁或其他含 CaO 原料、含 Fe_2O_3 原料按一定比例配合(满足烧后化学矿物组成要求),经细磨,压球(坯),在竖窑、回转窑或隧道窑内高温煅烧即可制得高铁镁钙砂。图4.3 所示为高铁镁钙砂的生产工艺流程。

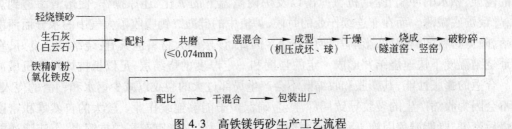

图 4.3　高铁镁钙砂生产工艺流程

高铁镁钙砂的组成中 $n(CaO)/n(SiO_2)>2$，$n(Fe_2O_3)/n(Al_2O_3)>1$，砂中主晶相为 MgO，主要结合相为 $2CaO \cdot Fe_2O_3$，而 Al_2O_3、SiO_2 则为这种砂中最有害的夹杂成分。上述组成特点，决定了高铁镁钙砂在性能上与其他碱性原料的不同。高铁镁钙砂配料组成中的 CaO 和 Fe_2O_3 煅烧过程中结合为 $2CaO \cdot Fe_2O_3$，$2CaO \cdot Fe_2O_3$ 的热力学稳定性主要由 O_2 分压决定，O_2 分压较高时，$2CaO \cdot Fe_2O_3$ 于 1436℃ 一致熔融，而当 O_2 分压较低时，$2CaO \cdot Fe_2O_3$ 分解熔融，即 $2CaO \cdot Fe_2O_3 \rightarrow CaO+L$。由于这种砂出现液相温度较低，非常容易烧结；而 $2CaO \cdot Fe_2O_3$ 的生成使 CaO 得到稳定，抗水化性好；$2CaO \cdot Fe_2O_3$ 高温分解出高熔点的 CaO，而进入液相中的 Fe_2O_3 又非常容易通过液相扩散，为 MgO 吸收，形成方镁石固溶体 $(Mg,Fe)O$ 和 CaO 两固相，因此它具有 MgO-CaO 系富 MgO 侧材料的特点和性能。

张国栋和田凤仁在研究高铁镁钙砂在不同热处理条件下的显微结构时发现，高铁镁钙砂中 CaO 被 Fe_2O_3 稳定，不易水化，并赋予了材料高的烧结性。高铁镁钙砂在高温下主要有 $(Mg \cdot Fe)O$ 和 CaO 两个高熔点固相。在温度降低过程中，Fe^{2+}/Fe^{3+} 比降低，FeO 获取 O^{2-} 转化为 Fe_2O_3，并在 $(Mg \cdot Fe)O$ 内的固溶度下降，FeO 在缓慢降温的条件下能较完全转化为 Fe_2O_3，从 $(Mg \cdot Fe)O$ 内析出并与主晶相间 CaO 反应生成 $2CaO \cdot Fe_2O_3$ 连续胶结相，若降温速度比较快，部分 Fe_2O_3 来不及析出就以 $MgO \cdot Fe_2O_3$ 脱溶相形式赋存于 $(Mg \cdot Fe)O$ 内，而析出的部分 Fe_2O_3 则与 CaO 反应形成 $2CaO \cdot Fe_2O_3$ 胶结相，并包在未反应完的剩余 CaO 周围。当冷却速度特别快时，$(Mg \cdot Fe)O$ 中的 FeO 来不及转化为 Fe_2O_3 而仍以 $(Mg \cdot Fe)O$ 形式保留下来，主晶相 $(Mg \cdot Fe)O$ 间将为 CaO 所结合。可以预想这种高铁镁砂的抗水化性下降。在制作工艺合理的情况下，高铁镁钙砂中 CaO 为 Fe_2O_3 所稳定形成 $2CaO \cdot Fe_2O_3$ 胶结相，抗水化性能好；而高温下主要为 $(Mg \cdot Fe)O$ 胶结构和 CaO 两高熔点固相，具有 MgO-CaO 系材料的特点，主晶相 $(Mg \cdot Fe)O$ 熔点高，发育良好，耐火性能高，而结合相 CaO 能捕捉钢液中夹杂物，净化钢水。作为电炉内衬材料，高铁镁钙砂取得了良好的使用效果。表 4.6 是我国和奥地利生产的高铁镁钙砂的性能。表 4.7 为电炉炉底用 MgO-CaO-Fe_2O_3 系合成料的理化指标。

表 4.6 高铁镁钙砂的理化性能

理化性能		中 国			奥地利	
		1	2	3	4	5
化学成分（质量分数）/%	MgO	84.17	86.71	85.75	82.30	81.79
	CaO	7.12	6.56	7.29	8.11	8.32
	Fe_2O_3	5.71	4.75	4.99	7.62	7.95
	SiO_2	1.25	0.98	1.04	0.96	1.01
	Al_2O_3	0.61	0.25	0.20	0.50	0.42
	I. L（灼减）	0.43	0.40	0.50	0.43	0.51
矿物组成（质量分数）/%	方镁石（MgO）	84.1	87.7	87.20	82.6	81.3
	$2CaO \cdot Fe_2O_3$	8.1	7.4	8.0	11.6	12.4
	$4CaO \cdot Al_2O_3 \cdot Fe_2O_3$	2.9	1.2	0.9	2.4	2.0
	$2CaO \cdot SiO_2$	3.3	3.7	3.9	3.5	3.6
	方钙石（CaO）			0.7		

续表4.6

理 化 性 能		中国			奥地利	
		1	2	3	4	5
散装密度/g·cm^{-3}		2.4	>2.5	>2.5	2.4	2.4
烧结强度 /MPa	1200℃×3h	10.2	10	14.5	10	11
	1600℃×3h	29.5	56	59.5	30	29
烧后线变化率 /%	1200℃×3h	-0.4	-0.0	-0.15	-0.3	-0.4
	1600℃×3h	-3.0	-1.8	-2.0	-2.0	-2.1
最高使用温度/℃		1750	1900	1900	1750	1750

表 4.7　电炉炉底用 MgO-CaO-Fe$_2$O$_3$ 系合成料的理化指标（YB/T 101—2005）

项　　目		牌　　号		
		DHL-78	DHL-81	DHL-85
$w(MgO)$（不小于）/%		78	81	85
$w(CaO)$/%		12~15	6~9	6~8
$w(Fe_2O_3)$/%		4~5	5~9	4~5
$w(SiO_2)$（不大于）/%		1.3	1.5	1.3
$w(Al_2O_3)$（不大于）/%		0.5	0.5	0.5
常温耐压强度 （不大于）/MPa	1300℃×3h	10	10	10
	1600℃×3h	30	30	30
加热永久线变化 （不大于）/%	1300℃×3h	-0.2~-0.5	-0.2~-0.5	-0.2~-0.5
	1600℃×3h	-1.5~-2.5	-2.0~-3.0	-1.5~-2.5
体积密度（不小于）/g·cm^{-3}		3.25	3.25	3.25
最大粒度/mm		6	6	6

B　电炉底干式捣打料的施工方法

a　施工准备

将永久层残渣、灰尘、铁丝、塑料布等异物清理干净。计算打结尺寸,实际打结厚度等于需要打结厚度乘以1.09,并根据施工炉坡、炉底尺寸要求准备足够量的捣打料。来料后检查捣打料有无杂物、受潮,杂物应清理干净,受潮料不得使用,并准备好打结器具如打夯机、风镐等。

b　施工方法

用铁锹把料铲平铺好后,用脚踩实以除去其中空气,踏实后将钢钎插入料中并反复摇晃,再用脚进一步踏实,捣打料每层施工厚度以150~200mm为宜,然后用打结器具从周边到中心呈螺旋状反复捣打3遍。

检查打结质量的方法通常是将直径5mm的圆钢放在捣打层上,用10kg压力压下,其深度不超过30mm。现场施工时可用钢钎用力插入,其深度不应超过30mm。

打结炉坡方法与炉底相同,先用脚踏实,再用打结器具捣打,炉坡与炉底的最大角度不超过 40°。防止因炉坡坡度太大产生滚料或塌落。

在出钢口座砖、炉门口等钢水搅动冲刷厉害的地方更应强力捣打并可适当加厚尺寸,以尽可能地延长这些已损毁部位的耐火材料的使用寿命。

打完后,在捣打料上铺盖 5~10mm 厚薄钢板,防止装废钢时破坏炉底形状或废钢插穿捣打料层,造成漏钢隐患。如果不能及时炼钢,铁板上加放 100~200mm 厚的石灰,防止捣打料水化。

C 新炉冶炼操作要求

镁钙铁合成砂干捣料在严格按照施工技术要求施工后获得了打结堆积密度,为保证干捣料在冶炼过程中能够烧结成坚实的整体,增强抗钢水冲刷、抗熔渣侵蚀能力,新炉第一炉的冶炼操作至关重要。具体操作可以按下列步骤进行:

装废钢:选择 C、Si 含量低的优质废钢,最好使用剪切料或小块料,装料次数应比正常冶炼的装料次数多 1 次,装料时料斗应尽量靠近炉底以免超大块料装入砸坏炉底;每一次所加料熔化 80% 左右,再次加料;所加料全部熔化后,缓慢升温,达 1600℃ 以上,应保温 30min 以上。

冶炼速度:要求第一炉的冶炼时间为正常冶炼时间的 2~3 倍,在送电操作上尽可能使用低挡,不允许采用油氧枪或者碳氧枪助熔。

放气:废钢全部熔清后在除尘系统抽力不足的情况下,操作者要安排 2 次放气机会,每次至少 30min;放气的同时要注意保温并向出钢口位置摇炉,使出钢口周围的捣打料获得充分的烧结。

吹氧操作:在冶炼后期钢水成分达不到要求时,往往要采用吹氧措施,但吹氧操作时采用吹氧管浅吹比较有利,插入钢水深度一般为 100~150mm 左右,插入角度一般为 30° 左右,操作时间尽可能短;防止因为吹氧量和吹氧角度较大,对炉底的捣打料造成损坏。

冶炼温度及时间:第一炉冶炼温度尽可能高一些,时间为正常冶炼时间的 2~3 倍以上,这样有利于炉底捣打料的充分烧结。出钢时应留一定钢水在炉底,采取留钢操作保护炉底,同时整个冶炼过程要注意避免钢水剧烈沸腾,冲刷炉底捣打料。

D 电炉干捣料使用注意事项

(1)炉底残钢、残渣必须清理干净,否则易产生新、老料分层,使用过程中可能导致捣打料上翻,从而影响使用寿命。

(2)打结捣打料时一定要严格按施工要求进行操作,保证捣打料的密实度,否则会导致使用过程中捣打料收缩严重,产生大量裂纹引起剥落,导致寿命下降。

(3)第一炉冶炼至关重要,吹氧脱碳时吹氧管切不可插入太深,否则易使炉底捣打料上翻产生大坑。

(4)第一炉冶炼时,炉底可铺上一层石灰,不但可避免废钢直接砸炉底,而且可防止捣打料水化,并可提早形成炉渣。

(5)当炉底出现大坑时,必须将坑内的残钢、残渣倒净,然后再用捣打料进行修补。如果坑内有少许钢水倒不净,可在钢水上面加一些石灰或白云石,使用铁耙将白云石连同钢水扒净,否则修补炉底时坑内会形成夹层,影响修补效果。

E　电炉炉底的修补方法

电炉炉底捣打料在使用一定时间后,由于各种原因,电炉炉底会出现不同程度的损坏,因此应根据炉衬的损坏情况,对炉衬进行修补。

(1)热修补在冶炼中每隔一定周期进行一次,但每炉钢出完后必须严密注意炉底动态,发现深度大于150mm坑时必需修补。

(2)修补前用氧气(出完钢、渣后立即进行)吹扫被修补表面,彻底清除该部位的残钢残渣。

(3)吊入捣打料至待修补部位上方落下,移动吊车,使之分布合理。

(4)吊入铁块或其他重物压实即可。

(5)需要强调的是:若炉底、炉坡大面积热修补,为确保修补后使用寿命,缩短修补次数,降低干捣料的吨钢消耗,热修后的第一炉钢可参照“新炉冶炼操作要求”进行冶炼。

4.3.4.2　直流(DC)电炉炉底用耐火材料及使用

直流电弧炉以电炉中心的石墨电极作为阴极、底电极为阳极,极性固定不变,电弧产生的热量稳定集中,且热量大部分集中在阳极炉料加热后。由于只有阴极石墨电极在电炉中心燃烧,所以不会产生三相电极之间的干扰和电磁的斥力,电极端头不易出现开裂和剥落现象,因此石墨电极消耗量小。由于直流电弧炉没有临近效应,石墨电极中的电流分布均匀,因此可以通过较大的电流,电力输入能力提高,噪声低,电耗低;冶炼时间短,生产效率高,同时减少维修次数。

典型的DC电炉的特征是由置于中心位置的石墨电极作为阴极,其中石墨电极可以是1根,也可以是多根,但是目前还是以1根石墨电极为多,而阳极端与炉底的接点相连。电炉炉底阳极的导电可采用导电耐火材料或金属元件来解决。导电耐火材料可以是导电 MgO-C砖和导电砂;导电金属元件多为钢棒、钢片和钢针。

耐火材料导电的直流电弧炉炉底:耐火材料导电的直流电弧炉炉底是在导电炉底铜板上直接砌筑导电的镁炭砖,共分为三层:下两层为永久层,厚度约为200~250mm,最上层为工作层,厚度为400~450mm,永久层和工作层的镁炭砖中的碳含量各异,然后再在砌好的炉底上覆盖一层导电性良好的捣打料。生产过程中可用含碳的镁质料进行修补,其中导电镁炭砖是整个炉衬砌筑的关键。田守信等人在研究导电镁炭砖时发现:(1)采用酚醛树脂作结合剂的镁炭砖的导电性比用沥青作结合剂的导电性要高;采用鳞片状石墨的导电性比含碳粉的镁炭砖的导电性高;随石墨含量的增加,镁炭砖的导电性增加。当石墨的含量大于5%时,镁炭砖在室温和高温下均可以导电。(2)由于石墨是片状结构的材料,所以镁炭砖的导电性与石墨方向性有明显的关系。研究发现平行于石墨层状方向镁炭砖的导电性明显高于垂直方向的导电性,所以镁炭砖的成型方向应当保持水平,因而作为直流电炉炉底的镁炭砖使用时应当立砌。(3)镁炭砖的导电性与热处理温度有直接的关系。研究发现:当热处理的温度在900℃时,镁炭砖的导电性良好。(4)浸油对镁炭砖性能的影响。通过浸油工艺可以改善制品的组织结构,降低镁炭砖的透气性,增加材料的致密度和机械强度。镁炭砖浸油后,还可以增加材料中的炭素沉积,使材料的气孔细化,从而使得镁炭砖的性能进一步改善,耐侵蚀性、抗氧化性和高温强度均得到提高。表4.8为直流电弧炉用导电镁炭砖的性能。

表 4.8 直流电弧炉用导电镁炭砖的性能

材 质	导电镁炭砖	导电镁钙炭砖	导电镁炭砖	导电镁炭砖	导电火泥
使用部位	底电极	底电极	底电极	底电极	
$w(MgO)/\%$	98.5	>70	60	>80	
$w(CaO)/\%$	1.0	10	19	1.0	
$w(SiO_2)/\%$	0.2			0.2	
$w(C)/\%$	14	12	>15	>10	>50
体积密度/g·cm⁻³	2.85	2.95	2.95	3.02	
显气孔率/%	<13	<10	<10	<8	
常温耐压强度/MPa	>20	>30	>30	70	
颗粒尺寸/mm					<0.2
电阻率/Ω·m	$<2\times10^{-4}$	$<2\times10^{-4}$	$<2\times10^{-4}$	$<2\times10^{-4}$	$<2\times10^{-5}$
体积密度(1100℃,炭化)/g·cm⁻³	2.85	2.95	2.95	2.90	
显气孔率/%	<13	<13	<13	<9	
常温耐压强度/MPa	>20	>20	>20	>40	

在实际使用过程中工作层由于受到铁水、废钢和直接还原铁投入时产生的热震剥落，镁炭砖中碳含量以20%为宜；永久层为了减少热量的传导，可使用碳含量为10%的镁炭砖，同时为了保证直流电弧炉在使用过程中电阻率的稳定性，仍需采用烧成镁炭砖。导电镁炭砖砌筑的直流电弧炉炉底示意图见图4.4。

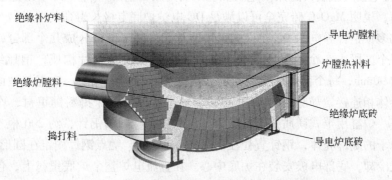

图 4.4 导电镁炭砖砌筑的直流电弧炉炉底示意图

钢棒电极导电的 DC 炉底：钢棒电极的设计是将一个或几个钢棒（直径一般为250mm）电极（通常也称为坯体）插入到炉底导通直流电，钢棒数量取决于炉子的容量，目前 DC 电炉作业用 1~4 根钢棒电极。钢棒的上部与熔体接触，部分熔化。钢棒埋入炉底耐火材料中，外部底端用水冷却。在炉子内部，钢棒由碱性耐火砖（如 MgO-C 砖）所环绕。炉床的其余部分采用特殊干式镁质捣打料作里衬，这种材料已成功地在交流电炉中采用。为修补钢棒电极，通常每周一次将钢棒或装满废钢的短管放置在损毁部位上，周围的镁砖或 MgO-C 砖可采用镁质捣打料在清洁的耐火材料表面上进行修补。图4.5为钢棒砌筑的直流电弧炉炉底示意图。

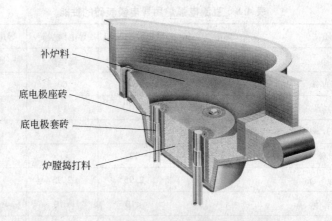

补炉料

底电极座砖

底电极套砖

炉膛捣打料

图 4.5　钢棒砌筑的直流电弧炉炉底示意图

采用钢棒电极导电的 DC 电炉炉底电极周围套砖的损毁最大。造成损毁的原因是由于它不仅承受着钢水的侵蚀，而且还受到电极局部熔融凝固以及铜套水冷等复杂的热作用，同时钢棒膨胀还会引起龟裂，故材料应具备以下特性：

（1）抗热震性能好；

（2）应具有与钢棒相适应的热膨胀性；

（3）高的导热性能。

MgO-C 砖的抗热震性明显高于烧成镁砖，并且其石墨含量越高抗热震性能也越高，这应归功于碳的高导热性和低的弹性率。虽然钢棒熔融凝固后会产生膨胀，但线膨胀系数较小的 MgO-C 砖并不会产生龟裂，所以对于使用来说，钢棒电极适度的膨胀可以不考虑。DC 电炉炉底电极周围套砖选用耐龟裂性能高的高碳含量的 MgO-C 砖（不低于 20%C），其耐用性能高，说明 MgO-C 砖完全可以满足 DC 电炉炉底电极长寿命的要求。

钢片和多根钢针导电的 DC 炉底：采用钢片，将底部阳极分成几个部分，布置在炉底环带上，每个区段由一个水平方向底电极和多个竖向焊接钢片构成，钢片约 1.7mm 厚，各片相距约 90mm，每个部件用螺栓固定在用空气冷却的底壳上。底壳与地面电绝缘，并与四个铜导体相连接。炉底用与 UHP 电炉炉底同样的镁质干捣料铺里衬，作为钢片式直流电炉炉底。炉缸用干式镁质捣打料做成。或采用大量圆形钢针，约 200 根左右，穿透耐火材料到炉子的底部壳体，钢针直径在 25~50mm 之间，触点钢针固定在圆形导电电极上，并采用空气冷却，底部电极安装在炉底中心。在直流电炉整个炉底里衬上，包括钢针之间的区域可用干式镁质捣打料。

钢片和钢针型 DC 电炉由于受底电极几何形状的限制，采用传统的方法压实不定形耐火材料仅在一定范围内有效。为了提高该类耐火材料的抗侵蚀性能，则采用独特设计的振动器进行捣固，在安装钢片型电极的炉子中能得到最佳的密实性。钢片导电及多根钢针导电的直流电弧炉炉底示意图见图 4.6、图 4.7。

直流电弧炉炉底的修补：以耐火材料导电的直流电弧炉常温修补时可采用镁碳质捣打料；高温修补时可采用镁白云石-碳质修补料。修补料宜采用大结晶的电熔镁砂为原料，以沥青为结合剂，并经热处理，为了确保捣打料的导电性可用碳含量为 14% 以上的镁碳质捣打料。表 4.9 为耐火材料导电的直流电弧炉炉底修补料的性能指标。对以钢片型或钢棒

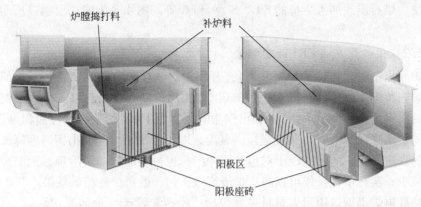

图 4.6　钢片导电的直流电弧炉炉底示意图　　图 4.7　多根钢针导电的直流电弧炉炉底示意图

型电极的炉底，不能采用传统的修补料进行修补，因为传统的修补料即使在高温下电阻也非常大，电流供应不足，因此开发了干式、无碳的含金属粉末的导电热补料。通常以 70% 的氧化镁颗粒和 30% 的铁粉组成，使用时 MgO-Fe 系热补料一般应在中性或还原性条件下使用，主要是防止修补料中的金属 Fe 形成铁氧化物而破坏金属网络，对材料的导电不利。

表 4.9　耐火材料导电的直流电弧炉炉底修补料的性能

应用	用途	类型	化学组成（质量分数）/%			电阻率/Ω·m	
			MgO	CaO	C	200℃×5h	1400℃×2h 埋炭
修理	捣打料	常温捣打	74		16	0.460	
	修补料	高温修补	46	20	19	0.018	0.085

4.3.5　电炉出钢系统用耐火材料

电炉冶炼后的钢水一般都要倒入钢包中，进入下一工序进行精炼以获得高质量钢水和满足连铸钢水的要求，所以电炉出钢时应尽量为后续的精炼设备提供无渣或少渣的钢水，因此电炉出钢技术备受重视。目前电炉出钢方式有两种：一种是传统的槽式出钢，另一种是偏心炉底出钢。出钢槽出钢是在出钢前需先扒渣或在出钢后以倒包的方法除渣，这样进入精炼的初熔钢水难于达到纯净无渣，且除渣操作繁重，能量损失也很大。20 世纪 80 年代初期，由联邦德国蒂森公司和丹麦 DDS 公司研制的第一台采用偏心炉底（EBT）出钢的电弧炉，使出钢时间缩短，延长了炉衬寿命，节约了能源，尤其是实现了无渣出钢，精炼炉的精炼效果明显改善。随着电炉的大型化和超高功率化，偏心炉底出钢的应用将越来越多。

4.3.5.1　槽式出钢法

槽式出钢法是在电炉出钢时，先将炉体向出钢侧倾斜一定角度（一般为 45°），钢水流经出钢槽进入钢包内。出钢槽除起到对钢水的导流外，还有防止钢水散流，保护钢水减少二次氧化的作用。如果出钢槽的几何形状或耐火材料使用不当，将会导致钢水热量损失增大，耐火材料消耗增高，甚至增加钢水中的非金属夹杂物的数量。

在生产实际中使用的出钢槽有：砖砌出钢槽、预制块出钢槽、整体出钢槽、综合砌筑出钢槽、复合式出钢槽、低水泥整体浇注出钢槽。耐火材料材质：高铝质、镁铝质、锆质、镁碳质、蜡石质或加入少量的 SiC、Si_3N_4 和 C 等。图 4.8 为槽式出钢口所用耐火材料示意图。

4.3.5.2　偏心炉底（EBT）出钢法

偏心炉底出钢时先将炉子前倾 10° 再打开出钢口，在炉渣卷入前将炉子摇回，终止出钢，通常炉内留钢 10%~15%。与传统槽式出钢相比，偏心炉底出钢具有：出钢的倾角减小，常规的出钢角为 40°，而偏心炉底出钢法的角度为 10°；炉壁的水冷面积可达到 90%，耐火材料的费用降低 50%；出钢流程短，紧凑，缩短了出钢时间，出钢温度降低减少，减少了钢水的二次氧化；同时减轻了对包壁的冲击，包衬寿命增加；冶炼时间缩短，电耗和电极消耗减少；实行留钢操作可以防止炉渣流入钢包，改善炉外精炼效果。

偏心炉底电炉出钢口用耐火材料主要包括：座砖、管砖（袖砖）、尾砖、填缝料和引流砂（出钢口填充料）等部分。所用耐火材料如图 4.9 所示。

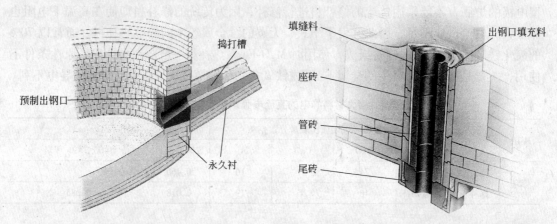

图 4.8　出钢槽所用耐火材料示意图　　　图 4.9　偏心炉底电炉出钢口所用耐火材料示意图

座砖：位于出钢口外层，通常由几节烧成沥青浸渍镁碳质套砖砌筑而成。

管砖：管砖的孔径尺寸根据炉子容量和出钢时间等因素决定，一般内径在 140~260mm 之间。采用沥青-改性酚醛树脂作结合剂的浸渍镁炭砖，目前也有用整体出钢口砖，采用等静压冷成型，但是价格昂贵。

尾砖：长期暴露在空气中，多采用特制的镁炭砖或 Al_2O_3-SiC-C 砖。在尾砖的下部有一摆动的铰链盖，出钢口用此盖板密封，盖板一般使用的是石墨质材料。

填缝料：在座砖和管砖之间（间隙有 25mm 左右）通常填充镁碳质捣打料、镁质或镁橄榄石质捣打料进行填缝。

表 4.10 为电炉出钢口系统用耐火材料的理化指标。

表 4.10　电炉出钢口系统用耐火材料

材　质	沥青浸渍烧成镁砖	沥青结合镁砖	沥青结合镁炭砖	优质镁炭砖	Al_2O_3-SiC-C 砖
使用部位	出钢槽、出钢口座砖	出钢槽、出钢口座砖	出钢槽、出钢口管砖	出钢槽、出钢口	出钢槽、出钢口尾砖
$w(MgO)$（不小于）/%	97	99	85	80	SiC>15

续表 4.10

材 质	沥青浸渍烧成镁砖	沥青结合镁砖	沥青结合镁炭砖	优质镁炭砖	Al_2O_3-SiC-C砖
$w(CaO)$(不大于)/%	1.9	0.9	2	1.5	
$w(Fe_2O_3)$(不大于)/%	0.2	0.2			
$w(SiO_2)$(不大于)/%	0.8	0.1	0.5	0.2	
$w(C)$(不小于)/%	2	5	10	14	
$w(Al_2O_3)$(不大于)/%					70
体积密度(不小于)/$g \cdot cm^{-3}$	3.14	3.11	3.00	2.96	2.90
显气孔率(小于)/%	5	7	7	6	6
耐压强度(大于)/MPa	70	40	30	30	30

材 质	刚玉铬预制件	铝碳化硅炭捣打料	化学结合的捣打料	镁炭质捣打料	镁橄榄石填料
使用部位	出钢槽	出钢槽	出钢口填缝料	出钢口填缝料	出钢口填料
$w(MgO)$(不小于)/%			92	89	50
$w(CaO)$(不大于)/%	2.5				
$w(Fe_2O_3)$(不大于)/%	0.3	SiC:5~15			9
$w(SiO_2)$(不大于)/%	0.6	20	4	4	40
$w(Cr_2O_3)$(不大于)/%	6.5				
$w(C)$/%		5~14		>3	
$w(Al_2O_3)$(不大于)/%	86	65			
体积密度(不小于)/$g \cdot cm^{-3}$	3.15	2.70	2.80	2.80	
炭化显气孔率(小于)/%	16	15		15	
炭化耐压强度(大于)/MPa	40	20	30	20	

出钢口引流砂：为使 EBT 出钢系统顺利开浇，装料前在出钢口通道内填满特制的引流砂，一般称之为出钢口填料。引流砂具有高的耐火性能，达到出钢温度时，填料的表面达到烧结状态，以防止钢水往下渗透。表面层往下未烧结的引流砂，待出钢打开托板时能顺利流出，且借助于钢水的压力将烧结层冲破达到自动开浇的目的。填料与钢水无化学反应，且不污染钢水。出钢口所采用的引流砂一般采用镁橄榄石砂或镁钙含铁砂。EBT 出钢口填料使用时还应注意：（1）出钢口填料受潮后会引起自开率下降，为此，必须确保出钢口填料干燥，否则使用前要求烘烤；（2）出钢后必须将出钢口内的残钢、残渣清理干净后再加填料；（3）填料的加入量要合理，在加入填料后一定要形成蘑菇状，特别注意不能使填料低于出钢口的上部平面，以免钢水进入出钢口因凝固造成填料不能自开浇。表 4.11 为电炉出钢口引流砂的性能。

出钢口耐材是很多电炉的薄弱环节。一般情况下，出钢口寿命只有 100~150 炉，不能与中修炉龄同步，因此很多电炉采用热态更换出钢口的方法来解决这一问题。但是有不少电炉出钢口部位结钢渣严重，出钢口区域炉坡堆积高，热态更换出钢口相当困难，有时就因出钢口砖的制约，提前结束了炉龄。为此，使用出钢口热态修补技术，以延长出钢口砖寿命，使之与电炉中修同步是必要的。出钢口砖一般从 70~100 炉开始热态修补，整个过程只需 0.5h 左右。热态修补一次可以延长出钢口寿命 30~50 炉。表 4.12 是电炉出钢口修补料的理化指标。

表 4.11　电炉出钢口引流砂的理化指标

品　名	化学组成（质量分数）/%					粒度/mm	特　点
	MgO	CaO	SiO$_2$	Al$_2$O$_3$	Fe$_2$O$_3$		
镁橄榄石砂	50		40	0.5	9.0	2~5	使用温度 1750℃
镁钙铁砂	84	8.0	1.2	0.5	5.5	2~5	使用温度 1750℃
	86	7.0	1.2	0.5	6.5	2~5	陶瓷结合

表 4.12　出钢口修补料的理化指标

$w(\text{MgO})$/%	体积密度/g·cm^{-3}	耐压强度（1500℃×3h）/MPa	抗折强度/MPa
>90	>2.80	>6.0	>2.0

4.3.6　电炉炉底吹气搅拌系统用耐火材料

由于电炉的动力学条件不足，使得电炉熔池内存在着较大的温差，大块的废钢熔化速度慢，且钢水上下两部分的温度相差加大，钢水的成分不均匀。而电炉底吹气搅拌可以改善熔池的均匀性，消除剧烈的化学反应，提高冶炼速度，加大熔池内的热传递，使大块废钢和加入的合金得以迅速熔化，可以起到缩短冶炼周期、节省电耗、降低出钢温度、加速熔渣泡沫化、降低生产成本的作用，因此电炉底吹气在实际冶炼中得到了很好的发展。目前使用的底吹气搅拌系统有两种类型：一种是直接搅拌系统类型，另一种是间接搅拌系统类型。电炉炉底吹气搅拌系统用耐火材料见图 4.10。

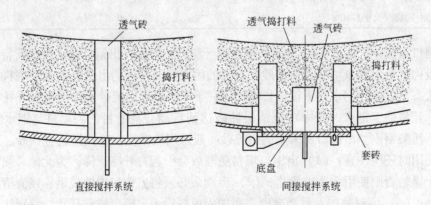

图 4.10　电炉炉底吹气搅拌系统用耐火材料

直接搅拌系统所用的耐火材料有透气砖和座砖及捣打料。透气砖多为将钢管埋置在镁炭砖中复合而成，俗称为镁碳质透气砖。表 4.13 为电炉底用镁碳质透气砖和透气捣打料的理化指标。直接搅拌系统的特点：（1）透气砖由于直接与钢水接触而蚀损；（2）需在短时间内更换，例如每三星期更换一次，操作蚀损率每小时约 0.5mm；（3）气体引入局部集中在钢水熔池中，在小范围内形成剧烈搅拌；（4）钢水局部未被炉渣覆盖，并吸收氮气；（5）必须连续地供气，在标准状态下每个透气砖流量约为 $3\sim5m^3/h$，否则容易造成透气砖气孔堵塞。

表 4.13 电炉底用镁碳质透气砖和透气捣打料的理化指标

透气砖	化学组成(质量分数)/%					显气孔率 /%	体积密度 /g·cm^{-3}	耐压强度 /MPa	高温抗折强度/MPa
	MgO	C	CaO	Al$_2$O$_3$	Fe$_2$O$_3$				
电炉透气砖	81	14	1.05	2.8	0.89	2~5	2.95	55	13.2
透气捣打料	75.5	—	20	0.5	3.6	2~5	—	—	—

间接搅拌系统一般在透气元件的上面打结一层透气性捣打料。透气元件可以是透气砖，也可以是透气管。间接搅拌系统的特点：（1）透气砖由于被透气的捣打料覆盖，蚀损较缓慢，因此可维持整个炉役，甚至 1 年，仅炉底需定期维修；（2）气体大范围进入钢水熔池，广泛分布，并有大面积的轻微气泡；（3）这种装置不能从出钢口周围撇开炉渣；（4）供气可以中断，在标准状态下典型流量为 $5\sim7m^3/$透气砖。

5 炉外精炼用耐火材料

5.1 钢水炉外精炼概述

钢水炉外精炼是指将经转炉或电炉中初炼的钢水移至另一个容器中进行精炼的冶金过程，也称为"钢包冶金"或"二次冶金"，即把传统的炼钢过程分为了初炼和精炼两步进行。

初炼时炉料在氧化气氛的炉内进行熔化、脱磷、脱碳、去除夹杂和主合金化，获得初炼钢水；精炼则是将初炼的钢水在真空、惰性气体或还原性气氛的容器中进行脱气、脱氧、脱硫、去除夹杂物、夹杂物变性、成分微调和控制钢水温度等。实行炉外精炼可提高钢的质量、缩短冶炼时间、优化工艺过程并降低生产成本。

1933 年，法国的波林（R. Perrin）应用专门配制的高碱度合成渣，在出钢过程中对钢水进行"渣洗脱硫"，这是炉外精炼的萌芽；1950 年联邦德国用真空处理脱除钢中的氢以防止产生白点，此后各种炉外精炼的方法相继问世。1956~1959 年研制成功钢水提升脱气法（DH）和钢水真空循环脱气法（RH）。1965 年以来真空电弧加热脱气（VAD）炉、真空吹氧脱碳（VOD）炉和（AOD）炉以及喂丝法（WF）和 LF 钢包炉、钢包喷粉法（IP）等先后出现。到 20 世纪 90 年代，已有几十种炉外精炼方法用于工业生产，世界各国的炉外精炼设备已超过 500 台。

我国于 1957 年开始研究钢水真空处理技术，建立了钢水真空脱气、钢水真空铸锭装置，并能浇注 50~250t 大型钢锭。20 世纪 70 年代又建立了 VOD 炉、AOD 炉、ASEA-SKF 精炼炉、VAD 炉、LF 炉和钢包喷粉等炉外精炼装置。到 20 世纪 90 年代已达到 60 余台，形成了一定的生产能力。2007 年达到 474 台。我国炉外精炼装备配置的特点是：以转炉为主的大型钢铁企业主要应用钢包吹氩、钢包加合成渣吹氩、钢包喷粉喂丝、LF 和真空处理技术；以电炉炼钢为主的中型钢铁企业则多采用 VOD/VAD、AOD、LF 和钢包喷粉等炉外精炼技术，但钢包喷粉技术目前在转炉钢厂已较少应用了。

炉外精炼技术发展的主要原因有两个：

（1）它与连铸生产的迅速发展密切相关。因为它不仅适应了连铸生产对优质钢水的严格要求，大大提高了铸坯的质量，而且在温度、成分及时间节奏的匹配上起到了重要的协调和完善作用，即定时、定温、定品质地提供连铸钢水，成为稳定连铸生产的关键因素。

（2）它与调整产品结构，优化企业生产的专业化进程紧密结合。超低碳钢，超深冲钢，超低磷、硫的优质钢材的生产必须采用包括炉外处理技术在内的优化工艺流程，这是炉外精炼技术发展迅速的另一个重要原因。

5.2 炉外精炼的基本作用

根据对冶炼不同钢种处理的目的不同，炉外精炼的基本作用主要包含以下几个内容。

（1）升温。采用物理法或化学法对钢水进行提高温度的操作，主要包括两大类：

1）物理加热法。通常采用电弧加热，利用电的弧光放电产生大量热量对钢水进行加热的方法，如 LF 炉、ASEA-SKF 法等精炼技术就是采用这种方法；

2）化学加热法。利用金属元素氧化产生热量对钢水加热的方法，如 RH、CAS-OB、VOD、VAD 等精炼技术就是采用此法。

（2）搅拌。搅拌是加速冶金反应，促进钢水成分和温度均匀的最重要手段。用于冶金过程的搅拌方法大体上可以分以下四种：

1）机械搅拌：利用机械装置对钢水进行搅拌，达到均匀的目的，如倒包法、机械搅拌法。

2）吹氩搅拌：利用钢包底部的透气砖将氩气从钢包底部吹入钢液，达到搅拌钢液的目的。其中钢包底吹氩、CAS-OB、LF、VOD、VAD、VD 等精炼装置就采用此法对钢水进行搅拌。

3）吸吐搅拌：向钢包内吸吐钢液，达到搅拌钢水的目的，如 RH、DH 就采用此法。

4）电磁搅拌：根据法拉第定律，交变磁场可以产生感应电势，这个电势会导致固态或液态金属中流过电流。利用移动的磁场作用于钢包就会驱使钢液流动，从而达到交变的目的，如 ASEA-SKF 等就是属于这种交变装置。

（3）去气去夹杂。大部分气体成分是钢中的有害杂质，尤其是钢中氢和氮，根据去气原理不同基本上有以下几种方法：

1）降低气体成分的分压法：借助真空技术，适当提高装置的真空度，进行真空脱氧、增大吹氩量，扒除炉渣或减少渣层厚度等方法，可以明显降低钢液中的气体夹杂，如：RH、DH、LFV 等方法就属于该种去气方法。

2）气泡提升法：利用上浮的气泡，将钢液中的气体成分带出钢液，达到去气去夹杂的目的，如 LF、CAS-OB、钢包吹氩、VAD 等就属于此法。

3）增大单位脱气面积和传质系数，采用强制搅拌，增大脱气面积达到去气去夹杂的目的，如电磁搅拌法等。

4）利用吹氧脱碳来去除气体：利用 C-O 反应产物的上浮运动，带走钢液中的气体成分，达到去气去夹杂的目的，如 RH、VAD、VOD 等。

（4）合成渣作用。利用合成渣的精炼作用达到去除钢中的硫、磷等有害杂质，如 LF、合成渣洗、VAD 等方法。

根据每个精炼装置的不同，对上述功能进行组合，就形成了不同的精炼装置。表 5.1 中列举了部分精炼装置的功能和特点。图 5.1 为几种典型的炉外精炼装置示意图。

表 5.1　典型精炼装置

名　称	开发年份	开发者	技术特点
合成渣洗	20 世纪 30 年代	法 Perrin	$60CaO-40Al_2O_3$ 液渣冲混
SAB、CAB、CAS	1974	日本	钢包加盖（罩），吹 Ar，加合金
CAS-OB	1983	日本新日铁	CAS 基础上的 $Al-O_2$ 反应提温
VID	50 年代初	德、苏	钢包（钢流、出钢）真空脱气

续表 5.1

名 称	开发年份	开 发 者	技 术 特 点
DH	1956	德 Dortmund-Horder 厂	提升式真空脱气
RH	1959	德 Rheinstahl Heraeus 公司	循环式真空脱气
RH-OB	1972	日 新日铁	RH 真空槽下部淹没吹氧
RH-KTB	1988	日 川崎	RH 真空槽内顶吹氧
VOD（Vac）	1965	德	真空下顶吹氧
AOD	1968	美	Ar-O_2 淹没喷吹
VAD	1968	美 Finkl-Mohr 公司	低压下电弧加热，吹 Ar，钢包脱气
ASEA-SKF	1965	瑞典 ASEA-SKF 公司	电磁搅拌，大气压下电弧加热，钢包脱气
LF	1971	日本特钢公司	大气压下埋弧加热，底吹氩
喷粉（TN，SL）	70 年代初	德、瑞典	淹没喷吹渣粉或合金粉
喂线	70 年代初	法	高速喂入包覆线（合金料）
SRP	1982	日住友金属	转炉双联-渣金逆流式铁水预处理
ORP	1986	日 新日铁	带浸渍罩的铁水包为反应器的预处理
H 炉		日 神户制钢	铁水预处理专用的复吹转炉

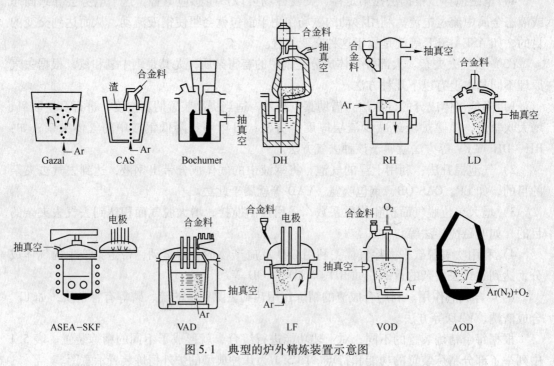

图 5.1 典型的炉外精炼装置示意图

5.3 炉外精炼用耐火材料基础知识

5.3.1 炉外精炼方法与所用耐火材料

图 5.2 根据炉外精炼方法的特点进行了分类，并指出了相应精炼设备所用到的耐火材料。

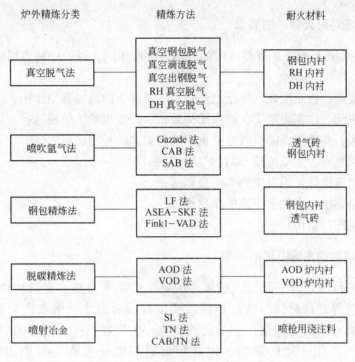

图 5.2　炉外精炼方法与耐火材料

5.3.2　炉外精炼对耐火材料的作用

（1）长时间高温、真空。炉外精炼大都是在真空下进行的，真空度为 666.6 ~ 3999.7Pa，耐火材料在高温真空下易蒸发损失。由于炉外精炼的处理时间长，钢水的热量损失大，为了补偿炉外精炼的热损失，炉外精炼的温度都采用了加热措施（电弧、吹氧加热或铝氧加热）或提高出钢温度（1650 ~1750℃），这将加快耐火材料与熔渣及钢液的作用，熔渣对耐火材料的侵蚀加剧。

（2）炉渣的侵蚀。在炉外精炼处理过程中，炉渣的碱度和黏度变化很大，以 VOD 炉为例，精炼初期为酸性炉渣，炉渣的碱度为 0.5~1，精炼的中后期转为高碱度渣，炉渣的碱度为 2.0~3.0，甚至达到 4.0~5.0。在这种情况下，耐火材料不仅要受到酸性炉渣和低碱度炉渣的侵蚀作用，同时还要受到高碱度炉渣的侵蚀作用。

（3）炉渣的渗透。炉外精炼的炉渣属于 $CaO-Al_2O_3-FeO$ 系炉渣，炉渣的流动性好，黏度小，高温下炉渣沿着气孔渗透到炉衬砖的深处才凝固，形成很厚的变质层。由于变质层的性能与组成，特别是线膨胀系数与原砖层有很大的差别，当受到热震作用时就会发生结构剥落而损坏。

（4）炉渣和钢液的强烈冲刷和磨损作用。在炉外精炼过程中，钢液和炉渣对耐火材料的冲刷磨损作用非常严重。以 RH 炉为例，钢液的循环速度为 80~100t/min，浸渍管内的流速为 1~1.5m/s。

（5）温度骤变的热震损伤作用。由于炉外精炼设备都是非连续作业的，两次操作之间的温度变化剧烈，温差达到 500~800℃，在受到急剧的热冲击后，在耐火材料的工作表面形成裂纹，导致热面剥落损毁。

5.3.3　炉外精炼对耐火材料的要求

基于前述的耐火材料在炉外精炼中的使用条件和作用，对炉外精炼用耐火材料的要求如下：

(1) 耐火度高，稳定性好，能抵抗炉外精炼条件下的高温真空作用；

(2) 气孔率低，体积密度大，组织结构致密，以减少炉渣的浸透；

(3) 强度大，耐磨损，能有效地抵抗钢液和炉渣的冲刷磨损；

(4) 耐侵蚀性好，能抵抗酸-碱性炉渣的侵蚀作用；

(5) 热震稳定性好，不发生热震崩裂剥落；

(6) 不污染钢液，有利于钢液的净化作用；

(7) 对环境的污染小。

5.3.4　耐火材料对钢水洁净度的影响

炉外精炼的目的是为了脱气、脱氧、脱硫、去除夹杂物、夹杂物变性、成分微调和控制钢水温度等，从而获得满足连铸需要的高质量钢水。钢水在炉外精炼过程中，炉衬耐火材料会对钢水的质量产生一定的影响，主要表现在对钢水的脱氧、脱磷、脱硫、脱碳和脱气产生一定的影响，因此耐火材料的使用将会对钢水的洁净度产生影响。

5.3.4.1　耐火材料对钢中氧含量的影响

耐火材料对钢水的再氧化作用已引起了人们的广泛兴趣，并做了许多研究工作。G. Yuasa 和 T. Kishida 等分别对不同的耐火材料进行了研究。实验结果表明，耐火材料对钢中氧含量有显著影响。为了消除耐火材料向钢水供氧，耐火材料的氧势必须低于钢水的氧势。当使用酸性或中性钢包衬时，铝的消耗量（等同于耐火材料的再氧化能力）比使用碱性钢包衬时严重。在同样铝含量的条件下，使用碱性钢包衬时，钢水中的氧含量明显低于使用酸性钢包衬的。这意味着使用碱性钢包衬时可以获得较低的溶解氧或较低的再氧化率，而酸性钢包衬则产生较高的氧含量和较大的再氧化率。

图 5.3、图 5.4 分别示出了陈肇友等根据热力学数据计算的一些耐火氧化物和复合耐火氧化物在钢水中溶解平衡时其金属元素的含量与钢水中平衡氧的活度之间的关系。由图可见，这些耐火氧化物和复合耐火氧化物对钢水的增氧作用由大到小的顺序分别为 $Cr_2O_3 > SiO_2 > Al_2O_3 > MgO > ZrO_2 > CaO$ 和 $MgO \cdot Cr_2O_3 > ZrO_2 \cdot SiO_2 > 3Al_2O_3 \cdot 2SiO_2 > 2MgO \cdot SiO_2 > 2CaO \cdot SiO_2 > MgO \cdot Al_2O_3 > CaO \cdot Al_2O_3$。所以在冶炼氧含量低的钢种时，适宜选用氧化镁质、氧化锆质、氧化钙质或者尖晶石质等耐火材料。

另外，卷渣也是影响钢水洁净度的重要因素。在某些情况下，耐火材料也会参与这一过程。因此，控制出钢及浇注过程中的卷渣量也有利于提高钢水的洁净度。

5.3.4.2　耐火材料对钢中硫含量的影响

钢液冷凝时，硫会浓聚于晶粒边界，加热钢锭时会在晶粒边界熔化，造成钢的"热脆"。钢液中硫含量越低，说明钢中硫化物洁净度越高。

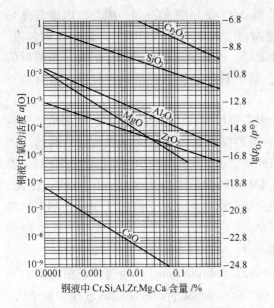

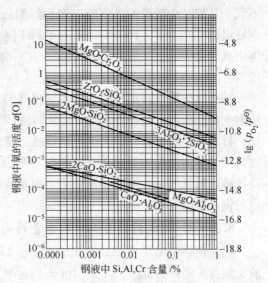

图 5.3 耐火氧化物中的金属元素在钢
水中的含量与钢水中平衡氧的活度
及 $\lg(p_{O_2}/p^\ominus)$ 的关系（1600℃）

图 5.4 复合耐火氧化物中的金属元素
Si、Al、Cr 在钢水中的含量与钢水中平衡氧的
活度及 $\lg(p_{O_2}/p^\ominus)$ 的关系（1600℃）

钢液的脱硫反应为钢液与熔渣之间的反应，其反应式：

$$[S] + (O^{2-}) = (S^{2-}) + [O]$$

或

$$[S] + (CaO) = (CaS) + [O]$$

从上面反应式可知，要使钢液中硫含量低，熔渣必须是 CaO 含量高的高碱度渣，并且钢液中溶解的氧含量应尽可能低。而要使钢液中的溶解氧含量尽可能低，就必须：（1）采用脱氧能力极强的脱氧剂如金属 Al、Ca 合金等，使其与钢液中的 ［O］反应形成氧化物并上浮至熔渣相；（2）应选用氧势尽可能低的耐火材料。

从耐火材料的氧势大小看，CaO、ZrO_2、MgO 的氧势小。因此，为减少钢中硫含量，精炼设备、钢包、钢包及浇铸系统应选用钙质、锆质、镁钙质、锆钙质或镁铝尖晶石质材料。这不仅有利于脱硫，也有利于抗高碱度渣的侵蚀。

钢中硫含量高低与耐火氧化物及复合氧化物的氧势高低有关，即钢液中硫含量及钢液中溶解氧的含量同耐火氧化物的氧势大小具有相同的规律。在碱性渣情况下，对 3 个不同包衬的钢包内喷吹 CaSi 粉的结果表明：当每吨钢水喷吹 2kg CaSi，脱硫反应趋于平衡之后，在硅质钢包中可获得 50%～60% 的脱硫率，在黏土质钢包中可达 60%～70%，而在白云石钢包中可达 80% 或更高。所以碱性氧化物耐火材料有利于钢水的脱硫。

5.3.4.3 耐火氧化物及结合剂与钢中磷含量的关系

磷会增大钢的低温脆性。对于一般钢，要求磷含量低于 0.035%；对低温韧性要求特别高的钢，磷含量则要求在 0.005%，甚至 0.003% 以下。

钢液脱磷或增磷反应为：

$$2[P] + 5[O] + 3(CaO) = Ca_3(PO_4)_2$$
$$2[P] + 5[O] + 3(MgO) = Mg_3(PO_4)_2$$

从热力学考虑：脱磷反应为强放热反应，其 $\Delta H = -1483$ kJ/mol。因此，温度升高是不利于从钢液中脱磷的。钢的二次精炼温度很高，一般在 1650~1700℃，即使在钢包内，钢液温度也在 1550~1600℃。高温不利于钢液脱磷，而有利于钢液增磷。另外，精炼后的钢中氧含量很低。从脱磷的化学反应式可知，钢中氧含量低不利于钢液脱磷，而有利于增磷。

耐火氧化物原料本身的含磷量是很低的，但若采用磷酸或磷酸盐作结合剂来生产钢包用耐火衬，根据上面条件与分析，耐火衬内的磷是极易进入钢液而导致钢液增磷的。例如，目前的中间包涂料，无论是镁铬质、镁质或镁钙质，一般都采用磷酸盐作结合剂。磷酸盐加入量为涂料质量的 2.5%~4%，则使钢液中磷的含量增加 0.001%~0.003%。因此，浇铸磷含量低的一些低温韧性钢应采用非磷酸盐结合的耐火制品。同时使用碱性耐火材料也对钢水脱磷有利。

5.3.4.4 耐火材料与钢中氢含量的关系

氢会使钢中出现"白点"，引起氢脆（hydrogen embrittlement）。经过真空精炼后的钢液，氢含量通常很低，为 1.5~1ppm（1ppm $= 10^{-4}$%）。增氢主要是在浇钢过程中发生的，主要来源有：（1）熔渣中溶解的氢（不属耐火材料范围）；（2）钢包耐火材料中残存的水分；（3）生产耐火材料时使用的树脂或沥青等有机结合剂。

对钢包和中间包预热烘烤可以有效降低钢水的吸氢量。连铸过程中，在钢包和中间包系统中使用保护套管保护注流时，有机黏结剂导致吸氢。进行保护套管加热和同一保护套管的反复使用，明显降低了钢水的吸氢量。不进行保护套管预热，可以使氢含量增加 50×10^{-6}，而有效地保护套管预热，可能使吸氢量接近于零。

5.3.4.5 耐火材料对钢水碳含量的影响

近年来，低碳钢与超低碳钢（如超低碳铝镇静钢、超低碳不锈钢、纯铁等）的用量明显增加。这些钢种要求其碳含量低，在 20×10^{-4}%，甚至 5×10^{-4}% 以下。

碳极易溶于铁液，在 1600℃ 铁液中的溶解度为 5.41%，所以含碳耐火材料极易对钢水产生增碳。对耐火材料碳含量和经过预热处理的镁炭质耐火材料对钢水增碳的影响进行了研究。结果表明，耐火材料中的碳含量显著影响钢水的增碳行为。增加耐火材料中的碳含量会使钢水中大量增碳。在氧化性气氛下进行耐火材料的预热处理使耐火材料表面脱碳，可以降低钢水增碳。

冶炼超低碳钢主要是靠下列反应进行脱碳：

$$[C] + [O] \Longrightarrow CO(g), \Delta G^{\ominus} = -19840 - 40.62T$$

从该反应可以看出：（1）采用真空处理将产物 CO 不断抽走将有利于碳的去除；（2）钢液中溶解的氧浓度越大，越有利于除去钢中的碳。因此，冶炼超低碳钢在二次精炼未深度脱氧前的真空处理炉内进行比较有利。

对于冶炼超低碳不锈钢的真空处理设备，最适宜的耐火衬应是镁铬耐火材料。因为镁铬耐火材料在高温真空处理时，镁铬砖会与钢液发生下列反应：

$$MgO \cdot Cr_2O_3(s) + 4[C] \Longrightarrow 2[Cr] + Mg(g) + 4CO(g)$$

该反应不仅有利于脱碳，还可增加钢中铬的含量。经过真空脱碳后的钢液，在随后的处理过程中，不应该再采用含碳耐火材料，否则，耐火材料中的碳将重新溶入钢中。所以为了消除镁炭砖对钢水的增碳问题，使用镁铬砖代替镁炭砖取得了较好效果，但是铬含量的增加却是不可避免的。因此，进行耐火材料选择时必须参考钢中规定的铬含量。

对含碳白云石质和氧化铝-石墨质浸入式水口的研究发现，当耐火材料第一次使用时，钢水发生了严重增碳，而同一制品在第二次使用时钢水仅发生轻微的增碳。这说明在初始暴露阶段，钢水和耐火材料由于存在很大的碳浓度差，促进了通过扩散界面的质量传输，使砖表面发生脱碳。随时间推移，脱碳层厚度增加，界面浓度差下降，从耐火材料内部通过脱碳层到接触界面，碳的溶解路径变长，使钢水增碳减少。

5.3.4.6 耐火材料对钢水氮含量的影响

普通钢水中的氮含量通常可以在真空操作条件下达到要求，因此耐火材料对钢水真空条件下脱氮的影响主要体现在生产超低氧钢、低碳钢和低氮钢的生产过程中。例如典型的深冲和超深冲 IF 钢一般要求钢液中的氮含量小于 0.0015%，而在工业生产中，真空脱氮很难达到 0.002% 以下，主要原因是钢液中的氧化量对脱氮的影响很大，因为随着钢液中氧含量的增加，将阻碍钢液中的氮形成氮气分子，阻碍钢液脱氮。当真空条件下钢液中的氧化量很低时，炉衬耐火材料中的氧化物会分解向钢中增加氧。

5.3.4.7 耐火材料在真空下的稳定性

在高温真空下，耐火材料中的大多数氧化物都会发生蒸发而损失。耐火材料的真空挥发速度与耐火材料的蒸气压成正比；耐火材料在高温真空长期作用下发生蒸发损失，会使得耐火材料的性能变差，体积密度降低，气孔率提高和强度下降。在真空炉外精炼处理钢水的情况下，耐火材料的高温蒸发还可造成对钢液成分的污染。

图 5.5 为各种氧化物在不同温度下的蒸气压。

从图 5.5 中可以看出：其中 SiO_2、Fe_2O_3、Cr_2O_3 和 MgO 比较容易蒸发，CaO 和 Al_2O_3 比较难蒸发。同时研究结果表明：MgO-CaO、MgO-Al_2O_3、MgO-ZrO_2 等复合耐火材料比纯 MgO 耐火材料抗真空挥发性好；MgO-Al_2O_3 材料比 MgO-Cr_2O_3、MgO-Fe_2O_3 材质好；真空条件下，酸性氧化物比碱性氧化物更稳定；在高温条件添加比 Cr_2O_3 稳定的 TiO_2、ZrO_2、Al_2O_3 时，可以有效地抑制镁铬砖的挥发，提高材料的抗渣性，在这几种添加物中以添加 Al_2O_3 为最好。

5.3.5 炉外精炼选择耐火材料的依据

5.3.5.1 温度

一般炉外精炼的温度高达 1550 ~ 1700℃，甚至达到 1800℃。对 AOD 炉曾进行测定发现，当精炼的最高温度提

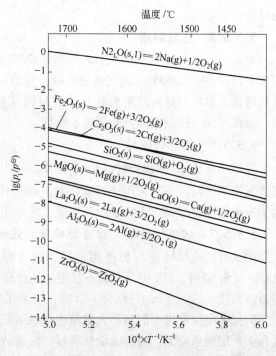

图 5.5 各种氧化物在不同温度下的蒸气压

高10℃时，耐火材料的寿命降低30%。这要求耐火材料具有高的耐火性能，能经受最高精炼温度和局部过热的冲击，且在该温度下出现的液相量较少，能抵抗低黏度炉渣的侵蚀，因此应选择纯度和直接结合率高的碱性砖。间歇操作又会引起温度波动，造成炉衬剥落，在冶炼条件允许的条件下采用抗热震最优的镁炭砖或镁铬砖为好，如果温度激变虽大，但是时间较短，使用镁白云石砖较好。如 LF(V) 钢包渣线部位用 MgO-C 或 MgO-Cr$_2$O$_3$ 砖砌筑，侧壁用 MgO-CaO 系或 MgO-Cr$_2$O$_3$ 砖砌筑，底部采用优质高铝砖。

5.3.5.2　搅拌

所有的炉外精炼法都装有钢水搅拌装置。VOD、VAD、AOD 等是氩气搅拌，一般在炉底吹氩处和距吹氩较近的炉壁损毁严重。电磁感应搅拌（SKF），一般则在搅拌器位置和搅拌器对称位置炉衬损毁严重。由于搅拌作用造成钢水及渣的剧烈沸腾，加速炉衬的损毁。因此受冲刷严重侵蚀区应采用高温强度大的优质耐火材料，如镁铬质、高纯镁质、铬刚玉质等。

5.3.5.3　处理时间

炉外精炼的时间可长达 1~4h，钢水在钢包内处理时间越长，炉衬损毁越严重。因此应采用抗渣性好，高温蠕变小的材料；同时尽可能地缩短精炼的时间。

5.3.5.4　真空性

耐火材料的挥发速度随温度和真空度的提高而加大，炉渣的渗透速度和数量也随之加大。耐火材料在真空中的稳定度与其蒸气压解离能和结合相的活化能有关。在常用耐火材料的几种氧化物中，以氧化铝和氧化钙最为稳定。在镁砖或镁铬砖中加入氧化铝可显著降低砖的挥发速度，在 1700℃、10^{-1}Pa 下，Al$_2$O$_3$ 的挥发速度仅为 MgO 的 1/100，MA 尖晶石为 MK 尖晶石的 1/44。如果仅从真空挥发性考虑，采用高 CaO 的镁白云石砖和含 Al$_2$O$_3$ 的镁铬砖更好。

5.3.5.5　电弧加热

ASE-SKF、VHD（VAD）、LF 等精炼炉都用电弧加热。接近热点的区域，高温直接热源辐射甚至高达 2000℃，加之渣的喷溅，使炉衬损毁速度急剧增大，并且工作电压越大、电弧越长、电极与炉衬的距离越小，炉衬损坏越严重；因此尽量使用较低的电压，大电流、短弧操作，控制电极极心圆越小越好。

5.3.5.6　精炼的钢种

镁铬砖在还原气氛的碱性炉渣下操作，砖中的 Cr$_2$O$_3$ 容易被还原成 Cr。因此在精炼无铬或低铬钢种时，不宜采用镁铬质砖衬，而应使用镁白云石砖或镁砖。精炼超低碳钢时，为了避免可能性增碳，不宜采用镁炭砖，应采用镁铬质或镁白云石砖为好。

5.3.5.7　熔渣的性质（熔渣的碱度和流动性）

耐火材料应尽可能与炉渣相适应，最大限度地降低侵蚀速率，提高炉衬寿命。当 $n(C)/n(S)>2$ 时，MA 尖晶石就不稳定，纯镁砖比镁铬砖抗渣蚀性好，宜选用镁砖、镁白云石砖和镁炭砖；当 $n(C)/n(S)<2$ 时，应采用镁铬砖或镁白云石砖。

炉衬的侵蚀取决于渣和耐火制品的接触面积，接触面积越大，渣蚀越严重。在制品显气孔率一定的条件下，渣的流动性越好，渗透砖中的渣量越大，渣蚀越严重。渣的黏度决定于其组成和温度，一般酸性渣的黏度大于碱性渣。控制熔剂如 CaF$_2$ 的加入量有利于减轻炉衬的侵蚀。但是炉渣的碱度太小不利于脱硫，还须二者兼顾；渣的温度越高，黏度越小，流动性越大，渣蚀越严重。

从各种砖的高温特性和国内外炉外精炼高侵蚀区使用效果看：欧美等以镁铬质砖为主，日本则以镁白云石质最为普遍；结合我国的资源条件，镁钙质及含碳制品和镁炭砖是我国炉外精炼炉高侵蚀区用砖的研究重点。表5.2为目前二次精炼炉用典型耐火材料。

表 5.2 二次精炼炉用典型耐火材料

精炼设备	主 要 材 质	其 他 材 质
RH	直接结合镁铬砖	镁炭砖、高铝砖
DH	高铝浇注料	铝尖晶石浇注料
AOD	镁铬砖（再结合、半再结合及直接结合）	镁钙砖
VOD	镁白云石砖	锆砖
LF	镁炭砖	镁白云石砖、铝镁炭砖、刚玉尖晶石砖、MgO-MA-ZrO$_2$砖
VAD	铝镁炭砖	炭砖
ASEA-SKF	镁炭砖、镁铬砖	高铝砖

5.3.6 炉外精炼用主要耐火材料

5.3.6.1 镁铬砖

镁铬砖是以镁砂和铬矿为主要原料生产的含 MgO 55%~80%，Cr$_2$O$_3$ 8%~20%的碱性耐火材料。镁铬砖具有耐火度高、荷重软化温度高、抗热震性好、抗炉渣侵蚀性强、适应的炉渣碱度范围宽，是炉外精炼最重要的耐火材料。

镁铬砖的主要矿物为方镁石、尖晶石和少量的硅酸盐。尖晶石包括原铬矿中的尖晶石和烧成过程形成的尖晶石。硅酸盐相包括镁橄榄石和钙镁橄榄石。根据制品所用的原料和工艺特点可分为：

（1）硅酸盐结合镁铬砖。以烧结镁砂和一般耐火级铬矿为原料，按适当的比例配合，以亚硫酸纸浆废液为结合剂，混炼成型，在1600℃下烧成制得。在硅酸盐结合镁铬砖中由于 SiO$_2$ 的含量高（3%~4.5%），制品的烧结是在液相参与下完成的，在主晶相之间形成以镁橄榄石为主的硅酸盐液相黏结在一起的结合，又称陶瓷结合。由于 SiO$_2$ 杂质含量高，硅酸盐结合的镁铬砖的高温抗侵蚀性能较差，强度较低，在炉外精炼装置中主要用于非直接接触熔体的内衬部位。其典型理化指标见表5.3。

表 5.3 硅酸盐结合镁铬砖典型理化指标

牌 号	化学成分（质量分数）/%						显气孔率/%	体积密度/g·cm^{-3}	耐压强度/MPa	荷重软化温度/℃
	MgO	Cr$_2$O$_3$	CaO	SiO$_2$	Al$_2$O$_3$	Fe$_2$O$_3$				
QMGe6	80	7	1.2	3.8	4.5	4	17	3.0	55	1600
QMGe8	72	10	1.2	4	6.5	4.8	18	3.0	55	1600
QMGe12	70	13	1.2	4	6	5.5	18	3.02	55	1600
QMGe16	65	17	1.2	4.2	6	6.5	18	3.05	50	1600

续表 5.3

牌　号	化学成分（质量分数）/%						显气孔率	体积密度	耐压强度	荷重软化
	MgO	Cr_2O_3	CaO	SiO_2	Al_2O_3	Fe_2O_3	/%	/g·cm^{-3}	/MPa	温度/℃
QMGe20	56	22	1.2	3	10.5	7.3	19	3.07	50	1620
QMGe22	49	24	1.2	4.5	11	10	20	3.02	55	1620
QMGe26	45	27	1.2	5	12	10	20	3.1	45	1620
QMGeB8	71	9.6	1.5	3.5	6	8.5	12	3.1	80	1570
QMGeB10	67	12	1.5	3.8	6.5	9	12	3.1	80	1570

（2）直接结合镁铬砖。以高纯镁砂和铬矿为原料，高压成型，在 1700~1800℃下烧成制得优质固相结合镁铬砖。在直接结合镁铬砖中由于 SiO_2 杂质的含量低（<2%），在高温下形成的硅酸盐液相孤立分散于主晶相晶粒之间，不能形成连续的基质结构，主晶相方镁石和镁铬尖晶石之间形成方镁石-方镁石、方镁石-镁铬尖晶石直接结合，制品的高温机械强度高，抗渣性好，高温体积稳定性好，主要用于 RH、DH 真空脱气装置，VOD 炉、AOD 炉等炉外精炼装置。其典型理化指标见表 5.4。

表 5.4　几种直接结合镁铬砖的典型理化指标

牌　号	化学成分（质量分数）/%						显气孔率	体积密度	耐压强度	荷重软化	热膨胀率/%	
	MgO	Cr_2O_3	CaO	SiO_2	Al_2O_3	Fe_2O_3	/%	/g·cm^{-3}	/MPa	温度/℃	1000℃	1600℃
QMGe4	85	5.5	1.1	1.3	3	3.5	18	3.02	50	1700	1	1.8
QMGe8	77	9.1	1.4	1.2	6.4	4	18	3.04	50	1700	1	1.8
QMGe10	75.2	11.5	1.2	1.3	4.2	6.4	18	3.05	55	1700	1	1.8
QMGe12	74	14	1.2	1.2	5	3.5	18	3.06	55	1700	1	1.8
QMGe16	69	18	1.2	1.5	5.7	4.5	18	3.08	55	1700	0.9	1.6

（3）再结合镁铬砖（电熔再结合镁铬砖）。以菱镁矿（或轻烧镁粉）和铬矿为原料，按一定比例配比，投入电炉中熔化，合成电熔镁铬熔块，然后破碎、混炼、高压成型，在 1750℃以上烧成制得。在此制品中方镁石为主晶相，硅酸盐相很少，以岛状孤立存在于主晶相之间。该制品具有较高的高温强度和体积稳定性，耐侵蚀，抗冲刷，抗热震性介于直接结合砖和电熔砖之间，适用于 RH、DH 真空脱气室，AOD 风嘴区，VOD 渣线部位。其典型理化指标见表 5.5。

（4）半再结合镁铬砖。以部分电熔合成镁铬砂为原料，加入部分铬矿和镁砂或烧结合成镁铬料作细粉，按常规制砖工艺高温烧成制得。半再结合镁铬砖的主要矿物组成为方镁石、镁铬尖晶石和少量硅酸盐相，方镁石晶间镁铬尖晶石发育完全，方镁石-方镁石和方镁石-镁铬尖晶石间直接结合，硅酸盐相呈孤立状态存在于晶粒之间。该制品组织结构致密，气孔率低，高温强度高，抗侵蚀能力强，抗热震性能优于再结合镁铬砖，用于 RH 和 DH 真空脱气浸渍管、VOD 炉、LF 炉、AOD 炉等炉外精炼设备的渣线部位。其典型理化指标见表 5.5。

（5）预反应镁铬砖。以轻烧镁粉和铬铁矿为原料，经共同细磨成粒度小于 0.088mm 细粉，压成荒坯或球，在 1750~1900℃煅烧成预反应烧结料，再按常规制砖工艺生产，破碎、混炼、高压成型并在 1600~1780℃下烧成制得。预反应镁铬砖的主要矿物组成为方镁石、尖晶石和少量硅酸盐，晶间直接结合程度高。该制品组织结构致密，成分均匀，气孔率低，高温强度大，抗渣性好，抗热震性较好，可用于 VOD 炉、LF 炉等炉外精炼设备的渣线部位。镁铬砖的国家标准见表 5.6。

表 5.5　再结合（半再结合）镁铬砖的典型理化指标

牌　号	化学成分（质量分数）/%						显气孔率 /%	体积密度 /g·cm^{-3}	耐压强度 /MPa	荷重软化温度/℃	热膨胀率/%	
	MgO	Cr$_2$O$_3$	CaO	SiO$_2$	Al$_2$O$_3$	Fe$_2$O$_3$					1000℃	1600℃
QBDMGe15	75	15	1.3	1.5	3	4	16	3.18	50	1700	0.7	1.4
QBDMGe20A	68	19	1.3	1.5	4	5.5	15	3.23	60	1750	0.7	1.4
QBDMGe20B	65	20.5	1.3	1.7	4.2	7	15	3.26	60	1750	0.7	1.4
QBDMGe20C	66	20.5	1.4	1.4	4	6.5	14	3.28	65	1750	0.7	1.4
QBDMGe20D	63	20.5	1.2	1.4	4.5	7.5	14	3.23	65	1750	0.7	1.4
QBDMGe28	53	28	1.2	1.4	4	10	14	3.23	65	1750	0.7	1.4
Radex-DB60	62	21.5	0.5	1	6	9	18	3.2	—	1750	—	—
Radex-BCF-F-11	57	26	0.6	1.2	5.7	9	<16	3.3	—	1750	—	—
ANKROMS52	75.2	11.5	1.2	1.3	6.4	4.2	17	3.38	90	1750	0.95	1.47
ANKROMS56	60	18.5	1.3	0.5	6	13.5	17	3.28	90	1750	0.95	1.47
RS-5	70	20	—	<1	4	4	13.5	3.28		1750	0.95	1

表 5.6　镁铬砖理化指标（YB/T 5011—2005）

项　　目	指　标					
	MGe-20A	MGe-20B	MGe-20C	MGe-16A	MGe-16B	MGe-16C
$w(MgO)$（不小于）/%	50	45	40	55	50	45
$w(Cr_2O_3)$（不小于）/%	20	20	20	16	16	16
显气孔率（不大于）/%	18	19	22	18	19	22
常温耐压强度（不小于）/MPa	35	30	25	35	30	25
0.2MPa 荷重软化开始温度（不低于）/%	1700	1650	1550	1700	1650	1550
抗热震性（950℃空冷）（不小于）/次	提供数据					
项　　目	指　标					
	MGe-12A	MGe-12B	MGe-12C	MGe-8A	MGe-8B	MGe-8C
$w(MgO)$（不小于）/%	65	60	55	70	65	60
$w(Cr_2O_3)$（不小于）/%	12	12	12	8	8	8
显气孔率（不大于）/%	18	19	21	18	19	21
常温耐压强度（不小于）/MPa	40	35	30	40	35	30
0.2MPa 荷重软化开始温度（不低于）/%	1700	1650	1550	1700	1650	1530
抗热震性（950℃空冷）（不小于）/次	提供数据					

5.3.6.2　MgO-CaO 系耐火材料

由于 MgO-CaO 系耐火材料具有原料来源丰富、价格低廉、对高碱度炉外精炼炉渣的抗侵蚀性好、有利于净化钢水、对环境污染小的优点，在 AOD 炉、VOD 炉和精炼钢包渣线等炉外精炼装置中的应用日益增加。MgO-CaO 系耐火材料为含 MgO 40%～80%，CaO 10%～40%的耐火材料，包含白云石砖、镁白云石砖和镁钙炭砖。

A　白云石砖

以经煅烧的白云石砂为主要原料制成的含 $w(CaO)>40\%$，$w(MgO)>30\%$ 的碱性耐火材料。根据生产工艺不同分为焦油结合白云石砖、轻烧油浸白云石砖和烧成油浸白云石砖。生产焦油结合白云石砖时，先将白云石颗粒和粉料烘烤预热，加入脱水的焦油或沥青7%～10%，搅拌混合，机压成型，再经过 250～400℃低温加热处理，或经过 1000～1200℃中温处理，真空-加压油浸，制得轻烧油浸白云石砖。烧成油浸白云石砖的生产工艺与上述工艺的区别在于：临界颗粒减小，一般为 5mm 或 3mm 的颗粒，结合剂为石蜡或无水聚丙烯，砖坯经过 1600℃或更高温度的煅烧，形成陶瓷结合，再经过真空-加压油浸，以提高制品的性能和防止水化。白云石砖抗碱性炉渣的侵蚀性强，但在空气中易水化，不易长期存放，适用于 AOD 和 VOD 炉及钢包内衬等。

B　镁白云石砖

以 MgO 和 CaO 为主要成分的碱性耐火材料，含 MgO 50%～80%，CaO 40%～10%。根据生产工艺不同分为焦油结合镁白云石砖、轻烧油浸镁白云石砖和烧成油浸镁白云石砖。生产工艺与制造白云石砖相似，它们的配料原料可为天然白云石熟料加镁砂或合成白云石熟料加镁砂。与白云石砖相比，镁白云石砖的 MgO 含量高，具有较好的抗炉渣侵蚀性能、抗水化性能和高温强度，适用于 AOD 和 VOD 炉及钢包内衬等。其典型理化性能见表 5.7。

表 5.7　镁白云石砖的典型理化性能

牌　号		QMG15	QMG20	QMG25	QMG30	QMG40	QMG50
化学成分 （质量分数）/%	MgO	80.3	76.3	70.3	66.3	56.3	43.3
	CaO	17	21	27	31	41	54
	Al_2O_3	0.5	0.5	0.5	0.5	0.5	0.5
	Fe_2O_3	0.7	0.7	0.7	0.7	0.7	0.7
	SiO_2	1.3	1.3	1.3	1.3	1.2	1.3
体积密度/g·cm^{-3}		3.03	3.03	3.03	3.03	3.0	2.93
显气孔率/%		13	12	12	13	13	12
耐压强度/MPa		80	90	80	80	80	70
荷重软化温度/℃		1700	1700	1700	1700	1700	1700
高温抗折强度/MPa		2.4～4.5	2.4～4.5	2.4～4.5	2.4～4.5	2.4～4.5	2.4～4.5
重烧线变化/%		—	-0.35	—	-0.61	—	—
热导率（1000℃）/W·(m·K)$^{-1}$		3~4	3~4	3~4	3~4	3~4	3~4
热膨胀率/%	800℃	0.8～1.0	0.8～1.0	0.8～1.0	0.8～1.0	0.8～1.0	0.8～1.0
	1200℃	1.35～1.6	1.35～1.6	1.35～1.6	1.35～1.6	1.35～1.6	1.35～1.6
	1600℃	1.8～2.0	1.8～2.0	1.8～2.0	1.8～2.0	1.8～2.0	1.8～2.0

C 镁钙炭砖

镁钙炭砖是以白云石砂、氧化钙砂、镁砂和鳞片状石墨为主要原料制造的不烧含碳碱性耐火制品。配料中的镁钙质原料可为烧结或电熔白云石砂、烧结或电熔镁白云石砂、烧结或电熔氧化钙砂或镁砂。镁钙炭砖具有镁炭砖和白云石砖的优良性能，具有较好的抗炉渣侵蚀性能和抗渗透性能，适用于 AOD 和 VOD 炉及钢包内衬等。

D MgO-CaO 系耐火材料的组成和性能

MgO-CaO 系耐火材料的主要成分为 MgO 和 CaO，主晶相为方镁石和方钙石，它们在高温下不形成新的化合物，相关系比较简单。但是 $n(MgO)/n(CaO)$ 与耐火材料的性能有密切的关系，需要根据实际的使用条件选用适当的 $n(MgO)/n(CaO)$ 的耐火材料。随着砖中 CaO 含量的提高，耐火材料在真空下的稳定性提高。MgO 含量高于 60% 时，可显著提高白云石质耐火材料的抗侵蚀性。随着 MgO 含量的提高，侵蚀速度变小，但是渗透深度变大。CaO 含量的提高，有利于提高材料的抗渗透效果和提高材料的抗热震性。

镁钙砖的国家标准如表 5.8 所示。

表 5.8 镁钙砖的理化指标（YB/T 4116—2003）

项 目		指 标				
		MG-10	MG-15	MG-20	MG-25	MG-30
$w(MgO)$ /%	≥	80	75	70	65	60
	X_{min}	79	74	69	64	59
$w(CaO)$ /%	≥	10	15	20	25	30
	X_{min}	9	14	19	24	29
$w(\sum SAF^①)$ /%	≤			3.0		
	X_{max}			3.3		
显气孔率/%	≤			8		
	X_{max}			9		
体积密度/g·cm^{-3}	≥		3.00		2.95	
	X_{mix}		2.96		2.91	
常温耐压强度/MPa	≥			50		
	X_{min}			40		
0.2MPa 荷重软化开始温度/℃	≥			1700		
	X_{min}			1680		

注：参数 X_{max}、X_{min} 仅适用于 GB/T 10325—2001 复检结果的判定，$\sum SAF$ 是 SiO_2、Al_2O_3、Fe_2O_3的含量；
①供需双方可协商对该项目指标进行调整。

5.3.6.3 镁炭砖

镁炭砖是以电熔镁砂、高纯镁砂和鳞片状石墨为主要原料，以酚醛树脂为结合剂制造的不烧含碳碱性耐火材料，其生产工艺与一般的耐火砖基本相同，但是不需要烧成，只需经过 200~250℃ 热处理。镁炭砖在高温使用过程中，形成碳结合，耐火材料中的镁砂和炭素材料之间不存在互溶关系，镁砂和石墨各自保持自己的特性，并相互弥补它们的缺点，使镁炭砖具有优良的抗渣侵蚀性能、抗炉渣渗透性能和抗热震性能。

镁炭砖根据含碳多少分为四类：

（1）C　10%，MgO 76%~80%；

（2）C　14%，MgO 74%~76%；

（3）C　18%，MgO 70%~72%；

（4）C　5%，MgO 82%~85%。

用于各种钢包精炼炉内衬的渣线部位。一般使用含碳量较低的镁炭砖（$w(C)$ <14%）。

镁炭砖优良的抗渣性能、耐侵蚀性能及抗热震性能，在很大程度上取决于石墨所起的作用。石墨可以有效地阻止炉渣的渗透，提高砖的导热系数和降低砖的弹性模量。但是石墨含量增加，会使砖的强度下降和抗氧化性能降低。当石墨的加入量为10%~20%时，镁炭砖的耐侵蚀性最好。方镁石的晶粒尺寸对镁炭砖抗侵蚀性能影响很大。由于电熔镁砂的晶粒尺寸比烧结镁砂的晶粒尺寸大，所以目前镁炭砖中常采用电熔镁砂。其理化指标见表5.9。

表5.9　MgO-C 砖理化指标

牌　号	MT5A	MT5B	MT5C	MT10A	MT10B	MT10C	MT14A	MT14B	MT14C	MT18A	MT18B	MT18C
$w(MgO)$（不小于）/%	85	84	82	80	78	76	76	74	74	72	70	70
$w(C)$（不小于）/%	5	5	5	10	10	10	14	14	14	18	18	18
显气孔率（不大于）/%	5	6	7	4	5	6	4	5	6	3	4	5
体积密度（不小于）/g·cm^{-3}	3.15	3.10	3.00	3.10	3.05	3.00	3.03	2.98	2.95	2.97	2.92	2.87
耐压强度（不小于）/MPa	50	50	45	40	40	35	40	35	35	35	30	30
高温抗折强度（不小于）/MPa	—	—	6			10			10			

5.3.6.4　Al$_2$O$_3$-MgO-C 系耐火材料

Al$_2$O$_3$-MgO-C 系耐火材料是为了满足钢包内衬恶劣的使用条件而开发的替代高铝衬砖的钢包内衬专用制品。按制品的主要成分和制砖原料分为铝镁炭砖、铝镁尖晶石炭砖和镁铝炭砖。

（1）铝镁炭砖。以特级矾土熟料为骨料，加入电熔镁砂或烧结镁砂细粉和鳞片状石墨，以酚醛树脂作结合剂，机压成型后，经200~250℃热处理制得。铝镁炭砖具有抗炉渣渗透性好，耐侵蚀性强，抗热震性好，价格低，适用于各种精炼钢包的非渣线部位。

铝镁炭砖的国家标准见表5.10。

（2）铝镁尖晶石炭砖。与铝镁炭砖相同，区别在于采用了预先合成的铝镁尖晶石熟料作原料，取代或替代部分矾土和镁砂。从而可以调整和控制使用过程中尖晶石的生成和由此造成的膨胀效应，有利于改善制品的抗侵蚀性能和高温体积稳定性，用于精炼钢包的非渣线部位。

表 5.10 树脂结合铝镁炭砖的理化指标（YB/T 165—2006）

项 目	指 标		
	LMT-76	LMT-74	LMT-72
显气孔率（不大于）/%	8	9	10
体积密度（不小于）/$g \cdot cm^{-3}$	2.90	2.85	2.80
常温耐压强度（不小于）/MPa	55	45	40
0.2MPa 荷重软化开始温度（不小于）/℃	1670	1630	1600
$w(Al_2O_3+MgO)$（不小于）/%	76	74	72
$w(MgO)$（不小于）/%	14	12	10
$w(C)$（不小于）/%	8	8	7

（3）镁铝炭砖。与铝镁炭砖的差别在于 Al_2O_3 和 MgO 的含量作了相反的变化，制砖工艺相同。镁铝炭砖的抗炉渣渗透性好，耐侵蚀性强，镁铝炭砖的性能介于镁炭砖和铝镁炭砖之间，可用于钢包渣线和包壁之间的过渡区，也可用于钢包包壁部位。

Al_2O_3-MgO-C 砖在使用时，在砖的表面附近砖中的主要成分 Al_2O_3 和 MgO 可发生反应生成镁铝尖晶石，并伴随有一定的体积膨胀。铝镁炭砖的抗渣性和膨胀随着 MgO 含量的增加而提高，但是 MgO 含量过大，砖的膨胀过大，可造成制品的开裂和砖的损毁。尖晶石的加入可提高材料的抗侵蚀性能，但是当尖晶石加入量超过 20% 时，又使基质中 Al_2O_3 的含量增加，制品的耐侵蚀性反而下降。碳含量的增加，材料的弹性模量降低，烧后膨胀减少，有利于提高材料的抗热震性，并且材料的抗炉渣渗透性提高。但是碳易于氧化，会使砖的体积密度和强度降低，适宜的碳含量为 7%~9%。

5.3.6.5 镁砖

镁砖为 MgO 含量高于 80% 的一类碱性制品。根据生产工艺不同可分为烧成镁砖、不烧镁砖和再结合镁砖。

A 烧成镁砖

烧成镁砖是以烧成镁砂为主要原料，经机压成型后在 1500℃ 左右的高温烧成的制品。由于采用的原料档次不高，烧成温度较低，价格便宜；而其高温性能好，抗冶金炉渣能力强，被广泛地应用于钢铁工业炼钢炉衬、铁合金炉、混铁炉、转炉永久衬；有色工业炉炼铜、铅、锡等炉衬。某企业生产的典型镁砖的理化指标见表 5.11。

表 5.11 典型镁砖的理化指标

牌号	化学成分（质量分数）/%					显气孔率/%	体积密度/$g \cdot cm^{-3}$	耐压强度/MPa	荷重软化温度/℃	线膨胀率/%		热导率/$W \cdot (m \cdot K)^{-1}$	
	MgO	CaO	SiO_2	Al_2O_3	Fe_2O_3					1000℃	1400℃	500℃	1000℃
QMZ91	92.5	1.5	3.5	1	1.1	17	2.94	95	1580	1.3	1.8	5.6	4.2
QMZ93	93.4	1.5	2.8	0.8	1	17	2.94	95	1630	1.3	1.8	5.6	4.2
QMZ95	94.7	1.47	2	0.8	0.84	16	2.94	95	1640	1.3	1.8	5.6	4.2
QMZ96	95.7	1.4	1.8	0.6	0.8	16	2.95	95	1700	1.1	1.6	6.7	4
QMZ97	96.7	1	0.8	0.2	0.7	16	2.96	90	1700	1.1	1.6	6.7	4
QMZ98	97.6	0.9	0.7	0.2	0.6	16	2.96	90	1700	1.1	1.6	6.7	4
A-T85	93	2.6	0.5	0.2	0.1	14	3.07	>60	1750	1.34	1.98	6.2	3.3
A-T25	95	2.3	0.5	0.1	1.8	16	3.04	>50	1750	1.34	1.98	5.3	3.3
A-T17	97	2	0.5	0.1	0.2	16	2.98	>30	1750	1.34	1.95	5.1	3

B　再结合镁砖

再结合镁砖是以电熔镁砂为主要原料，经高压成型、1800℃高温烧成的一类制品。为了提高该种制品的抗炉渣侵蚀性能，再结合镁砖烧成后可进行真空沥青浸渍处理。由于该种制品采用电熔镁砂为主要原料，原料的纯度高，制品中方镁石-方镁石直接结合程度高，所以该种制品常用于炉渣侵蚀和磨损严重的炼钢炉出钢口、有色冶金炉渣的渣线部位等位置。某企业生产的典型再结合镁砖的理化指标见表 5.12。

表 5.12　再结合镁砖的理化指标

牌　号	化学成分（质量分数）/%					显气孔率 /%	体积密度 /g·cm^{-3}	耐压强度/MPa	荷重软化温度/℃
	MgO	CaO	SiO$_2$	Al$_2$O$_3$	Fe$_2$O$_3$				
QDMZ96	96.3	1.3	1.2	0.3	0.8	15	3	90	1700
QDMZ97	97.1	0.97	0.97	0.32	0.89	14	3.1	90	1700
QDMZ98	97.7	0.63	0.58	0.22	0.59	14	3.1	90	1700
QDMZ97 油浸灼减＝4.26	93.03	1.05	0.73	0.26	0.68	1	3.23	120	1700
QDMZ97.5 油浸灼减＝4.33	93.11	0.82	0.8	0.34	0.56	1	3.25	120	1700

5.4　RH 炉用耐火材料

5.4.1　RH 炉简介

RH 真空钢液循环脱气法是德国蒂森公司所属鲁尔钢铁（Ruhrstahl）公司和海拉斯（Heraeus）公司于 1956 年共同开发成功的，命名为 RH 真空脱气法（RH Vacuum Degassing），简称 RH 法。

真空循环脱气是利用空气扬水泵的原理。首先在真空室抽真空，将钢水从浸渍管（immersion tube or snorkel or circulation tube）吸入真空室，接着上升管（up-leg）的侧壁向钢水内吹入氩气。这些氩气在钢水的高温和真空室的上部低压的作用下迅速膨胀，导致钢水与气体的混合体的密度沿着浸入管的高度方向不断降低，在密度差产生的压力差的作用下，使钢水进入真空室。进入真空室的钢水与气体的混合体在高真空的作用下释放出气体，与此同时使钢水变成钢水珠。钢水珠内欲脱除的气体在高真空的作用下向真空释放的过程中，又使钢水珠变成更小钢水珠，从而达到十分好的脱气效果。释放了气体的钢水沿着下降管（down-leg）返回到钢包中。钢液经过循环真空脱气，可以脱去钢液中氢等气体，并除去夹杂物。

现在的 RH 真空精炼炉由于增设了吹氧与喷脱硫粉剂等装置，具有吹氧脱碳、提温、脱硫、脱气、排除非金属夹杂物、控制钢液成分、有利于合金均匀化等功能；对钢质量有保证，可精炼出许多洁净钢种；因此，近年来，RH 精炼炉发展与推广极为迅速，已成为许多钢铁公司精炼优质超低碳钢等钢种的一种普遍流行方法。目前全世界大约有 200 多台 RH 精炼炉。

RH 精炼设备主要由以下几部分构成：真空室、浸渍管（上升管、下降管）、真空脱气装置（真空排气管道）、合金加料装置、钢水循环用氩气喷吹装置、钢包及钢包的升降装置、真空室预热装置。操作时将带有两根浸渍管的真空室插到钢包的钢水中，由 1 根管送入氩气，借助于气压使钢水循环，从而达到对钢水脱气、脱碳、脱氧和调整成分的目的。

5.4.2 RH 炉的冶金功能

早期的 RH 精炼法的主要功能是脱氢。在经过 30 多年的发展，RH 的功能和精炼的钢种范围不断扩大，各种 RH 真空精炼方法相继产生，现已发展为多功能真空精炼技术，在炉外精炼中占据主导地位。表 5.13 所示为各类型 RH 装置的发展。

表 5.13 各类型 RH 装置的发展

RH 类型	RH	RHO	RH-OB	RH-Injection	RH-PB	RH-KTB	RH-MFB	RH-WPB
诞生年份	1957	1969	1972	1983	1985	1989	1993	1995
发明企业	德国鲁尔钢厂	德国蒂森钢铁公司	新日铁室兰制铁所	新日铁大分制铁所	新日铁名古屋制铁所	川崎钢铁公司千叶厂	新日铁广畑制铁所	武汉钢铁公司
主要冶金功能	脱氢	真空强制脱碳、升温	真空强制脱碳、升温	脱硫	喷粉脱硫、脱磷	喷粉脱硫、脱磷	吹氧脱碳、升温	喷粉脱硫

RH 精炼法的功能主要有：钢水脱气，可使钢中的氢含量小于 1×10^{-6}，使钢中的氮含量小于 10×10^{-6}，钢水脱氧，经过 LF+RH 双联处理的钢水，可使钢中的总氧含量达到 1×10^{-5}；脱碳，在 RH 炉中进行减压脱碳操作，可使钢中的碳含量小于 10×10^{-6}；脱硫，向 RH 炉中喷吹合成渣，一般可使钢水中的硫含量小于 30×10^{-6}；成分精调，通过 RH 炉处理后的钢水处于良好的还原状态，进行成分微调可获得准确的调整精度；加热：采用化学加热可满足后续的精炼需要，满足连铸对钢水温度的要求。图 5.6 所示为 RH 炉的冶金功能及可以冶炼的主要钢种。

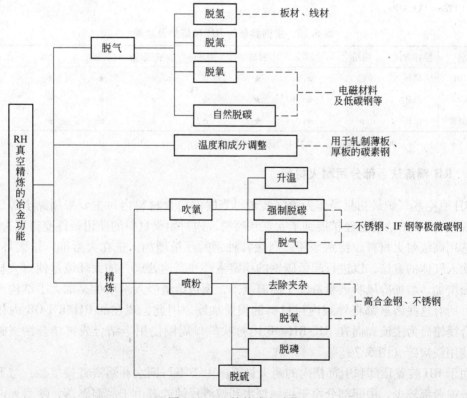

图 5.6 RH 炉的冶金功能

　　RH 炉在 20 世纪 60 年代进入我国，全国的 RH 炉已超过 30 台；我国宝山钢铁公司有 300t 不同类型 RH 精炼炉 5 座，鞍山钢铁公司有 100～260t 不同类型 RH 精炼炉 5 座，武汉钢铁公司有 4 座，攀枝花钢铁公司有 3 座，其他钢铁公司和重型机械厂（如上海重型机械厂）也已有或正在新建不同类型的 RH 精炼炉。其中配备比较全面的 RH 炉厂家应属上海宝钢。有三种喷吹方式：RH-OB：侧吹氧升温，宝钢 1 号 RH 炉；RH-KTB：顶吹氧升温，宝钢 3 号 RH 炉；RH-MFB：吹氧、燃烧及喷粉脱硫的多功能喷枪，宝钢 2 号 RH 炉。上述三种 RH 真空循环脱气设备的工艺参数如表 5.14 所示，宝钢具备的 RH 精炼炉及功能见表 5.15。

表 5.14　宝钢 RH 真空循环脱气设备的工艺参数

设　　备	RH-OB	RH-KTB	RH-MFB
容量/t	300	250	300
浸渍管尺寸/mm	500	750	750
提升气量（标态）/L·min⁻¹	800～1500	2000～3500	2000～3500
循环量/t·min⁻¹	80～120	210～250	210～250
吹氧类型	OB	顶吹	顶吹
吹氧流量（标态）/m³·h⁻¹	1000～1500	2000～2500	2000～2800
极限真空量/Pa	20	<25	<10
0.5Torr 真空泵能力/kg·h⁻¹	950	1000	1000
设计处理能力/万吨·年⁻¹	252	150	200

注：1Torr = 133.32Pa。

表 5.15　宝钢具备的 RH 精炼炉及功能

设　备	搅拌方式	喷粉	喂线	脱碳	脱硫	脱气	脱氧	升温	合金调整
RH-OB	循环	⊙	★	★	☆	★	★	★	★
RH-KTB	循环	⊙	★	★	☆	★	★	★	★
RH-MFB	循环	★	★	★	★	★	★	★	★

注：★、☆、⊙ 分别表示功能很强、功能有限和无此功能。

5.4.3　RH 精炼法各部分用耐火材料

　　RH 真空脱气炉最初只是作为脱气装置，当时的耐火材料内衬主要采用黏土砖、高铝砖。现在，RH 炉功能已经扩展到了吹氧和喷粉，内衬耐火材料的使用条件变得更为苛刻，因此选用高级耐火材料。特别是随着高级特种钢的产量增加，正在大力推广增大环流量、大量吹入气体的方法，以进行超低碳钢的稳定生产和高速处理。加大环流量使耐火材料内衬磨损增加，增加冷风吹入量造成了高温剥落，钢包熔渣吸入量增加又加大了结构剥落和侵蚀，所有这些因素都将导致内衬材料的损毁加剧。因此，现在的 RH/RH-OB 内衬以直接结合镁铬砖为主流，而在 RH/RH-OB 内衬吹氧口周围使用半结合或再结合镁铬砖，一部分使用镁炭砖（图 5.7）。

　　用于 RH 装置顶部和上部槽内的耐火材料，由于不与钢水和熔渣直接接触，与下部相比一般损毁都较少。中间部分由于接触钢水和熔渣侵蚀或者由于高温剥落，使耐火内衬遭

到损毁。下部槽包括浸渍管的耐火内衬是 RH
装置的高侵蚀区，它往往决定着 RH 炉的使用
寿命，因此下部槽的内衬应选用高温烧成直接
结合镁铬砖。炉身下部损伤最严重的部位是环
流管，因为衬里的结构限制了它的厚度，而且
复杂形状的耐火制品还需经两次加热，所以没
有一种耐火材料有足够的使用寿命。此外，在
RH-OB 炉中，OB 对耐火材料的使用也有重要
的影响，在采用上部喷枪法时，耐材受到吹入
的氧气与钢水中铁元素生成的氧化物及高温反
应气体侵蚀，尤其是生成氧化物会迅速地侵蚀
耐火材料工作面，因此需选用 Cr_2O_3 含量高的
$MgO\text{-}Cr_2O_3$ 砖才会有较高的使用寿命，而暴露
在高温气体下部选用 Cr_2O_3 含量低的 $MgO\text{-}Cr_2O_3$
砖会有较好的综合使用性能。

5.4.3.1 RH 炉内衬

RH 炉在真空和高温下工作。这种细长的

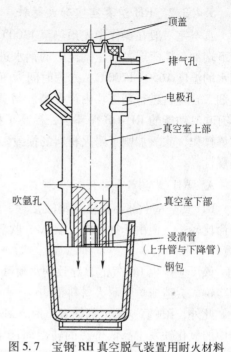

图 5.7　宝钢 RH 真空脱气装置用耐火材料

容器可以分为上、中、下几个可以更换的部分，一部分浸在钢水中，耐火材料的使用寿命
取决于安装的部位，越往下使用寿命越短，升降管的寿命最短。按 RH 炉装置工作衬的蚀
损因素，内衬材料通常采用优质镁铬砖或碱性捣打整体衬或按不同的部位的使用条件采取
分区砌衬的综合内衬（图 5.8、图 5.9）。

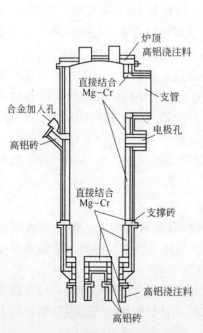

图 5.8　RH 炉各部分的耐火材料

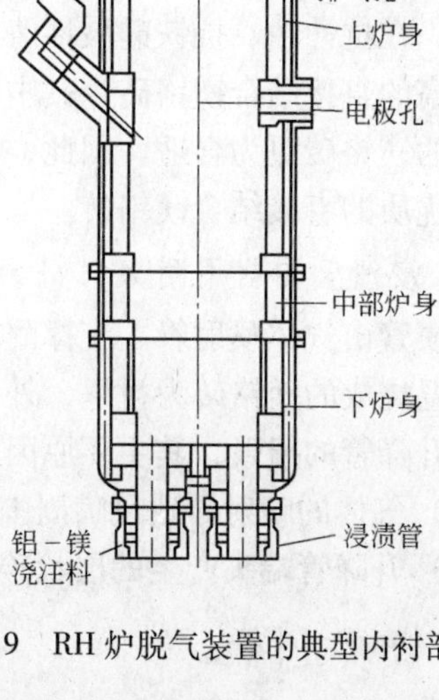

图 5.9　RH 炉脱气装置的典型内衬剖面

5.4.3.2　RH 炉真空室耐火材料

真空室一般在操作中先预热至 1300℃左右，在钢水处理前十分钟停止加热，并在升降管下端加一挡渣罩，防止钢包中的钢水进入真空室。脱气时升降管插入钢水深约 300mm，钢水的温度 1650~1700℃，处理时间为 30~60min，真空度约为 66.66Pa。脱气过程加入造渣剂、合金料进行精炼。内衬受高温与真空的作用，升降管与熔渣接触，使用条件苛刻。具有吹氧功能的 RH-OB 循环法，提高了抽气能力，加剧了真空室内钢水的飞溅，强化了精炼操作，吹氧加剧了耐火材料的损毁。此部分的耐火材料必须具有优异的耐侵蚀性和抗热震性。

A　RH 真空室上部用耐火材料

RH 真空室上部不直接与钢液接触，无钢液冲刷、熔渣侵蚀问题，为自由空间；炉衬寿命比较长。但由于抽真空、吹 Ar、吹氧，钢液的脱碳反应：

$$[C] + [O] \Longrightarrow CO$$

该反应产生 CO 气泡，导致钢水喷溅，黏附于炉壁，甚至结瘤。中修时，为了除去结瘤冷钢，会造成炉壁耐火材料损伤。

此外，RH 真空室上部抽真空时，氧分压低；而停歇期空气进入，氧分压高，使镁铬砖中的氧化铁发生高低价态的转变而产生体积效应。真空室上部通常砌筑的是普通镁铬砖，显然也可采用一般铝镁尖晶石砖。但不宜采用镁炭砖，因为在真空条件下，会促进镁炭砖自耗反应的进行。

$$MgO + C \Longrightarrow Mg(g) + CO(g)$$

所以 RH 真空室上部也可用 Al_2O_3-$MgO \cdot Al_2O_3$ 浇注整体衬或喷补整体衬。

B　RH 真空室下部、底部与喉口用耐火材料

RH 真空室下部、底部与喉口等部位用的耐火材料衬砖主要经受：高速循环流动的钢液冲刷；炼超低碳钢如 IF 钢、硅钢等钢种时要进行较长时间抽真空、吹氧脱碳过程（35min），钢液中 Fe、Si、Mn、Al 元素会氧化，形成氧化铁含量高的酸性渣，以及喷吹脱硫剂粉形成的熔点低、流动性好的 CaO-CaF_2-Al_2O_3 系渣的侵蚀与渗透。如前所述，镁钙砖在抗氧化铁酸性渣以及 CaO-CaF_2-Al_2O_3 渣的熔蚀与渗透上都不佳，抗冲刷能力也不如镁铬材料，因此，在真空室下部、底部与喉口等部位不宜用 MgO-CaO 砖砌筑。已有的研究结果表明：在抗冲蚀、抗铁硅酸性渣与脱硫渣的侵蚀与渗透方面，较好的耐火材质是 Cr_2O_3 含量较高的直接结合镁铬砖，其中以电熔再结合的镁铬砖或基质中 Cr_2O_3 含量较高、气孔微细化的镁铬砖更为合适。因此，在 RH 炉的真空室下部、底部与喉口等部位应砌筑高温烧成的优质的直接结合镁铬砖。

C　浸渍管内衬用耐火材料

浸渍管由气体喷射管、支撑耐火材料的钢结构和耐火材料构成。钢结构被固定在中心，高温烧成的镁铬砖为衬里，外面用浇注料。由于气体喷射引起的钢水冲蚀和温度变化而导致升降管的损毁，其主要原因及处理办法如下：

（1）气体的喷射导致风嘴周围的损伤；最好使用直接结合的镁铬砖或再结合镁铬砖。

（2）升降管端头产生的层状碎片；通过加膨胀缝和补强钢结构或通过热喷补的方法可以解决。

（3）浇注耐火材料出现龟裂；使用具有一定膨胀性的浇注料或加入钢纤维抑制龟裂。

浸渍管内衬用耐火材料除了要求抗高速流动钢液的冲刷外，由于浸渍管在停歇期间不易保温，温度波动的温差要比真空室内大得多，因此浸渍管内衬用耐火材料在抗热剥落与结构剥落方面要非常好。在抗炉渣侵蚀、渗透方面主要是抗 $m(CaO)/m(SiO_2) = 2$ 以上的碱性渣。

浸渍管内衬现在多采用抗热震性好的镁铬砖砌筑。提高镁铬砖抗热震性的有效途径之一是减少氧化铁含量，增加 Al_2O_3 含量。镁铬砖中氧化铁含量高，当气氛发生氧化还原变化时，例如在高温下与钢液接触时，根据 Fe-O 状态图，热面处氧化铁是以镁浮氏体 $(Mg \cdot Fe)O$ 存在的，而在停歇时与空气接触则会转变为高价氧化铁。这种铁酸镁 $MgO \cdot Fe_2O_3$ 与镁浮氏体之间的转变会导致镁铬砖的开裂。而增加镁铬砖的 Al_2O_3 含量还可以提高镁铬砖的直接结合程度，进而提高砖的强度。

D　浸渍管外壁用整体浇注料

RH 炉间歇操作带来的强烈热震破坏和熔渣的侵蚀，导致升降管外衬浇注料因严重龟裂而损毁，同时，浸渍管外壁用耐火材料直接与钢包中的碱性渣接触，要求其能抗碱性渣侵蚀；为了使浇注料的寿命达到与内衬寿命同步的目的，研制了低水泥或无水泥浇注料，材质为高铝、刚玉或铝镁质。板状刚玉颗粒内含有许多圆形封闭微气孔，加热过程中体积稳定，抗热震性好。因此，所用刚玉以板状刚玉最适宜。为了提高刚玉浇注料的抗开裂性，还需加入不锈钢纤维，加入适量的 Al_2O_3 和 MgO 超细粉使材料的耐蚀性得到了提高；利用铝镁浇注料产生的膨胀性或加入 4% 左右的钢纤维增强，材料的抗热震性大大提高。表 5.16 为某企业生产的 RH 炉浸渍管浇注料的理化指标。

表 5.16　某企业生产的 RH 炉浸渍管浇注料的理化指标

项　　目		牌　号	
		TR-1	TR-2
$w(Al_2O_3)$（不小于）/%		80	93
$w(MgO)$（不小于）/%		8	—
体积密度（不小于）/g·cm^{-3}		2.9	2.9
常温耐压强度/MPa	110℃×24h	30	60
	1550℃×3h（不小于）	60	70
常温抗折强度/MPa	110℃×24h	5	6
	1550℃×3h（不小于）	7	10
线变化率/%		0~0.1	±0.5
使用温度/℃		1750	1750

5.4.4　RH 炉用耐火材料的损毁

5.4.4.1　高速循环流动钢液的冲刷侵蚀

RH 精炼过程中，由于真空室抽真空，浸渍管的上升管吹 Ar，使钢液产生速度很大的循环流动。例如 265t 的 RH 炉，其循环流动钢液的速度高达 200t/min。高速流动的钢液会使与其接触的真空室下部、底部、喉口与浸渍管等通道的耐火材料衬受到很大的冲刷，不断地产生新的表面而使侵蚀加剧。

5.4.4.2　温度波动造成的结构剥落

RH 精炼为间歇式生产，炉次之间的间歇时间长，会造成炉内温度有很大的波动。熔渣与耐火材料都是氧化物体系，它们之间的润湿性较好；熔渣易渗入耐火材料气孔中，并与耐火材料相互作用，形成一层很厚的与原砖（即未变层）化学、物理性质不同的致密变质层。变质层与未变层之间热膨胀性不同，当温度发生大的波动时，变质层与未变层的边界处会产生很大的应力，这些应力就导致一些平行于热面（工作面）的裂纹产生，从而使材料开裂、剥落。这种剥落称为结构剥落。结构剥落对耐火材料衬造成的危害要比高温下熔体的熔蚀大得多。根据对各钢厂 RH 精炼炉用后镁铬砖的观察、测量，发现皆在距热面 $10 \sim 30mm$ 处有平行于热面的裂纹，证明确实存在结构剥落。

5.4.4.3　真空、吹氧对镁铬砖的损害

在 RH 精炼过程中，既有吹氧，又有抽真空。在抽真空时，氧压很低，镁铬砖中的 MgO、$MgO \cdot Cr_2O_3$ 会按上述高温、低氧压下的反应以气体形式从砖中逸出。吹氧时，氧压较高，镁铬砖中的 MgO、$MgO \cdot Cr_2O_3$ 会按上述高温、高氧压条件下的反应以气体形式逸出。在真空与吹氧条件下，镁铬砖中的一些成分的气化逸出，会导致镁铬砖中晶粒或颗粒之间的结合减弱、松弛，导致结构恶化，在高速钢流的冲击下，很容易被冲蚀掉。

5.4.4.4　铁硅酸性渣对真空室下部炉衬的侵蚀

RH-OB 是在真空室下部炉壁吹氧孔进行吹氧，RH-KTB 是从炉顶插入的氧枪吹氧。吹氧会使钢液中的脱碳反应 $[C]+[O] = CO(g)$ 加速；同时，由于 CO 二次燃烧，以及钢液中 Fe、Si、Mn 等元素氧化，使钢液升温，并形成氧化铁含量高的酸性渣 $FeO\text{-}SiO_2\text{-}MnO\text{-}Al_2O_3$。这种氧化铁含量高的酸性渣流动性很好，易渗入耐火材料内。

5.4.4.5　脱硫粉剂的侵蚀

钢的精炼过程中都要脱硫。脱硫粉剂主要由萤石与石灰构成，属 $CaF_2\text{-}CaO\text{-}Al_2O_3$ 渣系。脱硫粉剂无论从钢包向上升管喷入，还是从顶部插入的氧枪喷入，一般都会在循环流动的钢液中保留一定时间，以达到好的脱硫效果。这种保留在循环钢流中的 $CaF_2\text{-}CaO\text{-}Al_2O_3$ 渣，熔点较低，黏度低，流动性好，对耐火材料的侵蚀与渗透严重。渗入耐火材料内的熔渣会溶解耐火材料颗粒之间的一些结合物或基质，减弱结合，降低高温强度，从而更易被高速流动的钢液冲刷带走。

5.4.4.6　浸渍管耐火材料衬易蚀损的其他原因

浸渍管耐火材料衬是 RH 炉精炼过程中蚀损最快的部位。造成浸渍管耐火材料易蚀损的原因除高速流动钢液的冲刷侵蚀、温度波动造成的热剥落与结构剥落、真空吹氧对镁铬砖的损害、铁硅酸性渣与含 CaF_2 脱硫粉剂的侵蚀等因素外，还有以下一些特殊因素：

（1）由于抽真空与从浸渍管吹 Ar 产生的抽力，会使钢包中的碱性渣（从转炉带来的）卷入，进入浸渍管内，而在抗碱性渣的侵蚀方面，镁铬砖并不是很好的。

（2）浸渍管浸入钢包钢液中，浸渍管内外的耐火材料都同时处于高温状态下，加剧了其侵蚀与损害。浸渍管外壁一般用的是 Al_2O_3 含量较高的刚玉-尖晶石质整体浇注料，它直接与钢包中的碱性渣接触，如果抗碱性渣的侵蚀性不好，渣线部位的耐火材料衬厚度会变薄，就起不到保护浸渍管钢壳的作用，钢壳的温度就会升高，导致钢壳的过度膨胀与变

形。钢壳的膨胀会引起浇注的整体衬出现裂纹，当温度波动时，这些裂纹就会扩展，钢液就会渗入钢壳，从而会导致浇注料衬脱落的事故发生。而浸渍管钢壳支撑着浸渍管内砌的镁铬砖。钢壳的膨胀与变形，又会使浸渍管内砌的镁铬砖衬受力松动，使砖缝侵蚀加速。

RH 炉用镁铬质耐火材料损毁机理如图 5.10 所示。

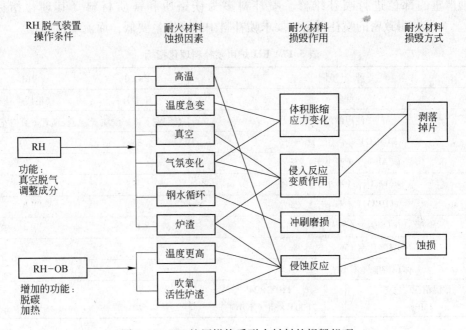

图 5.10　RH 炉用镁铬质耐火材料的损毁机理

5.4.5　提高 RH 炉衬寿命的途径

提高 RH 炉衬寿命的途径可归纳为：

（1）不同钢种如超低碳钢与低碳钢，其精炼过程与条件不同，对炉衬耐火材质的要求也不一样。建议钢厂将不同钢种分别集中在不同炉役，以便根据精炼钢种选择相应的合适耐火材质。

（2）RH 炉不同部位的蚀损机理不同，因此，应根据不同部位在精炼时的具体条件来选择合适的耐火材质，进行综合砌炉。

（3）控制精炼温度，不要超过 1650℃。

（4）提高 RH 精炼炉的使用效率，增加每天的精炼炉次，缩短间歇时间，并在间歇期间采取保温措施，以减少炉内温度波动。

（5）监控浸渍管的侵蚀情况，在两炉次之间的停歇期间进行喷补维修。提高浸渍管寿命，减少浸渍管更换次数，可减轻真空室下部炉衬由于温度波动较大而造成的结构剥落。

（6）更换浸渍管时，可对真空室下部、炉底、喉口等部位即时进行喷补维修，也可在喉口采用套砖填入捣打料进行维修。

（7）根据 RH 炉精炼装置不断改进的新工艺、精炼的新钢种，开发符合环保要求的耐火材料新材质。

5.4.6　RH 炉维修用喷补料

为了降低生产成本和达到炉衬材料的综合使用寿命，常常在 RH 炉精炼的两炉次之间可对 RH 炉浸渍管内外耐火材料进行修补；或在更换浸渍管时对真空室下部、底部与喉部等侵蚀严重的部位进行喷补维修。喷补料多为镁铬质和镁质材料（其理化指标见表5.17）。为了获得致密的喷补料层，要求喷补料中的含水量要低，而流动性要好。

表 5.17　RH 炉用喷补料理化指标

牌　　号		PBL-1	PBL-2
材质		镁质喷补料	镁铬质喷补料
使用部位		真空室下部，浸渍管	浸渍管，真空室上部
$w(MgO)$（不小于）/%		85	70
$w(Al_2O_3)$（不小于）/%			4
$w(Fe_2O_3)$（不小于）/%			5
$w(Cr_2O_3)$（不小于）/%			5
$w(SiO_2)$（不大于）/%		6	4
显气孔率（不大于）/%		24	24
体积密度（不小于）/g·cm^{-3}		2.2	2.3
常温耐压强度 /MPa	110℃×24h	25	20
	1600℃×3h（不小于）	20	15

5.4.7　RH 炉用耐火材料的发展方向

含 Cr_2O_3 耐火材料在氧化气氛与强碱性氧化物如 Na_2O、K_2O 或 CaO 存在下，三价铬 Cr^{3+} 能转变为六价铬 Cr^{6+}。六价铬化合物易溶于水，而 CrO_3 可以以气相存在，对人体有害，污染环境。因此，近年来，不少研究者从事了无铬耐火材料的研究，希望取代含 Cr_2O_3 耐火材料。K. Shimizu 等开发了一种 $MgO-Y_2O_3$ 砖并将其用于 RH 真空室下部，使用寿命与镁铬砖相当。认为 $MgO-Y_2O_3$ 砖完全可以取代镁铬砖。$MgO-Y_2O_3$ 砖用后的炉渣渗透层很薄，是由于 Y_2O_3 与渣中 CaO、SiO_2 反应生成高熔点化合物 $Ca_4Y_6O(SiO_4)_6$，从而抑制了炉渣的渗透。但是 Y_2O_3 价格昂贵，资源有限，难以大量推广使用。研究发现：以镁锆砂为主要原料制成的镁锆砖应用于 RH 浸渍管的下部时，效果良好；主要原因是：ZrO_2 孤立存在于 MgO 颗粒间，可以堵塞炉渣向砖内扩散的通道，同时 ZrO_2 与渣中的 CaO 反应生成高熔点的 $CaZrO_3$，可以减少炉渣的侵蚀。

5.5　LF 炉用耐火材料

LF 钢包炉（Ladle arc refining furnace）是利用电弧加热技术的精炼设备，它是将在一般炼钢炉中初炼的钢水置于专门钢包进行精炼的设备。LF 炉的特点是由 3 个电极进行埋弧加热；一方面通过电极加热造高碱度还原渣；另一方面进行脱氧、脱硫、钢水成分调整等。为使钢水与炉渣充分接触，促进精炼反应使钢水温度均匀，在钢包的底部吹入惰性气体（氩气）进行钢水搅拌，从而使加入钢包的合金在钢水内达到均匀化。

5.5.1 LF 精炼炉的特点

LF 炉具有投资少、设备简单、精炼技术组合合理、冶炼工艺灵活、精炼后的钢水中气体含量低、有害杂质少、夹杂物大幅度下降、成分稳定、温度均匀等一系列优点，它与高功率电炉、连铸相配合是一种最优化的冶金流程。因为 LF 炉冶炼时具有如下优点：冶炼的钢水温度可以满足连铸工艺要求；处理时间可以满足多炉连浇的要求；成分微调能保证产品有合格的成分及实现最低成本控制；钢水纯净度能满足产品质量要求。

5.5.2 LF 精炼炉的结构

LF 精炼炉由电极加热系统、合金与渣料加料系统、底透气砖吹氩搅拌系统、测温取样系统、喂丝系统、炉盖冷却系统、除尘系统和控制系统组成。在这些结构中用到耐火材料的部位有：LF 精炼炉炉顶（炉盖）、精炼钢包、底吹气透气砖以及中间包滑板等。图 5.11 为 LF 炉设备示意图。

5.5.3 LF 炉的工作条件

LF 在工作时由于精炼时间长、温度高（1700℃），在热点地方温度高达 2000℃以上；由于冶炼时间长，熔渣的侵蚀严重，而且熔渣以碱性渣为主，碱度的波动范围大（2~3.5），有时高达 5；LF 工作时由于底部透气砖的吹氩搅拌，钢水的流动剧烈，钢水对炉衬的冲刷侵蚀严重；在精炼的时候，由于还原剂的加入，炉内的气氛

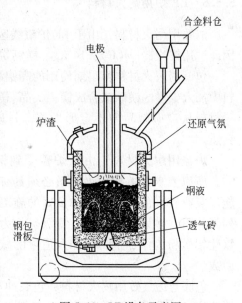

图 5.11 LF 设备示意图

处在还原气氛条件下，这可能造成还原剂对炉衬材料的还原反应而侵蚀炉衬；LF 在真空下冶炼时间长，平均每炉达到 30min 以上；在极限真空度下（66.67~200Pa）还需保持 15min。LF 炉间歇操作，热震频繁。

5.5.4 LF 炉衬的损毁原因

（1）化学反应和熔蚀。高温下，钢水与熔渣向耐火材料中扩散，同时发生熔蚀作用。熔渣与砖表面接触有时长达 90min。渣中的 CaO、SiO_2 以及 CaF_2 与砖的化学反应，使砖表面形成溶渣渗透层，而基质为硅酸盐所填充，颗粒边缘形成的低熔点硅酸盐有 C_2S（熔点 2130℃）以及 C_3MS_2（1540℃分解）、CMS（熔点 1450℃）和黄长石固溶体（$2CaO \cdot MgO \cdot 2SiO_2$-$2CaO \cdot Al_2O_3 \cdot 2SiO_2$）等，造成内衬不连续的损毁。

（2）高温真空下耐火材料的挥发作用。实验表明，镁钙质的白云石在真空条件下的挥发速度最小。

（3）熔渣和钢水的侵蚀。由于精炼中含有渗透能力强的 CaO 和 CaF_2，在高温下渣中

的 CaO 与 SiO$_2$ 沿着砖基质部分的气孔、裂隙及杂质形成的液相通道迁移至凝固点，形成以硅酸盐为主的低熔点矿相，改变了砖的组织结构，产生变质层，当温度激变时会形成结构剥落。对于 CaO 含量高的精炼渣，炉渣的材质可选用与炉渣组分相适应的镁钙质耐火材料，以增强抗渣蚀性和耐用性。

（4）热冲击和机械冲刷。LF（V）炉底部吹氩进行强搅拌，平均每炉的吹氩时间长达 1h 以上，氩气的流量 $Q = 50L/min$，单位搅拌能力强，三相电弧加热时电极至包壁的距离近，所以耐火材料在高温下受到强烈的冲刷和热冲击。

（5）间歇操作带来的热震冲击，将使得砖坯表面的渣侵蚀发生结构剥落，而使得材料的损毁加剧。

5.5.5　LF 炉用耐火材料

渣线用耐火材料：由于 LF 炉渣线区处于高碱度炉渣、高应力条件下，损毁十分严重，因此选用镁炭砖（$w(C) \geqslant 14\%$）、镁钙炭砖、电熔再结合镁铬砖。

包壁用耐火材料：早期使用的高铝制品，由于蚀损严重和使用条件的恶化，往往向材料中加入少量的镁砂或合成镁铝尖晶石等材料以改善材料的抗侵蚀性和高温收缩。目前包衬材料从定形制品向不定形发展，材质上有高铝质砖、镁铝炭质、铝镁炭质、不烧镁钙质。

炉盖用耐火材料：由于炉盖受到钢水和飞溅的炉渣的侵蚀、操作过程中的热震影响，所以要求炉盖用耐火材料必须具有良好的高温性能、优良的抗热震性能和耐剥落性能以及有较高的初期强度和良好的施工性能。目前使用的材料主要是高铝质或刚玉质系列浇注料，多以电熔刚玉、特级矾土为主要原料，纯铝酸钙水泥为结合剂，硅灰、活性氧化铝微粉为添加剂，另加入适量的减水剂，加水量 5%~7%，经振动成型，低温烘烤而成。

包底与透气砖用耐火材料：包底冲击区多选用高铝-尖晶石质浇注料浇注成大砖；其他部位可以采用高钙镁质干式捣打料（含 CaO 16%）；包底座砖多采用含 Cr$_2$O$_3$、钢纤维的超低水泥高铝浇注料。透气砖采用直通狭缝型刚玉质或铬刚玉质透气砖。

LF 炉修补料为延长炉衬使用寿命而采用的一种耐火修补料。根据采用的修补方法不同可以分为：火焰喷补料，材质多为铝铬质、氧化铝-尖晶石质、铝锆质；半干法喷补料，材质多为氧化镁质、铝硅质；浇注修补料，材质多为 MgO-C 质浇注料。

5.6　CAS/CAS-OB 精炼装置用耐火材料

5.6.1　CAS/CAS-OB 法精炼简介

CAS（Composition Adjustment by Sealed Argon Bubbling）是进行高温密封吹氩、成分微调的一种钢包精炼方法。图 5.12 为 CAS-OB 精炼装置示意图。在 1975 年首先由日本新日铁八番厂推出；1976 年取得美国专利；相继发展了 CAS-OB 法以及 IR-UT 法。CAS 法进行钢水处理时，首先利用钢包底部的透气砖向钢包内喷吹氩气，在钢水液面形成一无渣的区域，然后将隔离罩插入钢水中并罩住该无渣区，使得加入的合金和炉渣与大气隔离，从而减少合金的损失，提高和稳定合金的收得率。CAS 精炼方法具有的基本功能是可以均匀钢水温度和成分，可进行钢水成分微调；能提高合金的收得率；可以有效净化钢水和去除钢水中的夹杂物。

CAS-OB 为在隔离罩内增设的氧枪吹氧的精炼装置，可以利用加入的金属铝或硅铁与氧反应所放出的热量直接对钢水加热，并可补偿 CAS 法工序的温降，具有一定的温度补偿功能。该设备投资少，处理钢水灵活，能很好地使转炉和连铸间协调配合，在我国宝钢、武钢均有引进。鞍钢第三炼钢厂与东北大学联合开发了与 CAS-OB 类似的 ANS-OB，可以满足大板坯连铸机对钢水质量的要求。

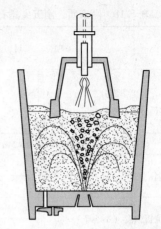

图 5.12 CAS-OB 精炼装置示意图

CAS/CAS-OB 装置由合金料仓、电磁震动给料器、电子秤、皮带输送机、中间料斗、溜槽、测温取样系统、隔离罩及升降装置、氧枪、底吹氩砖组成。需用耐火材料的部位有隔离罩、氧枪、底吹氩透气砖以及钢包等。

5.6.2 CAS/CAS-OB 精炼法对耐火材料的作用

CAS/CAS-OB 精炼法处理钢水时，特别是带吹氧升温功能的 CAS-OB 法，由于升温幅度大，钢水热循环量大，将使得隔离罩和钢包受到钢液和合成渣的强烈冲刷与化学侵蚀作用以及高温作用；隔离罩一部分浸入钢水和熔渣中，上部裸露在大气中，材料内部受到热应力的影响；上部氧枪在使用过程中要经受高温钢水的作用；停炉间歇期间，钢包和隔离罩以及氧枪均会遭受强烈的热震冲击作用。因此要求所用的耐火材料具有高温强度高、抗热震性好，能抵抗高温钢水和熔渣的侵蚀。

5.6.3 CAS 精炼装置用耐火材料

CAS-OB 精炼装置隔离罩分为上、下两个部分，使用的耐火材料都是浇注料；上部浇注料在欧洲国家多采用添加 Cr_2O_3 高铝低水泥浇注料，而我国多采用低膨胀的 Al_2O_3-SiO_2 系浇注料；使用寿命均可以达到 100 炉次以上。下部浇注料在欧洲多采用添加 SiC 和 C 的电熔刚玉低水泥浇注料；在我国多采用电熔刚玉添加 MgO 超细粉提高抗渣渗透性和耐蚀性；使用寿命均亦可以达到 100 炉次以上。

由于 CAS-OB 精炼装置的下部在精炼时，一般要插入钢水 300mm 左右，同时底部透气砖不断地吹入氩气，带动钢包内的钢水和熔渣不断流动，并侵蚀包衬和浸入的 CAS 装置隔离罩下部，所以此部分耐火材料损毁严重。为了延长装置的使用寿命，节约生产成本，企业多采用喷补的形式进行维护；所采用的喷补料多为镁铝质喷补料。以宝钢为例，宝钢的保护罩最初使用含 Al_2O_3 90% 以上的刚玉质耐火浇注料，后改为细粉凝聚结合的刚玉-尖晶石耐火浇注料，平均寿命 104 次。表 5.18 为 CAS-OB 精炼装置常用的刚玉质浇注料理化指标。

表 5.18　刚玉质、刚玉尖晶石质、铬刚玉自流耐火浇注料理化指标（YB/T 4197—2009）

项　　目		指　　标			
		SF90	SF92	SF90M	SF90C
化学成分*（质量分数）（不小于）/%	Al_2O_3	90	92	—	—
	Al_2O_3+MgO	—	—	90	—
	$Al_2O_3+Cr_2O_3$/%	—	—	—	90
体积密度（不小于）（110℃×24h 烘后）/g·cm⁻³		2.85	3.05	2.85	2.90
常温耐压强度*（不小于）/MPa	110℃×24h 烘后	30	35	30	30
	1350℃×3h 烧后	90	90	70	80
常温抗折强度（不小于）/MPa	110℃×24h 烘后	4	6	5	5
	1350℃×3h 烧后	12	12	12	12
自流值*/mm		170~210（自流法）；200~220（跳桌法）			

注：带"＊"的项目为验收检验项目。

5.7　VOD 炉用耐火材料

5.7.1　VOD 炉简介

　　VOD（Vacuum Oxygen Decarburization）炉为炉外精炼真空条件下吹氧脱碳的装置，主要用于冶炼超纯、超低碳不锈钢和合金的二次精炼。图 5.13 为 VOD 法装置示意图。

　　该设备于 1965 年由德国维腾（Witten）特殊钢厂首先制造，目前全世界约有 80 台，我国有十多台。该设备具有以下特点：冶炼出的钢纯净度高，碳、氮含量低；适合生产 C、N、O 含量极低的超纯不锈钢和合金；但是设备复杂，冶炼费用高，脱碳速度慢，生产效率低。VOD 设备主要由钢包、真空罐、抽真空系统、吹氧

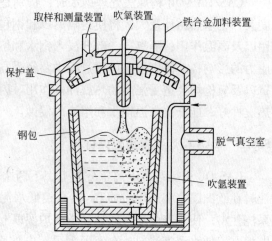

图 5.13　VOD 法装置示意图

系统、吹氩系统、自动加料系统、测温取样系统和过程检测仪表等部分组成。其中使用耐火材料部分有钢包。钢包由熔池、渣线和自由空间组成。其中渣线的耐火材料最容易损毁。另外使用的耐火材料还有透气砖和钢包盖。

5.7.2　VOD 的基本功能

　　VOD 法为真空条件下进行冶炼不锈钢的一种方法，具有如下典型冶金功能：

　　（1）吹氧脱碳。高碳区脱碳速度与钢中的碳含量无关，由供氧量决定，低碳区脱碳速度随钢中碳含量减少而降低。

（2）去碳保铬。铬的收得率可维持在 98.5%～99.5%。

（3）吹氧升温。依靠金属（硅、锰、铬、铁、铝等）氧化反应的放热来提高冶炼钢水的温度。

（4）真空脱气。吹氩和维持一定的真空度可以加速气体在钢液中的扩散，有利于脱气。

（5）造渣、脱氧、脱硫、去除夹杂。造还原性的高碱度渣有利于脱氧和脱硫。

（6）合金化。真空条件下加入合金可以提高合金的收得率并能准确地控制钢水的成分。

5.7.3 VOD炉对耐火材料的作用和要求

5.7.3.1 VOD炉精炼过程对耐火材料的作用

VOD为真空条件下吹氧脱碳的冶炼不锈钢、超低碳钢和合金的精炼装置。在精炼过程中对炉衬耐火材料的作用主要有：

（1）真空高温。VOD炉在真空下冶炼时，炉内真空度 66.66～133.32Pa，同时炉内的温度可达到 1700℃ 以上。

（2）碱度变化。碱度为 0.5～4，炉渣的碱度变化大，对炉衬材料侵蚀强。冶炼初期为低碱度炉渣，后期为了保铬去硫，要求造还原性高碱度炉渣，碱度可达 4 以上。

（3）钢液流动和循环快。由于同时喷吹氩气和氧气，气体搅拌作用强，钢液和炉渣对炉衬材料的冲刷和磨损大。

（4）热震作用剧烈。VOD炉为间歇操作设备，每天使用 2～3 次，所以温度变化大，耐火材料的温度变化剧烈，受热震影响大。

（5）高温作用时间长。由于冶炼时间长，一般为 1h 左右，炉衬材料要受长时间的真空高温作用。

5.7.3.2 VOD炉对耐火材料的要求

根据 VOD 炉的冶炼工艺条件，耐火材料应具有如下特点：

（1）在高温真空条件下稳定性好。

（2）在高温操作条件下，耐火材料应具有抗渣渗透能力和侵蚀能力。

（3）应具有良好的抗热震性。

5.7.4 VOD炉采用的耐火材料

VOD炉渣线部位用镁铬质砖或镁钙质砖，侧壁一般用镁铬质或镁钙质砖等，底部也使用镁铬质、高铝质砖（表 5.19），近年来包底也有用锆质砖的。

表 5.19 VOD炉不同部位使用的耐火材料

使用部位	包 底	渣 线		其余部位
		下渣线	上渣线	
抚钢	高铝砖	直接镁铬砖和再结合镁铬砖		高铝砖
上钢三厂	烧成油浸白云石砖	树脂结合白云石砖	烧成油浸直接结合白云石砖	高铝砖
日本	铝镁浇注料	半再结合镁铬砖		直接结合镁铬砖
		高温烧成镁白云石砖		普通烧成白云石砖
欧洲	镁铬砖和白云石砖	普通白云石砖		普通白云石砖

5.7.4.1　VOD 炉用镁铬质砖

底部和钢水部位多采用直接结合镁铬砖；渣线部位采用半再结合镁铬砖，电熔再结合铝镁铬砖；炉衬修补料采用 $MgO\text{-}MgO \cdot Al_2O_3$ 质浇注料。

VOD 炉用镁铬砖的损毁原因主要是由于熔渣的渗入使得镁砂变得松散，化学侵蚀，结构剥落，粉化；同时因熔渣渗透造成高温剥落，钢水被强烈搅拌或熔渣磨损等。镁铬砖一经加热冷却后，材料的强度及韧性降低，组织裂化，促进了熔渣向砖内渗入，使得颗粒易于流失，并加快了砖的蚀损。为了提高镁铬砖在大于 1700℃ 的高温下抗 VOD 炉渣的侵蚀，提高其使用性能，应从镁铬砖的制作工艺方面加以改善。

（1）严格控制砖中的化学成分。

Cr_2O_3 的含量。对 VOD 炉渣线部位用镁铬砖，一般其蚀损速率都随砖中 Cr_2O_3 含量的增加而降低，所以增加 Cr_2O_3 的含量，可以增加镁铬砖的抗侵蚀效果。

$w(Cr_2O_3)/w(MgO)$ 比值。$w(Cr_2O_3)/w(MgO) = 2/3$ 为最佳，当 Cr_2O_3 的含量超过 25% 时，材料中次生镁铬尖晶石达到饱和，能阻止低碱度熔渣的渗透，可提高砖的抗侵蚀能力。

SiO_2 含量。SiO_2 是降低高温烧成镁铬砖耐侵蚀性的主要因素，其含量应尽可能低，所以在制砖时应严格控制其含量，以小于 1% 为宜。

Fe_2O_3 和 Al_2O_3 含量。镁铬砖中的尖晶石随 Fe_2O_3 含量的减少和 Al_2O_3 含量的增加而增加，所以调整砖中 Fe_2O_3 和 Al_2O_3 含量，可以促进尖晶石的含量，提高砖的抗侵蚀能力。

严格控制杂质 CaO 的含量。CaO 可与熔渣中的 SiO_2 以及砖中的 MgO 生成低熔点的硅酸盐相，降低材料的抗侵蚀效果，所以其含量应严格控制。

（2）制砖工艺。

颗粒尺寸及其分布。采用粗、中、细间断颗粒的多级配料，将粗颗粒的间隙填满，以获得低气孔率的制品。

高压成型。半成品的坯体密度是获得低气孔率制品的关键，所以高压成型也有利于提高材料坯体密度，降低材料的气孔率，减少熔渣的侵蚀通道，提高材料的抗侵蚀效果。

超高温烧成。控制冷却速度，提高烧成气氛中的氧分压等工艺条件是改善镁铬砖各项性能的重要方面。

5.7.4.2　VOD 炉用镁钙砖

VOD 炉渣线部位采用沥青或焦油结合致密白云石制品或镁炭砖（$w(C) = 10\%$）；底部和钢水部位采用沥青或焦油结合白云石制品。

VOD 炉用镁钙砖的损毁机理与镁铬砖有相似之处，仍是化学侵蚀、结构剥落、高温剥落、磨损等。不同点是使用镁白云砖或白云石砖时，低碱度熔渣中的 SiO_2 与砖中的 CaO 生成 $2CaO \cdot SiO_2$ 或 $3CaO \cdot SiO_2$，能使熔渣变成高熔点和高黏度渣。但是当渣中的 FeO 或 Al_2O_3 的溶解度较高时，将与砖中的 CaO 生成低熔点的物质，加剧其损毁。

改进方法主要从原料和制砖工艺上着手：

（1）提高耐熔蚀性，抑制龟裂。主要方法是在白云石中增加 MgO 的含量或在镁白云石中增加 CaO 的含量；为了改善镁白云石砖的耐热冲击性，可在材料中添加氧化锆。

（2）增强原料的抗水化性能。

1）添加物。在原料中加入各类添加物（Fe_2O_3、CuO、$CaCl_2$、$2CaO \cdot Fe_2O_3$ 或 $CaO \cdot TiO_2$），促进 CaO 颗粒结晶增大，且 CaO 又完全被包覆，改善镁钙砂的显微组织结构。

2）原料特殊处理。在原料的生产过程中，在原料中添加稀土（La_2O_3、CeO_2、Y_2O_3）等特殊加入物，可以提高镁钙砂的抗水化效果；将镁钙砂或钙砂进行碳酸化钝化处理；浸泡处理（采用磷酸或硼酸等的水溶液浸泡原料，在颗粒表面生成一层无机钙盐，包覆材料的表面）；喷涂处理（喷涂有机溶剂如苯乙烯、丁二烯、2%硼砂溶液涂抹表面，隔绝空气）。

（3）制品防水化措施：

1）改善制砖工艺。采用油浸或石蜡浸渍，可以堵塞砖中的气孔，防止空气进入而使得制品中的游离 CaO 水化；包装时采用抽真空、铝箔包装，可以隔绝空气，防止制品的水化。

2）采用无水树脂。使用无水树脂做镁钙炭的结合剂，可以减少混碾过程中的水化。

5.8 AOD 炉用耐火材料

5.8.1 AOD 氩氧脱碳炉简介

AOD（Argon Oxygen Decarburization）炉是一种利用喷吹氩气和氧气混合气体精炼不锈钢的炉外精炼技术。该设备于 1968 年由美国的联合碳化物公司和 Josly 公司合作首先研制成功。图 5.14 为 AOD 炉设备示意图。该工艺是把电炉粗炼好的钢水倒入 AOD 中，用一定比例的氩氧混合气体从炉体下部侧壁吹入炉内，在 O_2-Ar 气泡表面进行脱碳。由于氩气对生成的 CO 的稀释作用，降低了 O_2-Ar 气泡内的 CO 分压，因此可以促进脱碳和防止铬的氧化，同时随着炉底吹入的氩氧混合气体的比例不断升高，从而实现了在假真空条件下精炼不锈钢。

AOD 法冶炼不锈钢时具有如下优点：相比 VOD 法冶炼不锈钢，AOD 法设备投资少，维护容

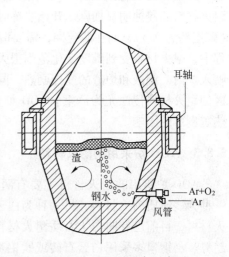

图 5.14 AOD 炉设备示意图

易，操作简单；工艺容易掌握，可以利用废钢、高碳铬铁等廉价原料顺利冶炼超低碳不锈钢。可冶炼超低硫不锈钢，钢的质量可与经真空处理的钢水相媲美。可提高铬的总回收率，铬的收得率可以达到 98%，并可以用氮气合金化，生产成本低。

该设备诞生之后世界各国争相引进，目前世界不锈钢总产量约 80% 由 AOD 炉生产。AOD 设备主要由炉体、托圈、倾动机构、气体混合调制与吹气系统、测温取样系统组成。炉体包括炉身和炉帽。炉身下部侧墙与炉体的中心线成 20°左右的倾角，有助于吹入的气体沿侧墙上升到炉口，减少气体对风枪上部区域的严重侵蚀。炉帽的

形状有颚式、非对称式和对称式 3 种，但是目前以对称式使用较为普遍。这样不但改善了操作人员对炉内的观察，同时也简化了炉顶的砌筑过程，将以往的浇注料砌筑改为砖砌。

AOD 炉一项重要的技术进步就是移植了转炉顶吹氧的经验，开发了顶底复合吹炼法。在 AOD 炉冶炼脱碳初期采用顶底复吹法，可以加速钢水脱碳升温，缩短冶炼时间。

5.8.2 AOD 炉对耐火材料的作用

AOD 炉对耐火材料的作用与 AOD 炉的冶炼过程密切相关。AOD 炉的冶炼过程大致可以分为脱碳期和还原期两个阶段。当电炉的钢水用钢包倒入 AOD 炉后首先进行脱碳。在脱碳期第一阶段，氩气和氧气以 1:3 的比例吹入钢中，将钢水中的碳氧化到 0.25% 左右；然后进入第二阶段，氩气和氧气以 1:2~1:1 的比例吹入钢中，将钢水中的碳氧化到 0.1% 左右；第三阶段，氩气和氧气以 3:1 的比例吹入钢中，将钢水中的碳氧化到 0.03% 左右；最后使用纯氩气吹炼几分钟，用溶解在钢水中的氧继续脱碳，同时可以减少还原期 Fe-Si 的用量。在脱碳后期炉温可达到 1700℃ 以上，为了控制出钢温度和降低钢水与炉渣对炉衬材料的侵蚀，在脱碳后期，常加入一定量的洁净的本钢种废钢冷却钢水。随后加入还原合金和石灰造渣材料，吹纯氩气 3~5min，调整成分、温度合适即出钢。

结合上述 AOD 炉的冶炼特点，总结 AOD 炉冶炼对耐火材料的作用有如下几个方面：在还原期，为了将钢中的 C 降到很低（<0.01%），精炼温度需达到 1710~1720℃，因此对耐火材料的侵蚀明显加剧。开始吹炼时，钢中的硅氧化为二氧化硅，炉渣由酸性变为碱性（碱度约为 0.5），而在脱硫期，需要造高碱度还原性炉渣（碱度大于 3.0）。所以在精炼过程中，耐火材料受到碱度变化范围很大的酸碱性炉渣的侵蚀；大量的氩气和氧气通过喷嘴喷入炉内，钢液和炉渣的搅拌剧烈，同时对炉内的耐火材料侵蚀加剧，特别是风嘴和喷嘴区的耐火材料侵蚀尤为严重。AOD 炉为间歇操作，炉衬温度波动大，炉衬耐火材料受到热震剥落的影响。

5.8.3 AOD 炉采用的耐火材料

AOD 炉所用的耐火材料主要有两种类型，一种为镁铬质耐火材料，另一种为白云石质耐火材料，目前已有向白云石质耐火材料发展的趋势。出钢口多采用白云石砖或镁铝炭砖；炉身和炉底采用烧成白云石砖或树脂结合白云石砖；上部采用烧成白云石砖或树脂结合白云石砖；渣线以烧成镁质白云石砖为主；风口采用含锆烧成镁质白云石砖；散装料以白云石质捣打料或水泥结合镁质捣打料为主。图 5.15 为美国某企业 AOD 炉用耐火材料示意图。表 5.20 为某企业生产的 VOD 和 AOD 炉用镁白云石砖的典型理化性能。

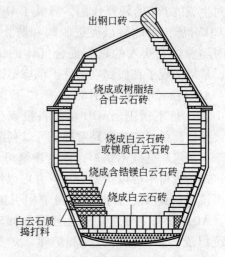

出钢口砖

烧成或树脂结合白云石砖

烧成白云石砖或镁质白云石砖

烧成含锆镁质白云石砖

烧成白云石砖

白云石质捣打料

图 5.15 AOD 炉用白云石耐火材料结构图

表 5.20 某企业生产的 VOD 和 AOD 炉用镁白云石砖的典型理化性能

指　标		MG15	MG20	MG25	MG30	MG40	MG50
$w(MgO)/\%$		80.3	76.3	70.3	66.3	56.3	43.3
$w(CaO)/\%$		17	21	27	31	41	54
$w(Al_2O_3)/\%$		0.5	0.5	0.5	0.5	0.5	0.5
$w(Fe_2O_3)/\%$		0.7	0.7	0.7	0.7	0.7	0.7
$w(SiO_2)/\%$		1.3	1.3	1.3	1.3	1.2	1.3
体积密度/$g \cdot cm^{-3}$		3.03	3.03	3.03	3.03	3.0	2.93
显气孔率/%		13	12	12	13	13	12
耐压强度/MPa		80	90	80	80	80	70
荷重软化温度/℃		1700	1700	1700	1700	1700	1700
高温抗折强度/MPa		2.4~4.5	2.4~4.5	2.4~4.5	2.4~4.5	2.4~4.5	2.4~4.5
重烧线变化/%		—	-0.35	—	-0.61	—	—
热导率(1000℃)/$W \cdot (m \cdot K)^{-1}$		3~4	3~4	3~4	3~4	3~4	3~4
热膨胀率/%	800℃	0.8~1.0	0.8~1.0	0.8~1.0	0.8~1.0	0.8~1.0	0.8~1.0
	1200℃	1.35~1.6	1.35~1.6	1.35~1.6	1.35~1.6	1.35~1.6	1.35~1.6
	1600℃	1.8~2.0	1.8~2.0	1.8~2.0	1.8~2.0	1.8~2.0	1.8~2.0

5.8.4 AOD 炉用耐火材料的侵蚀

AOD 炉耐火材料的侵蚀损毁与造渣制度和精炼过程密切相关。脱碳渣的侵蚀：由于脱碳初期，钢液中的 Si 被氧化成 SiO_2 并成为渣中的成分，炉渣的碱度较低($n(CaO)/n(SiO_2)<1$)，炉渣的黏度低，炉渣中 MgO 的不饱和程度大，炉渣会熔解炉衬材料中的 MgO，造成耐火材料中 MgO 的蚀损，造成冶炼初期，炉渣对炉衬材料的侵蚀。在脱碳末期，由于造渣材料 CaO 的加入，炉渣的碱度升高，黏度增大，MgO 的溶解度降低，此阶段对耐火材料的侵蚀影响不大。还原期的侵蚀，由于造渣材料的加入，炉渣的碱度高，同时为了还原回收渣中及砖中的铬，需要加入硅铁合金，将发生如下反应：

$$3Si + 2Cr_2O_3 == 3SiO_2 + 4Cr$$

使得渣中和炉衬材料中的 Cr_2O_3 均被还原，从而使耐火材料的结合基质遭受破坏，邻近的 MgO 颗粒也会在熔渣和钢水的冲刷下进入钢水中，造成材料的侵蚀。

在整个炉役中还会发生下面的侵蚀：炉渣侵蚀基质，导致耐火材料骨料间的结合作用丧失，在钢水流动冲刷的作用下，耐火材料被冲刷磨损。由于材料中气孔的存在，使得炉渣沿气孔侵入砖的深处，与砖的基质发生反应，形成很厚的变质层，在受温度剧变时，很容易产生剥落损毁。在风口区由于耐火材料受到气流和钢液的强烈冲刷，此处的耐火材料不断地受到钢水的熔蚀，极易损毁。

为了提高炉衬的使用寿命，通常可以从炉衬材料和冶炼工艺上改进。在炉衬材料上主要采取了两个应对措施：一是针对风口区和渣线区侵蚀速度快的区域加大工作衬的厚度，这一措施已经得到了广泛使用，对提高炉衬整体寿命发挥了重要作用；二是采用优质的耐火材料。在冶炼工艺上可以通过在冶炼中前期，加入一定量的 CaO 和 MgO 调整炉渣的成分，防止炉渣碱度产生大幅度的波动；为了降低出钢温度，加入一定量的冶炼钢种冷却钢水，降低炉温；同时也可以通过强化冶炼操作，缩短冶炼时间及在冶炼后进行喷补炉衬达到提高炉衬使用寿命的目的。

5.9　钢包用耐火材料

5.9.1　钢包的结构

钢包是连铸的重要设备，是从出钢到浇注过程中运载和盛放钢水的容器，又有大罐、钢罐、大包等习惯叫法。图5.16为钢包结构示意图。它由桶体、内衬、水口开闭装置及透气砖等部分组成。内衬由外向内依次是隔热层、永久层及工作层三层；工作层从上而下是包沿、渣线、包壁、包底等几部分，而包底又包括包底用耐火材料部分，水口装置、座砖以及透气砖等部分。

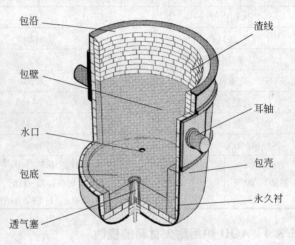

图5.16　钢包结构示意图

5.9.2　钢包的冶金功能

钢包的作用主要是盛接从初炼钢水炉子（转炉或电炉）出钢口流出来的钢水和部分炉渣，进行部分脱氧与合金化操作，可以使钢水在其中镇静一段时间，以调整钢水温度，均匀成分并使钢水中非金属夹杂物上浮，同时，在浇注过程中开闭钢流，控制钢水钢液流量，使浇注顺利进行。近年来，为进一步提高钢的质量，钢包吹氩、钢包真空处理等技术被采用，它正逐渐演变成二次精炼装置的重要设备，在二次精炼和连铸中占有重要的地位。

目前，钢包用耐火材料几乎占到了整个炼钢系统用耐火材料总量的30%，因此各国都十分重视钢包内衬材质和构造的研究，以提高使用寿命和降低炼钢的成本。随着炼钢技术的发展，我国的钢包用耐火材料也得到了很好的发展。特别是自20世纪80年代以来，我国的耐火材料科研机构、生产企业和使用厂家，密切配合，结合我国的国情，不断开发出新型的钢包用耐火材料，使我国的钢包用耐火材料以较快的速度向前发展，满足了我国炼钢工业快速发展的需要。

5.9.3　钢包的功能改变对耐火材料的影响

随着二次精炼的发展，钢包已从盛放钢水的容器发展为二次精炼的重要冶金设备，随之钢包用耐火材料的使用条件也发生了明显的变化，主要表现在如下方面：

（1）二次精炼钢包的钢液温度明显升高，通常比普通钢包高出50~100℃，精炼过程中可能高出150℃以上，温度越高，熔渣和钢水对耐火材料的侵蚀明显加快。

（2）二次精炼钢包的钢液循环运动加剧。由于喷吹氩气、电磁搅拌和真空处理等技术的采用，钢液对耐火材料的冲刷和磨损作用严重。

（3）二次精炼钢包的炉渣的侵蚀性增强。二次精炼炉由于需要进行深脱硫、磷渣冶炼操作，所以炉渣的碱度高，渣量大，对耐火材料的侵蚀作用明显加剧。

（4）二次精炼钢包的盛钢时间明显延长，比普通钢包延长1至数倍，结果使钢包用耐火材料的使用寿命明显变短。

（5）由于二次精炼钢包很多情况都是在高温真空下使用的，真空条件下，耐火材料的蒸发速率加快，同时也使得耐火材料的抗侵蚀性下降。

表5.21为普通钢包和炉外精炼钢包用耐火材料的使用条件对比表。

表5.21 炉外精炼钢包耐火材料的使用条件

钢包类型	普通钢包	真空脱气钢包	喷射冶金钢包	精炼钢包	精炼钢包
处理钢种		脱氢脱氧 ($w(S) \leqslant 0.05\%$)	特殊低硫钢 ($w(S) \leqslant 0.01\%$)	特殊低硫低磷钢 ($w(S) \leqslant 0.003\%$)	特殊低碳不锈钢 ($w(C) \leqslant 0.03\%$)
处理方法		RH,DH,VD	SL,KIP	LF-VD	VAD
装钢时间/h	1~2	1.5~2.5	2~3	4~6	4~6
钢液温度/℃	1580~1640	1600~1600	1600~1680	1600~1700	1600~1750
炉渣碱度	1~1.5	1~2	2~4.5	1~3	1~3
渣量	小	小	大	大	中
对耐火材料的作用	轻	较重	重	很重	很重

5.9.4 钢包耐火材料的要求

钢包二次精炼技术的发展，使得钢包用耐火材料在使用过程中必须满足如下要求：

（1）耐高温。能经受高温钢水长时间作用而不熔融软化。

（2）耐热冲击，能反复承受钢水的装、出而不开裂剥落。

（3）耐熔渣的侵蚀，能承受熔渣和熔渣碱度变化对内衬的侵蚀作用。

（4）具有足够的高温机械强度，能承受钢水的搅动和冲刷作用。

（5）内衬具有一定的膨胀性，在高温钢水作用下，内衬之间紧密接触而成为一个整体。

5.9.5 钢包工作衬应具备的条件

钢包工作衬是接触钢水和炉渣的重要部位，在使用过程中受到钢水和炉渣的侵蚀、冲刷、熔解以及热震破坏的影响，所以在使用时应具备如下条件：

（1）工作衬在施工工程中应力求设备简单，施工方便，能够降低劳动强度，提高劳动生产率。要具有良好的烘烤适应性，减少烤包能耗的同时能够增加钢包的利用率，延长钢包的使用周期，减少备用包的数量。

（2）在高温使用条件下应具有良好的高温性能，不但要求有较高的耐火度和一定的高温强度还必须有良好的化学稳定性，保证高温条件下不会对钢液产生二次氧化，不会对钢液造成污染，不降低钢坯的质量。

（3）使用过程中应具有良好的抗熔渣侵蚀和渗透的性能，以及耐钢水和渣液冲刷的能力，有利于提高钢包工作衬的使用寿命，减少钢包耐火材料的消耗，减少耐火材料对钢液的污染。

（4）工作衬应具有良好的抗热震性和良好的体积稳定性，与钢水接触时不炸裂，保证钢包具有良好的整体性。

（5）钢包工作衬还应具有较低的热导率，较好的保温性能，能够减少中间包的热损失，保持中间包钢液温度的稳定。

（6）使用后的工作衬应便于拆包，工作层和永久层易脱离，能够减小工作衬耐火材料对钢包永久衬的损坏，有助于延长钢包的使用寿命。

5.9.6　钢包耐火材料损毁

钢包周转过程：转炉/电炉出钢—二次精炼处理—连铸浇钢—钢包准备作业—等待出钢。正常周转时间根据钢种和连铸机的不同，需要时间 $100 \sim 140min$。钢包出钢温度 $1680 \sim 1700℃$，盛钢时间 $100 \sim 120min$，全连铸浇钢作业典型钢包渣成分（%）：Al_2O_3 $17\% \sim 26\%$，SiO_2 $8\% \sim 10\%$，CaO $42\% \sim 47\%$，MgO $5\% \sim 11\%$，FeO $18\% \sim 22\%$。如果冶炼硅钢、桥梁钢、汽车板钢等超低碳钢工艺必须经过真空处理，同时采用对钢包底部吹氩气搅拌和LF炉通过电弧加热、炉内还原气氛、造白渣精炼、气体搅拌等手段，强化热力学和动力学条件、脱硫、合金化、升温等综合精炼效果，因此熔渣碱度范围大，钢水和炉渣的温度更高，钢水在钢包内的滞留时间延长，热震性强，搅拌力大，对钢包的内衬损坏加剧。

损毁原因如下：

首先，钢包用来运输高温钢水。在运输过程中，$1680℃$ 左右的高温钢水和熔渣对其进行冲刷侵蚀，尤其是渣线部位，冲刷侵蚀比较严重，是决定一个罐使用寿命的重要因素。

其次，LF 等炉外精炼处理对不烧砖损毁严重。

第三，在转炉出钢、流出钢水时内衬承受着剧烈的温度变化，并由此引起内衬材料的裂纹和剥落。

第四，钢包在转炉出钢装入钢水时，高温钢水对其底部有强烈的机械冲刷，致使该部位内衬材料易出现因热冲击造成的损毁。

钢包耐火材料的损毁机理主要是高温熔渣侵蚀和渗透所致。钢包渣线部位以熔损为主，侧壁部位因熔渣的渗透而导致龟裂和热剥落。熔损速度与熔渣温度、黏度以及和材料的反应速度有关。钢水的温度高、在包内滞留的时间长、熔渣黏度低和基质料材料的气孔渗透、液相渗透和在固相中的扩散，使材料表面的组成和结构发生质的变化，形成溶解程度较高的变质层，易产生剥落而加快了衬砖的损毁。耐火材料的化学组成相同或不同品种的钢包内衬因其组织结构和性能的不同，损毁速度亦不同。钢包不能连续作业，致使包衬温度降低甚至冷包，也易发生包衬结构剥落，降低钢包使用寿命。

熔渣对耐火材料的侵蚀不仅限于表面的溶解作用，而且熔渣还能侵入（渗透）耐火材料内部，扩大其反应面积和深度，在材料表面附近其组成和结构发生质变，形成溶解度高的变质层，加速损坏，此种侵入的比例大致与气孔率成正比。所以，即使耐火材料的化学组成相同，由于其组织结构不同，其熔损速度也显著不同。

耐火材料的开口气孔率愈高，熔渣侵入速度也愈快，侵入比率约与气孔率成正比。即使耐火材料的显气孔率相同，但气孔的形状、大小和分布情况等不同，其侵蚀速度也会发生变化。根据以上分析，钢包内衬耐火材料应具备如下特点：致密均匀的组织结构；高温微膨胀、良好的体积稳定性；强度高，中温强度与高温强度比值小。

耐火材料在使用过程中，熔渣易于从加热面渗透到其内部的深处，使工作面附近的气孔率显著降低而致密化，生成很厚的变质层。当温度剧烈变化时，在变质层与原砖层之间交界处产生与工作面平行的龟裂而使砖剥落和损毁。减少耐火材料的结构剥落，其办法是减少炉渣渗入的深度，可以从如下几方面着手：（1）提高耐火材料的抗炉渣渗透性；（2）降低耐火材料的气孔率，降低炉渣的侵蚀通道；（3）炉渣与耐火材料反应形成高熔点的化合物挡墙，阻止渣的渗透；（4）增加炉渣的黏度。炉渣的黏度越大，对耐火材料的侵蚀性越差。

5.9.7 钢包用耐火材料的发展

20 世纪 50~70 年代，我国的钢包包衬主要使用的是硅酸铝质耐火材料，包括各种黏土砖和高铝砖等。从 20 世纪 80 年代起，我国陆续开发出了铝镁（炭）质、镁炭质和镁钙（炭）质等多个系列的新型钢包用耐火材料。其中铝镁（炭）质耐火材料品种多、规格全，是我国主要的钢包用耐火材料。我国钢包用耐火材料的类别和品种见表 5.22。

表 5.22 我国钢包用耐火材料种类和品种

类　别	品　种
硅酸铝质	黏土砖、高铝砖、高铝捣打料、蜡石砖
铝镁（炭）质	铝镁捣打料、铝镁浇注料、铝镁不烧砖、铝镁尖晶石浇注料、铝镁炭砖、铝镁尖晶石炭砖、高档铝镁不烧砖、高档铝镁（尖晶石）浇注料
镁炭质	镁炭砖、低碳镁炭砖
镁钙（炭）质	白云石捣打料、不烧镁钙砖、不烧镁钙炭砖
锆质	锆质砖

5.9.7.1 硅酸铝质钢包耐火材料

（1）黏土砖。黏土砖是我国最早使用的钢包耐火材料。20 世纪 50~60 年代，我国钢包使用的耐火材料主要是各种黏土砖，由于使用费用低，直到 80 年代还有一些钢厂的钢包仍使用黏土砖。某钢厂钢包用黏土砖的理化指标为：Al_2O_3 44.10%，SiO_2 52.10%，Fe_2O_3 1.72%，显气孔率 16%~18%，常温耐压强度 54.9~96.0MPa。黏土质钢包衬砖的使用寿命因各钢厂的使用条件不同而异。尽管现在我国的钢包已经不再使用黏土砖，但黏土砖对我国建国初期炼钢工业的恢复和以后的发展做出了重大贡献。

（2）高铝砖。随着炼钢技术的不断发展和钢产量及质量的不断提高，黏土质钢包衬砖因使用寿命短，自 20 世纪 60 年代末，我国有些钢厂的钢包开始使用各种高铝质衬砖，使钢包寿命大幅度提高。武钢平炉用 270t 钢包从 1968 年开始使用二等高铝砖，到 1970 年包龄达到 25.7 次，是黏土质衬砖的 2.5 倍。1974 年包龄达到 31.5 次。武钢二炼钢转炉用 70t 钢包从 1980 年开始使用 Al_2O_3 含量大于 72%的高铝砖，包龄为 34 次，最高达到 50 次。宝钢 300t 钢包从 1986 年 6 月起，全包壁使用某耐火材料厂生产的一等高铝砖，平均包龄 50 次左右。连铸机投产后，钢包使用条件恶化，包衬使用寿命减短。宝钢与某些耐火材料生产企业合作，开发出了使用性能优良的微膨胀高铝砖，1992 年 4 月正式使用 A 厂生产的产品，平均使用寿命为 81.5 次，最高寿命达到 100 次。使用 B 厂的产品平均使用寿命为 78.6 次，最高达到 122 次（连铸比 55.73%）。太钢 70t 钢包使用高铝质衬砖，使用寿命为 64.3 次。

总之，我国钢包使用高铝质衬砖后，钢包的使用寿命显著提高，保证了炼钢生产的顺利进行，促进了炼钢工业的进一步发展。

（3）高铝质捣打料。20 世纪 70 年代末，我国有些钢厂的钢包内衬使用高铝捣打料，取得了良好的使用效果。高铝捣打料是以优质高铝矾土熟料为原料（骨料和细粉），以工业磷酸作结合剂，经过配料、混料而配制成的一种可塑性良好的不定形耐火材料。采用整体捣打技术，制成整体式包衬，获得了较长的使用寿命。

（4）蜡石砖。蜡石砖是以叶蜡石为主要原料生产的一种烧成制品。20 世纪 70 年代初，福建某耐火材料厂生产的蜡石钢包砖在马钢、鞍钢、上钢三厂、三明钢厂等钢铁企业不同类型的钢包上进行了试用。结果表明，蜡石砖的使用性能优于当时使用的黏土砖和三等高铝砖。在马钢 15t 钢包上使用，寿命达到 66 次。武钢二炼钢厂 70t 钢包也试用过该厂生产的 SiO_2 含量 72% 的蜡石砖，但效果不太理想，使用寿命仅 14 次。宝钢 300t 钢包在 1985 年 9 月至 1988 年间曾使用过日本进口的蜡石砖，平均寿命 38 次。某厂生产的钢包用蜡石砖的理化指标为：SiO_2 78.95%，Al_2O_3 18.85%~19.51%，Fe_2O_3 0.44%~0.52%，显气孔率 14%~18%，常温耐压强度 32.9~62.9MPa。由于多方面的原因，蜡石砖在我国钢包上没有得到推广应用。

5.9.7.2　铝镁（炭）质钢包耐火材料

从 20 世纪 80 年代起，我国的炼钢工业步入了快速发展阶段，连铸和炉外精炼等现代炼钢技术的推广应用以及洁净钢产量的增加，使钢包耐火材料的使用条件更加恶劣。钢水温度的升高，钢水在钢包内停留时间的延长，钢水和熔渣对钢包耐火材料的冲刷以及熔渣对钢包耐火材料的化学侵蚀等都更加严重，以往的钢包耐火材料已不能满足现代炼钢生产的需要。为此，我国陆续开发了多种铝镁（炭）质钢包用耐火材料。铝镁（炭）质耐火材料在使用过程中，Al_2O_3 和 MgO 在高温下反应生成镁铝尖晶石这种高温性能优异的矿物，使耐火材料的耐侵蚀性能和抗剥落性能显著提高。因而，铝镁（炭）质钢包耐火材料的使用可大幅度提高钢包的使用寿命。

（1）铝镁整体捣打料。20 世纪 80 年代初，洛耐所、鞍山焦耐院和鞍钢等单位合作，共同开发出了铝镁质钢包整体捣打料。该捣打料是以特级高铝矾土熟料作骨料、以特级高铝矾土熟料粉和烧结镁砂粉的混合粉作基质、以液体水玻璃作结合剂配制成的一种可塑性良好的不定形耐火材料。在鞍钢三炼钢 200t 钢包上使用，寿命比黏土砖提高 5~7 倍，平均寿命 85.15 次，最高达到 108 次，吨钢耐材消耗 2.7kg。1982 年 6 月，该捣打料通过了原冶金部鉴定。之后，全国许多炼钢厂的钢包相继使用这种铝镁质钢包整体捣打料，均取得了良好的使用效果。

（2）铝镁浇注料。继铝镁捣打料之后，我国又开发了以优质高铝矾土熟料和烧结镁砂为原料，以液体水玻璃作结合剂的铝镁浇注料。该浇注料"六五"期间首先在小型钢包上推广应用，取得了良好的使用效果。如河北某钢厂 10t 和 14t 钢包使用水玻璃结合的铝镁浇注料，平均一次包龄为 109.7 次，是黏土砖包衬的 8 倍多。黑龙江某钢厂 15t 和 13t 钢包，使用铝镁浇注料，一次包龄为 53 次，而黏土质衬砖包龄仅为 6~10 次。"七五"期间，钢包整体浇注内衬技术被列为原冶金部重点新技术推广项目在全国推广。到 1987 年第三季度，我国 30t 以下转炉用中、小型钢包（45t 以下容量），大多数采用了整体浇注包衬。整体浇注包衬寿命多在 40~60 次，部分小型钢包可达 90 次。耐材消耗和包衬成本大幅度下降，取得了明显的经济效益。某钢厂钢包用水玻璃结合铝镁浇注料的理化指标为 Al_2O_3 75.20%，MgO 9.47%，SiO_2 10.25%，体积密度（110℃×24h）2.67~2.73g/cm³，常温抗折强度（110℃×24h）14.9MPa。

（3）铝镁不烧砖。除铝镁捣打料、铝镁浇注料之外，我国还开发了水玻璃结合的铝镁不烧砖，在钢包上使用，寿命比传统的硅酸铝质钢包砖长。本钢 160t 钢包使用铝镁不烧砖，平均寿命 40.56 次，比使用三等高铝砖（寿命 18.5 次）提高 1 倍多。天津三炼钢厂 20t 钢包使用铝镁不烧砖平均寿命 38.8 次，最高达到 55 次，是黏土质衬砖使用寿命（9 次）的 4 倍多。

（4）铝镁尖晶石浇注料。20 世纪 90 年代初，随着我国矾土基合成铝镁尖晶石这种耐火原料投入工业化生产，我国的多家耐火材料科研机构和生产企业相继开发出了多种使用性能不同的钢包用矾土基铝镁尖晶石浇注料。由于这类浇注料中配入了一定比例的预合成镁铝尖晶石，使浇注料的抗侵蚀性能和抗剥落性能大大提高，使用性能优于水玻璃结合的铝镁浇注料，在各类钢包上使用取得了良好的使用效果。

洛耐院和河南某耐火材料厂共同开发的矾土基铝镁尖晶石浇注料经太钢 70t（DH 真空喷枪吹氩）钢包、合钢 30t 连铸钢包（连铸比不小于 94%）试用，平均寿命分别达 71 次和 114 次，比水玻璃结合的铝镁浇注料分别提高 1~3 倍。杭州某钢厂 25t 连铸（连铸比大于 70%）钢包使用铝镁尖晶石浇注料，平均包龄 77 次，比水玻璃结合铝镁浇注料提高 1.2 倍。江西新钢一炼钢厂 28t 钢包使用铝镁尖晶石浇注料，平均寿命 79 次，比水玻璃结合的铝镁浇注料提高了 1.6 倍。矾土基铝镁尖晶石浇注料是以优质高铝矾土熟料作骨料，以优质高铝矾土熟料粉、合成镁铝尖晶石粉和烧结镁砂粉作基质，结合剂有：聚磷酸盐、SiO_2 微粉、Al_2O_3 微粉、纯铝酸钙水泥等。某厂生产的矾土基铝镁尖晶石浇注料的理化指标为：Al_2O_3 68.84%，MgO 14.63%，SiO_2 11.27%，Fe_2O_3 1.74%，体积密度（110℃×24h）2.73g/cm³，常温耐压强度 42.88MPa，常温抗折强度 55.1MPa。

（5）铝镁炭砖。20 世纪 90 年代，是我国连铸技术快速发展时期，高效连铸技术成为发展的重心。为了提高连铸钢包使用寿命，适应高效连铸技术发展的需要，我国又开发了钢包用铝镁炭砖，用于各类连铸钢包，使钢包使用寿命大幅度提高。洛耐院、宝钢和焦作某耐火材料厂合作开发的铝镁炭钢包砖在宝钢 300t 连铸钢包上使用，包龄从使用一等高铝砖的 20 多次，提高到 80 次以上，最高达 126 次。鞍钢三炼钢 200t 全连铸并进行炉外精炼的钢包，使用铝镁炭砖，平均寿命 64 次，最高达到 73 次。1993 年钢包用优质铝镁炭砖的推广使用在我国全面展开，全国许多炼钢厂，根据本企业的实际情况，陆续使用铝镁炭钢包衬砖，使钢包的寿命显著提高，如攀钢 160t 钢包使用铝镁炭衬砖后，平均寿命提高到 90 次，最高达到 115 次。

铝镁炭砖是以特级高铝矾土熟料，电熔镁砂或烧结镁砂和石墨为原料，以液体酚醛树脂作结合剂制成的不烧制品。该制品具有抗渣侵蚀好，耐侵蚀性强，抗热震性好，价格低，主要用于钢包的非渣线部位。我国部分厂家生产的钢包用铝镁炭砖理化指标见表 5.23。

表 5.23   钢包用铝镁炭砖理化指标

序号	化学成分（质量分数）/%			体积密度/g·cm⁻³	显气孔率/%	常温耐压强度/MPa
	Al_2O_3	MgO	C			
1	63.72	12.46	7.50	2.89	5.5	43.4
2	62.50	16.10	8.50	2.95	6.7	49.6
3	68.18	11.40	9.07	2.92	5.3	72.0
4	70.50	12.50	8.00	3.01	7.0	60.0

（6）铝镁尖晶石炭砖。在开发出铝镁炭砖的基础上，我国又开发了钢包用铝镁尖晶石炭砖。铝镁尖晶石炭砖是在砖料中加入了一定比例的预合成镁铝尖晶石，其使用性能优于同档次的铝镁炭砖。焦作某耐火材料厂与宝钢合作开发的铝镁尖晶石炭砖在宝钢 300t 连铸钢包上使用，平均使用寿命 105 次，最高达到 200 次。建筑研究总院开发的铝镁尖晶石炭砖在鞍钢 200t 全连铸并进行炉外精炼的钢包上使用，平均寿命为 73.3 次，最高达到 82 次。

首钢与新乡某耐火材料厂合作开发的铝镁尖晶石炭砖在首钢二炼钢 90t 钢包上使用，寿命由原来使用铝镁炭砖的 20 次提高到 40 次，最高达到 51 次。铝镁尖晶石炭砖的开发和使用，使我国连铸钢包的使用寿命又得到进一步的提高。部分厂家生产的铝镁尖晶石炭砖的理化指标见表 5.24。

表 5.24   铝镁尖晶石炭砖理化指标

序号	化学成分（质量分数）/%			体积密度/g·cm⁻³	显气孔率/%	常温耐压强度/MPa
	Al_2O_3	MgO	C			
1	59.97	16.75	6.67	2.69	1.24	46.8
2	66.3	11.7	8.5	2.93	9.3	35.8
3	69.8	9.78	9.12	3.00	7.6	46.2

（7）高档铝镁不烧砖。含碳钢包衬砖在使用过程中会造成钢水增碳，对冶炼洁净钢、低碳钢和超低碳钢非常不利。为了满足洁净钢、低碳钢和超低碳钢冶炼的需要，开发了高档铝镁不烧砖（无碳不烧砖）。高档铝镁不烧砖与 20 世纪 80 年代初开发的水玻璃结合的铝镁不烧砖相比，是一次质的飞跃。除采用高纯度原料（刚玉、高纯电熔镁砂和高纯铝镁尖晶石等）外，结合剂也采用了高性能的复合结合剂。高档铝镁不烧砖在钢包上使用取得了良好的效果，使用寿命达到甚至超过了含碳钢包衬砖，同时减少了钢水增碳。如河南某耐火材料公司开发的铝镁不烧砖，在某钢厂 100t 钢包和 LF 精炼钢包上使用，寿命是铝镁炭砖的 1.5 倍。鞍钢 200t 钢包采用铝镁不烧砖一次包龄在 110 次以上，最高达到 128 次。170t 连铸钢包使用寿命达到 119 次，超过了铝镁炭砖。宝钢 300t 连铸钢包从 1998 年 6 月停止使用铝镁炭砖，开始使用高档铝镁不烧砖。

（8）高档铝镁（尖晶石）浇注料。20 世纪 90 年代中期，我国开发了高档铝镁浇注料，用于大、中型钢包。高档铝镁（尖晶石）浇注料所用原料有刚玉（电熔刚玉、烧结刚玉等）、高纯电熔镁砂、高纯铝镁尖晶石（电熔和烧结）等。结合剂有纯铝酸钙水泥、Al_2O_3 微粉、高纯 SiO_2 微粉等。宝钢 300t 钢包从 1996 年 12 月开始试用我国多家耐火材料厂开发的高档铝镁浇注料，到 2000 年平均使用寿命为 258 次。首钢三炼钢厂与新乡某耐火公司开发的高档铝镁尖晶石浇注料，在首钢三炼钢厂 90t LF 精炼钢包上使用，寿命为 138 次，侵蚀速率 0.62mm/次。鞍钢三炼钢厂 200t 连铸钢包使用高档铝镁（尖晶石）浇注料，使用寿命 150 次。还有的钢厂使用浇注料预制块，也取得了很好的效果。如本钢钢包使用铝镁炭砖的寿命为 65 次，改用高档铝镁尖晶预制块后，平均使用寿命提高到 118 次，最高达到 126 次。到 2000 年，本钢有 90% 的钢包采用高档铝镁浇注料预制块包衬。某钢厂大型钢包用高档铝镁（尖晶石）浇注料理化指标见表 5.25。

表 5.25　钢包用高档铝镁（尖晶石）浇注料理化指标

序号	化学成分（质量分数）/%			体积密度/g·cm⁻³		显气孔率/%		常温耐压强度/MPa		常温抗折强度/MPa	
	Al_2O_3	MgO	SiO_2	(1)	(2)	(1)	(2)	(1)	(2)	(1)	(2)
1	93.21	4.51	0.55	3.18	3.15	14	18	58.8	62.5	6.8	5.9
2	94.35	2.62	0.16	3.05	2.97	17	21	42.8	39.2	8.7	7.2

注：(1) 110℃，24h；(2) 1000℃，3h。

5.9.7.3　镁炭质钢包耐火材料

（1）镁炭砖。镁炭砖具有优异的耐侵蚀性能和抗剥落性能。镁炭砖在钢包上主要用于渣线部位，而非渣线部位使用其他耐火材料（浇注料、不烧砖等），这样既可获得较高的使用寿命，又可降低耐火材料费用。某钢厂钢包渣线用镁炭砖的理化指标为 MgO 77.4%，C 16.75%，显气孔率 3.1%，体积密度 2.90g/cm³，常温耐压强度 38.6MPa。1981 年 9 月武钢二炼钢厂率先在 70t 钢包渣线使用镁炭砖，使用寿命 50 次，因非渣线部位高铝砖损坏严重而停用。宝钢 300t 钢包渣线从 1989 年 7 月开始使用 MT-14A 镁炭砖，渣线寿命保持在 100 次以上。某钢厂 90t LF 精炼钢包渣线使用碳含量 16% 左右的镁炭砖，渣线寿命为 95 次。也有的钢厂的钢包采用全镁炭砖包衬，如某钢厂电炉用 60t LF-VD 精炼钢包，全镁炭砖包衬，平均寿命 47 次，最高达到 57 次。

（2）低碳镁炭砖。钢包渣线使用镁炭砖存在着钢水增碳问题，近几年来，有些钢厂和耐火材料生产厂家合作，开发了低碳钢包渣线镁炭砖。宝钢 300t 钢包渣线试用过碳含量小于 7% 和小于 5% 的低碳镁炭砖，使用寿命可达 110 次左右，与普通镁炭砖相当，可基本满足 300t 钢包的使用要求。鞍钢钢包的渣线也使用了碳含量在 5% 以下的低碳包衬砖，使用效果良好。

5.9.7.4　镁钙（炭）质钢包耐火材料

镁钙质耐火材料具有良好的高温稳定性和抗高碱度渣的性能，特别是其中的游离 CaO 具有净化钢水的作用，因此，镁钙质耐火材料是理想的钢包用耐火材料之一。随着洁净钢产量的不断增加，镁钙质耐火材料的应用将不断扩大。

（1）白云石捣打料。20 世纪 80 年代初，太钢以普通烧结白云石为原料、以中温沥青作结合剂制成的白云石捣打料，在 70t 钢包上使用，取得了良好的使用效果，平均寿命 76 次，最高达到 112 次。

（2）不烧镁钙砖。20 世纪 90 年代初，洛耐院以合成镁钙砂和电熔镁砂为原料，以固体无机盐和无机盐溶液为结合剂，开发出了钢包用不烧镁钙砖，在上海某钢厂 40t LF-VD 精炼钢包上使用，寿命在 40 次以上，并且钢中的氧含量从 12.2×10^{-6} 下降到 11.13×10^{-6}。

1992 年该产品通过了原冶金部鉴定，之后在长城特钢厂等钢厂的精炼钢包上使用。近几年，某耐火材料公司开发出了无水树脂结合的不烧镁钙砖，在某钢铁公司 100t LF 精炼钢包上使用，寿命 80~85 次，侵蚀速率 1.28~1.37mm/次。2006 年 7~8 月间，山东镁矿与某耐火材料厂合作，研制出了不烧镁钙砖，在某钢厂 90t LF 精炼钢包（精炼率 100%）包壁非渣线部位使用，寿命达到 60 次以上。因包底透气砖严重蚀损而停用，不烧镁钙砖残砖厚度在 130mm 左右，尚可继续使用，预计正常包龄可达 80~100 次。

（3）不烧镁钙炭砖。21 世纪初首钢二炼钢厂与某耐火材料公司合作，以合成镁钙砂、电熔镁砂和高纯石墨为原料，以无水树脂作结合剂，开发出了不烧镁钙炭砖，用于首钢二炼钢厂 225t 钢包非渣线部位（渣线用镁炭砖），平均使用寿命为 116.8 次，与原用铝镁炭砖相比，在包壁减薄 20mm 的情况下，平均寿命提高了 37.57 次，且钢中的氧含量和非金属夹杂都有所降低。我国还有一些钢厂在 SKF 和 LF-VD 等多种精炼钢包的渣线部位使用镁钙炭砖，取得了良好的效果。某些耐火材料厂生产的钢包用不烧镁钙（炭）砖的理化指标见表 5.26。

表 5.26　钢包用不烧镁钙（炭）砖理化指标

序号	化学成分（质量分数）/%			体积密度/g·cm^{-3}	显气孔率/%	常温耐压强度/MPa
	Al_2O_3	MgO	C			
1	75~85	10~15	—	2.92	8.27	78.8
2	55.96	30.18	7.02	2.96	2.92	52
3	58.64	33.14	2.55	3.05	6	82

5.9.7.5　锆质砖

1985 年 9 月至 1989 年间，宝钢 300t 钢包使用过日本进口的锆质钢包衬砖，平均使用寿命 90 次。在此期间，无锡某耐火材料厂用国产原料也研制出了锆质钢包衬砖，在宝钢 300t 钢包上试用，寿命达到 88 次，因包底滑板机构出现故障而停用。国产锆质钢包砖的理化指标：ZrO_2 60.80%，Al_2O_3 1.76%，Fe_2O_3 0.60%，体积密度 3.53g/cm^3，显气孔率 19%，常温耐压强度 62.9MPa。

5.9.8　钢包用耐火材料现状

目前，钢包用耐火材料渣线部位以镁炭砖为主，其次根据冶炼的钢种和工艺不同也有采用镁铬砖或镁钙砖；包壁多为铝镁炭不烧砖、低碳镁炭砖或高铝质（刚玉-尖晶石）浇注料，包底耐火材料的材质与包壁所用的材质相同。钢包所用耐火材料需要注意的几点是：一是钢包渣线镁炭砖的原料镁砂开始向烧结砂或电熔砂和烧结砂复合的方向发展，其目的是为了提高镁炭砖的抗剥落性，另外镁炭砖的防氧化剂金属铝粉的用量在减少，因为钢包渣线镁炭砖并不需要很高的强度，从经济角度考虑，减少铝粉的用量可能更为经济；二是由于矾土原料价格的上涨，使得铝镁炭砖生产成本越来越高，因此很多企业开始在钢包渣线使用低碳镁炭砖或低档镁炭砖或再生镁炭砖，另外根据使用经验看，铝镁炭砖可以不使用铝粉，而使用 SiC 和金属硅粉更好。

5.9.9　钢包用不定形耐火材料

（1）引流砂。引流砂（start mix）是钢包浇注初期开浇的重要材料，它在钢包盛放钢水前，填充在钢包上滑板口和上水口内，当钢水注入钢包后，阻挡钢水进入滑板而结冷钢，避免钢水无法开浇。主要原料为南非铬铁矿（圆粒，粒度<0.5mm）加入量约为40%，硅石（白色圆粒，粒度2~0.5mm）加入量约为60%，另外还加入1%~2%炭黑配置而成。同时使用过程中要求开浇率大于98%。

（2）浇注料。根据钢包类型不同所使用的浇注料分为三种档次。大型钢包使用的浇注料为高档浇注料，一般采用板状刚玉和尖晶石为主要原料，添加活性氧化铝，以纯铝酸钙水泥为结合剂，六偏磷酸钠或三聚磷酸钠为分散剂；中型钢包使用的浇注料为中档浇注料，一般采用电熔棕刚玉和尖晶石为主要原料，以纯铝酸钙水泥为结合剂，六偏磷酸钠或三聚磷酸钠为分散剂；小型钢包使用的浇注料为低档浇注料，一般采用特级矾土和中档烧结镁砂为主要原料，以 SiO_2 微粉为结合剂，六偏磷酸钠为分散剂。

5.9.10　钢包底吹气透气砖

5.9.10.1　底吹气透气砖的概况

自 20 世纪 60 年代以来，钢包二次精炼工艺已为各钢铁生产企业所应用。生产实践证明，如果没有有效的惰性气体处理，钢包中的二次冶炼是难以进行的。最初的惰性气体搅拌是利用顶吹氩枪来实现的，然而其搅拌效果有很大的局限性，难以对靠近包底的钢水进行充分搅拌，而钢包底吹气可以强化熔池搅拌，有去除钢水中非金属夹杂物、净化钢液、均匀钢水成分和温度的作用。国内从 20 世纪 70 年代开始将透气砖用于二次精炼，到 20 世纪 90 年代，透气砖底吹氩气技术的使用已经成为了钢铁企业冶炼的一种重要方法。

5.9.10.2　透气砖的冶金功能

钢包透气砖是二次精炼工艺中最关键的功能元件，其主要作用有如下几个方面：

（1）可以调节钢包内钢水温度的均匀分布，以实现现有工艺最佳浇铸温度。

（2）通过吹气搅拌可使钢包中的合金和脱氧剂均匀分布。

（3）可以将钢水中的非金属夹杂带入渣中以满足钢液要求的洁净度。

为实现上述功能，需要将精炼所用的惰性气体通过透气砖吹入到钢包中，在透气砖与钢水的接触面即透气砖的工作面上，在足够的压力下，吹出的大量气泡形成气体喷射束，对整个钢包内的钢水进行搅拌，促使钢水流动，使钢包内温度和成分均匀化，同时不断喷出的气泡在界面作用下将钢水中的非金属夹杂带入渣中，达到洁净钢水的目的。

5.9.10.3　透气砖应具备的性能

透气砖要满足上述的冶金功能，必须具备如下几方面的主要性能：

（1）良好的透气性。透气性是衡量透气砖质量的重要参数之一。研究表明：钢水的搅拌能与吹入气体的流量成正比；搅拌能直接影响钢水的搅拌效率，只有足够的搅拌能才能使得钢水获得良好的搅拌效果。当吹氩量一定时，吹出的氩气泡越多，对钢水的脱气和搅拌越有利。

（2）高温耐侵蚀性。精炼钢包在温度和时间方面都要求非常严格，最高温度往往达到 1750℃ 以上，精炼时间有时达到数十分钟。在精炼操作过程中，熔渣碱度对透气砖的寿命影响很大。所以，透气砖会受到在高温下渗透性很强的碱性渣的侵蚀，损毁速度快。

（3）高温耐磨性。精炼钢包底吹氩时，由于底吹氩的进行，钢水在钢包中的流动速度很快，钢水对炉衬材料和底部透气砖和座砖的冲刷磨损明显加大。钢包热修时，为了清除透气砖表面的残钢和残渣，恢复透气砖的透气功能，需要对透气砖表面进行吹氧清洗，使透气砖表面黏附的钢渣熔化；同时向透气砖吹入喷吹气体，吹走熔渣。在清理过程中，透气砖受到高速气流的冲刷作用，所以要求透气砖具有良好的高温耐磨性。

（4）抗热震性好。由于是钢包间歇操作，钢包倒入钢水时，透气砖的端部受到高温钢水的作用，温度陡然上升，吹氩气时，受冷气流冷却，材料内部产生很大的热应力。同时，钢包空包内注入钢水时，也会产生很大的温度变化，所以透气砖的使用条件非常苛刻，极易产生热剥落和结构剥落。

（5）要求安装简便，安全可靠。透气砖安装在钢包底部座砖的内部，工作条件极为苛刻，钢包透气砖的寿命无法与整个钢包寿命同步，因此需要对透气砖进行更换。所以要求安装操作简单，使用安全可靠，避免有渗钢和漏钢事件的发生。

5.9.10.4　透气砖的结构发展

透气砖经过多年的发展，常见的结构类型主要有三种，即弥散型、狭缝型和直通孔型。

弥散型透气砖是透气砖的最早形式。由于材料本身气孔率高，所含有的大量气孔为惰性气体提供了通道。这种表面多孔的弥散型透气砖缺点是强度低，抗冲刷性能差，易被钢水和渣渗透而产生剥落，对钢水的搅拌效果也较差。目前在国内的钢包透气砖中很少使用。

狭缝式透气砖包括两种形式，一种是透气砖中心部位由几块成型薄板拼装形成狭缝，外部采用浇注料浇注而成，即所谓的"拼缝式"，这种透气砖的缺点是吹入气体的可控性差。另一种是在砖体中预浇注数十条直通狭缝，即通常所谓的"狭缝式"。狭缝式透气砖与前者相比，具有寿命长，吹成率高，气流量大，搅拌效果好等优点。

直通孔型透气砖由数量不等的细钢管埋入砖中制成，气体通道由许多笔直的微细管道组成，采用浇注法成型。与弥散型透气砖相比，直通孔型透气砖搅拌效果优于前者，使用寿命提高了2~3倍，然而其缺点是能提供的气体流量有限，使用后期经常由于透气量变小或吹不通导致精炼失败。

图5.17是三种透气砖的示意图。

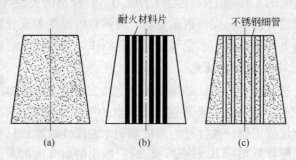

图 5.17　钢包底吹透气砖

（a）弥散型；（b）狭缝型；（c）直通孔型

5.9.10.5　透气砖的安装选择

透气砖的设置由钢包钢水量的大小、搅拌功能对冶炼钢种的质量要求和工艺路线来确定。选择钢包底吹气组件的位置时，应根据钢包处理的目的来决定。透气砖安装在包底中心位置和偏离钢包中心位置（吹气点在距包底中心 1/2～1/3 半径处）吹气对钢水的搅拌效果不同，钢包中心底吹氩有利于钢包渣金之间的反应，有利于顶渣的脱硫反应；而偏心底吹氩有利于钢包内部的混合和温度的均匀化以及夹杂物上浮。例如：CAS/CAS-OB 的透气砖则需要安装在钢包底部的中心位置，因为该工艺要求氩气吹开浸渍罩下方的钢液渣面，满足冶炼时合金化或喷氧的要求。而 LF 炉工艺要求将透气砖安装在靠近 LF 炉炉门下方的位置，以满足冶炼时增碳、合金和脱氧等操作的要求。钢包透气砖安装越多，小气泡产生的数量越多，去除夹杂物的效果越明显，钢水的质量越好。但是安装数量越多，存在的漏钢风险也越大。通常，冶炼普碳钢时，70t 以下的钢包，采用 1 个透气砖即可；大于70t 的钢包就需要采用两个透气砖。

透气砖的安装形式可以采用内装式和外装式两种。内装式是指将透气砖与座砖在钢包外预先组装在一起，在砌筑钢包时，清理好包底透气砖的位置，砌筑好垫砖后将带座砖的透气砖吊装至该位置，然后依次砌筑包底和包衬。外装式由座砖、套砖和透气砖组成。在砌筑钢包时，在包底安装好座砖后即可砌筑包底及包壁，最后将套砖和透气砖外侧均匀涂上火泥，依次用力装入座砖中，再在套砖和透气砖的底部封上垫砖，盖上法兰，烘烤。内装式透气砖适合于钢包底衬砖与透气砖寿命同步的情况，而外装式适合于需经常更换透气砖的情况。由于内装式透气砖的安全性低、可靠性差，更换麻烦，目前，几乎所有的钢包均使用外装式透气砖。

5.9.10.6　透气砖的材质和使用

目前透气砖的材质有刚玉质、铬刚玉质、高铝质和镁铬质等。表 5.27 为精炼钢包用透气砖和座砖的理化指标。

A　刚玉-尖晶石体系透气砖

单相刚玉质浇注料的抗渣性和抗热震性均不理想，而尖晶石材料具有良好的抗渣侵蚀性。按复相改性改善耐火材料性能的原理，在刚玉浇注料中加入高纯电熔尖晶石，以改善刚玉浇注料的性能。原料方面以板状刚玉为颗粒料，以电熔白刚玉、尖晶石、活性 α-Al_2O_3 微粉等为细粉，铝酸钙水泥为结合剂。其优点是抗热震性、抗渣性明显提高；缺点是透气砖在高温处理过程中，尖晶石发生体积变化，造成透气砖体积稳定性差，生产过程中不易控制。

B　刚玉-氧化铬体系透气砖

为了进一步提高透气砖抵抗钢渣的侵蚀能力，制品中加入一定量的氧化铬微粉。其主要原料以板状刚玉为颗粒料，板状刚玉细粉、氧化铬微粉为细粉，铝酸钙水泥为结合剂。在高温下氧化铬、氧化铝形成高温固溶体，同时与少量的氧化镁形成部分固溶体 $MgO\cdot Cr_2O_3$-$MgO\cdot Al_2O_3$。这种固溶体对 Fe_2O_3 或炉渣的侵蚀及抵抗性显著增强，且黏度非常大，从而在高温下能够有效地阻止钢渣的渗透和侵蚀。同时，少量的 Cr_2O_3 还能够抑制 Al_2O_3 过分增长，也减少了晶体内应力，提高材料的物理性能。但如果加入量太多，刚玉晶粒生长受到过大的抑制，也将产生内应力，从而降低材料的物理性能。此外，Cr_2O_3 价格比较高，加入量太多会大幅度增加成本；另外，Cr_2O_3 对环境造成严重污染。

C　刚玉-尖晶石体系透气座砖

刚玉-尖晶石体系透气座砖是应用最为广泛的材质，主要原料以板状刚玉、α-Al_2O_3 微粉、尖晶石为主，纯铝酸钙水泥结合。其优点是由于尖晶石抵抗酸和碱的能力比较强，并且是高熔点化合物，具有良好的性能。铝镁尖晶石抵抗碱性熔渣的能力强，对铁氧化物的作用也较稳定，在高温下与磁铁矿接触时会发生反应而形成固溶体，透气座砖高温耐侵蚀性得以提高；同时，固溶 MgO 或 Al_2O_3 的尖晶石由于矿物之间膨胀系数的差异，其抗热震性更好。缺点是 MgO 与 Al_2O_3 按理论组成形成尖晶石时，产生约 8% 的体积膨胀，因而烧成时较难致密化，透气座砖体积变化难以控制。

D 刚玉-氧化铬体系透气座砖

刚玉-氧化铬体系透气座砖是在刚玉-尖晶石体系基础上，为了提高透气座砖高温耐剥落性而产生的。主要原料以板状刚玉、α-Al_2O_3 微粉、工业氧化铬、尖晶石为主，纯铝酸钙水泥结合。其优点是在尖晶石提高座砖性能的基础上，通过 Al_2O_3-Cr_2O_3 形成的固溶体对氧化铁炉渣的侵蚀抵抗性显著增加，加入少量 Cr_2O_3 能抑制氧化铝晶体过分增长，从而减小了晶体内部应力，提高透气座砖的抗热震性、抗冲刷性及耐侵蚀性。缺点是 Cr_2O_3 加入过多，刚玉晶粒成长速度受到严重影响，从而降低材料的物理性能；另外，Cr_2O_3 对环境污染严重，违背了国家可持续发展的要求。

表 5.27 精炼钢包用透气砖和座砖的理化指标 (YB/T 4118—2003)

项 目	指 标					
	T-80 透气砖	T-85 透气砖	Z-80 座砖	ZB-80 不烧座砖	Z-85 座砖	ZB-85 座砖
$w(Al_2O_3)$(不小于)/%	80	85	80	80	85	85
$w(Al_2O_3+Cr_2O_3+MgO)$(不小于)/%	92	92	92	92	92	92
显气孔率(不大于)/%	20	20	20	19	20	19
常温耐压强度(不小于)/MPa			85	40	85	45
0.2MPa 荷重软化开始温度(不低于)/℃	1680	1680	1680	1680	1680	1680
透气量[1](压差 0.1~1.0MPa)/$m^3 \cdot h^{-1}$	提供数据		—			

[1]出厂每块透气砖都应该进行透气量实验。

5.9.10.7 透气砖的损毁机理

透气砖的工作属于不连续操作，在整个钢包周转周期内的不同时间，会产生不同的物理和化学蚀损。从实践来看，透气砖的损毁可分为如下几种。

(1) 烧氧吹洗作用。在钢包出钢完毕至下次受钢前，钢包在热修区接受热修，此时需要对透气砖采用氧气灼烧吹洗工作面，以清理工作面上残留的钢和渣。烧氧吹洗对透气砖的正常使用是有利的，该措施保证了透气砖工作面的清洁和气体通道的畅通，使钢包周转周期得以顺利进行。但由于在热修区很难准确把握透气座砖工作面上残留的钢和渣的厚度，因此在清除掉残留物后，会发生误烧透气砖的情况，当包底状况较差或热修区操作者判断失误时情况可能更加严重，烧氧时温度达到 2000℃ 以上，高温气流对透气砖是非常致命的，这几分钟的熔损量往往比正常精炼蚀损量要高 2~3 倍。

(2) 机械磨损作用。出钢过程中钢水高速、强力对钢罐底部的冲刷，也会加快透气砖的损蚀。有人通过水力模型试验对透气砖损蚀情况的研究发现：当低速流动的气流射入液相熔池时，气流回击并击打透气砖前沿，给出气口四周的耐火材料以一定的冲击力。当进一步提高气体流速时，反向脉冲频率降低，但反向冲击强度进一步增大；另外，当吹氩进入正常喷射状态时，强烈的气泡组成气体喷射束，喷射束加强了钢罐底部的搅拌，钢罐底部液相运动加剧，二相卷流使透气砖受到强烈的剪切和冲击应力作用。透气砖高于座砖时受这种卷流的剪切、冲刷尤其明显，高于座砖的部分一般在使用一次后即被冲刷掉，因此在新更换透气砖的情况下，这种情况往往很容易发生；另外，精炼结束后若快速关闭阀门，钢水的反向冲击也会加速透气砖损毁。

（3）热应力的作用。透气砖工作面的耐火材料，尤其是出气口四周的耐火材料，因与高温钢水直接接触，受到高温钢水及不断流出的冷气流的影响，产生很大的温度梯度。由于多次使用，透气砖受到的急冷急热作用大，尤其靠近出气口部位所受到热应力更大，容易产生环状裂纹而出现断裂。

（4）化学侵蚀作用。透气砖工作面与渣、钢水接触时间长，在整个包役中，熔渣不断向砖中浸润、渗透。钢水、渣中氧化物 MnO、MgO、SiO_2、FeO、Fe_2O_3 等与砖发生反应：

$$12CaO+7Al_2O_3 = 12CaO \cdot 7Al_2O_3$$

$$FeO+Al_2O_3 = FeO \cdot Al_2O_3$$

$$2MnO+SiO_2+Al_2O_3 = 2(MnO) \cdot SiO_2 \cdot Al_2O_3$$

生成的 $FeO \cdot Al_2O_3$、$2(MnO) \cdot SiO_2 \cdot Al_2O_3$、$12CaO \cdot 7Al_2O_3$ 等低熔物被冲刷而造成透气砖被侵蚀。

5.9.10.8　提高透气砖寿命的途径

（1）加入锆基材料和板状刚玉提高透气砖的耐剥落性。向透气砖中加入预合成锆基材料，对铝铬质透气砖可以起到改性作用。刚玉质材料与锆基材料有不同的线膨胀系数，高温状态下形成微裂纹，起到吸收和释放主裂纹部分能量的作用，减少应力集中，抑制裂纹的扩展，增加透气砖的韧性。加入预合成锆基材料，利用 ZrO_2 的增韧作用，可以显著提高透气砖的抗热震性。板状刚玉是一种不添加 MgO、B_2O_3 等任何添加剂，收缩较彻底的烧结氧化铝原料，其物相是由中位径 $40\sim200\mu m$ 的六方板状 α-Al_2O_3 晶体组成，晶体二维形貌呈平板状互相穿插交错。在快速烧结时，亚微米级的 α-Al_2O_3 重结晶形成的粗大晶体中包含有 $5\sim15\mu m$ 的圆形封闭球状气孔。因此，板状刚玉强度较高，可使透气砖具有极好的热体积稳定性和良好的抗热震能力。减少杂质含量可提高透气砖的抗侵蚀能力，高温烧氧清除透气砖表面钢渣时，钢渣在高温作用下，易与耐火材料发生反应，形成蚀损凹坑。耐火材料中的杂质含量越多，烧氧蚀损越严重，因此要尽可能减少耐火材料中的杂质含量，提高透气砖的耐高温性能。选用低杂质 R_2O 原料和降低透气砖用浇注料水泥的加入量，来实现降低透气砖杂质含量的目的。水泥加入量越少，CaO 含量越低，形成钙铝黄长石低熔点相量越少，耐火性能相应提高，抗氧气清吹能力和抗侵蚀能力增强。

（2）优选超微粉。提高透气砖的强度，α-Al_2O_3 微粉作为结合剂是透气砖的主原料之一。高温下 α-Al_2O_3 微粉可以促进材料的烧结，提高透气砖强度，有利于增强抗氧气清吹能力。

（3）钢水的搅拌强度与吹氩量成正比。从狭缝中吹出的气泡越多，搅拌强度越大，对钢水脱气越有利，因此透气砖狭缝宽度选择极为重要。狭缝过窄时，使用过程中会由于透气量小而吹不开，不能起翻；狭缝过宽，气泡大，搅拌效果不好，容易产生渗钢，导致二次使用吹不开。狭缝宽度是透气砖稳定使用的基础。狭缝宽度的选择主要考虑钢水高度与渗钢的关系。钢水高度大于 2m 时，缝宽度应小于 0.15mm 才能够防止钢水渗透。

（4）均匀布料提高透气砖的体积稳定性。透气砖成型过程中，浇注料布料直接影响透气砖的体积稳定性。透气砖狭缝交错分布，缝与缝之间宽度不同，振动成型时易使骨料或细粉集中，导致透气砖使用中产生不均匀的体积变化，狭缝宽度变化导致吹不开或渗钢现象发生。解决办法有两个：一是调整好透气砖浇注料的流动性，控制好加水量，振动成型时不发生分层现象；二是固定好狭缝填充物，使浇注料均匀布料，避免浇注料成型时产生偏移，致使局部过窄不易下料。

6 连铸用耐火材料

6.1 连铸概述

连续铸钢简称为连铸，是钢水连续通过水冷结晶器，凝成硬壳后从结晶器下方出口连续拉出，经喷水冷却全部凝固后切成坯料的一种铸造工艺。

连铸技术的开发与应用已成为衡量一个国家钢铁工业发展水平的标志。我国是连续铸钢技术发展较早的国家之一，早在 20 世纪 50 年代就已开始研究和工业试验，并先后建成和投产了一批连铸机，到 1978 年我国自行设计制造的连铸机近 20 台，实际生产量约 112 万吨，连铸比仅 3.4%。当时世界连铸机总数为 400 台左右，连铸比在 20.8%。改革开放后，一些企业引进了一批连铸技术和设备，并消化吸收了相关技术。到 1995 年底我国运转和在建的连铸机已有 300 多台，其中自行设计制造的占 80%，由国外引进的只有 70 台左右。到 2009 年，全国连铸比达 97.4%，生产连铸坯 5 亿吨。而且从国外引进的近终形薄板坯连铸连轧生产线，已在珠江、邯郸、包头等地建成投产。马钢 H 型钢连铸机和 H 型钢轧钢机工程现在已经投产。采用国产技术的第 1 台高效板坯连铸机也已在攀钢投产。

今后我国冶金企业将继续坚持不懈地推进以全连铸为方向，以连铸为中心的炼钢生产的组合优化，淘汰落后的工艺设备，开发高附加值的品种，提高质量，加大节能降耗的力度和环保技术的改造，提高炼钢与轧钢热衔接协调匹配。

6.1.1 连铸机主要设备

连铸设备是连续完成钢水成型、分段和输出的设备的统称，也简称连铸机，主要包括钢包支撑装置、钢包加盖机械装置、钢包长水口机构、中间包、中间包车、结晶器、结晶器振动装置、拉矫机、引锭杆、引锭杆存放装置、切割设备、打印机和（或）喷印机、起毛刺机、辊道、横向移送设备、冷床等以及相关的中间包预热站、蒸汽排出装置、液压设备、气动设备等。图 6.1 为连铸工艺流程示意图。

6.1.2 连铸的优点

连铸工艺的迅猛发展是由于它有相对于模铸工艺无法比拟的优点（图 6.2）：

（1）简化生产工艺流程。连铸省去了模铸的脱模、整模、钢锭均热和开坯等工序，可使基建投资节约 40%，占地面积减少 30%，劳动力节省 75%，同时缩短了从钢水到坯料的周转时间。尤其是薄板连铸机出现以后，又进一步简化了工艺流程，例如传统板坯连铸，坯厚在 150~300mm，而薄板连铸坯的厚度为 40~70mm，省去了粗轧机组，从而减少厂房面积约 40%，连铸机设备质量减轻约 50%。连铸大大地缩短了从钢液到薄板的生产周期，节约了能源，降低了成本。

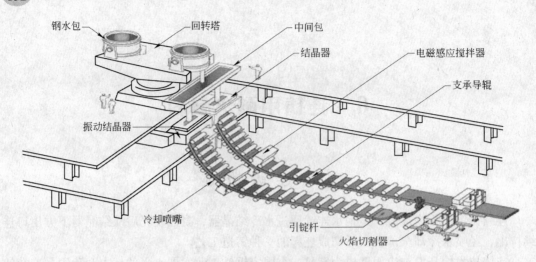

图 6.1　连铸工艺流程示意图

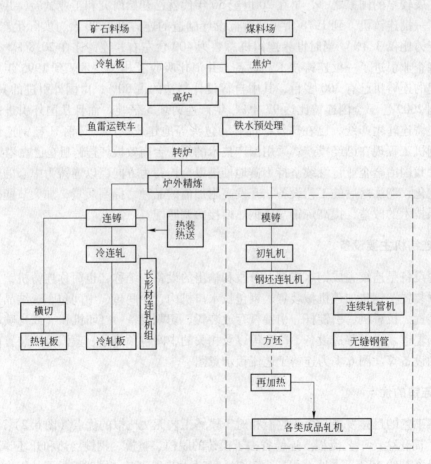

图 6.2　连铸与模铸工艺对比图

（2）提高了金属收得率。连铸消除了模铸中注管和汤道的残钢损失，降低了切头和切尾的损失，可提高金属收得率 10%～14%。

（3）降低了能耗。连铸省掉了均热炉的再加热工序，可使得能量消耗降低 25%～

50%，此外由于成品率的提高也起到了间接节能的效果。20 世纪 80 年代连铸坯热送和直接轧制工艺的出现，进一步开辟了节能的新途径。铸坯热送和直接轧制不仅节能，而且缩短了生产周期。

（4）铸坯质量好。连铸过程钢水受到强制冷却，凝固速度快，铸坯凝固组织致密，化学成分偏析少。目前几乎所有的钢种均可以采用连铸工艺生产，如超纯净钢、硅钢、合金钢、工具钢等约 500 多个钢种都可以用连铸工艺生产，而且质量很好。

（5）生产过程易于实现自动化，劳动条件大为改善。模铸铸锭车间劳动条件恶劣，手工劳动多，劳动强度大，是炼钢生产中最落后的工序。采用连铸后，由于连铸因其自身的设备和工艺特点，易于实现自动化和机械化，劳动环境得到了根本性的改善。

6.1.3 连铸机的分类

连铸机可按结构外形或断面尺寸分类：

（1）按结构外形分。可分为立式连铸机、立弯式连铸机、带多点弯曲立弯式连铸机、带直线段弧形连铸机、弧形连铸机，多半径椭圆连铸机和水平连铸机。随着连铸技术的发展，又开展了轮式连铸机，特别是薄板坯连铸机的研究（见图 6.3）。

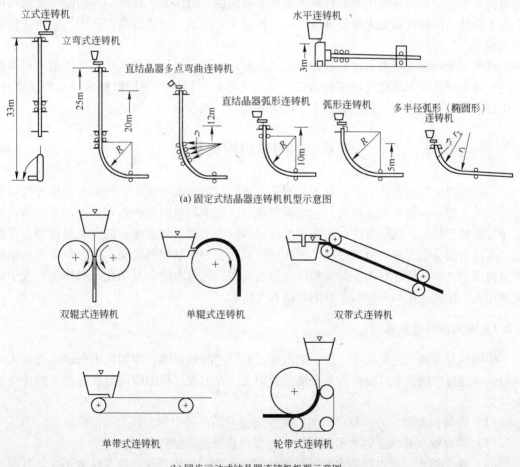

图 6.3　各种连铸机比较示意图

（2）按连铸机所浇注的断面尺寸和外形分类。可分为板坯连铸机、小方坯连铸机、大方坯连铸机、圆坯连铸机、异型断面连铸机和薄板坯连铸机。通常把浇注面积或当量面积大于 200mm×200mm 以下的铸坯称为大方坯，浇注面积或当量面积小于 160mm×160mm 以下的铸坯称为小方坯，宽厚比大于 3 的矩形坯称为板坯。

6.1.4　连铸用功能耐火材料简述

连铸技术迅速发展的同时，相关的耐火材料在品种和质量上都得到了相应的发展和提高。连铸用耐火材料对连铸生产和连铸坯质量有很大的影响，为此在发展连铸技术的同时，必须开发相应的耐火材料。

连铸用耐火材料是连铸机组中的重要部位，除具有一般的耐火材料特性外，还要求有净化钢水、改善钢的质量、稳定钢水的温度和成分、控制和调节钢水流量的功能，因而被称为功能耐火材料。其主要特点是高性能、高精度和高技术，由于使用条件苛刻，同时还要求产品必须安全可靠。

连铸用功能耐火材料除了在性能上具有一定的冶金功能外，还要求有优异的抗热震性、高温强度和抗侵蚀性等。随着薄板（带）坯连铸、近终形连铸等技术的发展以及对铸坯质量要求的提高，连铸用耐火材料无论在原料选用、制作工艺或产品的功能等方面均已进入了高技术陶瓷或高温陶瓷的领域。该材料由于受钢水、熔渣等高温作用，使用条件更加苛刻。

连铸系统用耐火材料品种包括：钢包耐火材料、钢包衬、透气元件；功能耐火材料指中间包耐火材料、无氧化浇注用长水口、浸入式水口；钢流控制用滑动水口、整体塞棒；净化钢水用陶瓷过滤器、挡渣墙和水平连铸分离环、闸板等。

6.2　中间包用耐火材料

中间包由中间包本体、中间包盖、塞棒、中间包滑动水口组成。中间包本体外壳是钢板焊接的，包体内衬为耐火材料，包底设有水口，在中间包的两侧各有一对用于吊装的钩子及耳轴便于吊运，此外考虑到中间包水口出事故产生钢水的溢流，故设有溢流槽，在钢包长水口两侧分别安有挡渣堰以减小钢液卷渣的程度和控制钢液流动。中间包盖是由钢板焊接而成的，内有浇注料用于保温和防止钢液飞溅。包盖上设有预热孔、塞棒用孔及中间包浇注孔。中间包用耐火材料示意图如图 6.4 所示。

6.2.1　中间包的冶金功能

中间包是连铸工艺流程中，位于钢包与结晶器之间的容器，即钢包中的钢水先注入中间包，再通过中间包水口分配到各个结晶器中去。在冶金过程中中间包具有如下的传统冶金功能：

（1）降低钢水静压力，稳定钢流，减少钢流对结晶器中初生坯壳的冲刷。

（2）贮存钢水并保证钢水温度均匀，为多炉连浇连铸创造条件。

（3）净化钢水。可以使钢水较长时间地停留在中间包内并保持温度基本不变，有利于中间包冶金的进行，达到对钢液的进一步净化。

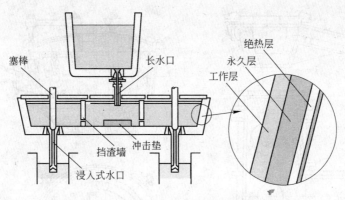

图 6.4 中间包用耐火材料示意图

（4）分流钢水。在多流连铸系统上，中间包把钢水分配给各结晶器。

（5）防止钢液的再污染。通过中间包密封及中间包钢液面使用覆盖剂，防止中间包钢水的二次氧化反应，避免钢液吸氧吸氮。

随着对钢的质量要求日益提高，中间包不再是连铸工艺流程中简单的过渡容器，中间包已经成为一个连续的冶金反应器，在中间包中也需要采用同钢包精炼一样的精炼措施，以进一步净化钢液，这种把中间包冶炼引入到钢的冶炼反应中并使其成为一个重要组成部分的冶金概念，即是中间包冶金。为此中间包还具有如下冶金功能：

（1）净化功能。为生产高纯净度的钢，在中间包采用挡墙加坝、吹氩、陶瓷过滤器等措施，可大幅度降低钢中非金属夹杂物含量。

（2）调温功能。为使浇注过程中中间包前、中、后期钢水温差小于 5℃，接近液相线温度浇注，扩大铸坯等轴晶区，减少中心偏析，可采取向中间包加小块废钢、喷吹铁粉等措施以调节钢水温度。

（3）成分微调。由中间包塞杆中心孔向结晶器喂入铝、钛、硼等包芯线，实现钢中微合金成分的微调，既提高了易氧化元素的收得率，又可避免水口堵塞。

（4）精炼功能。在中间包钢水表面加入双层渣吸收钢中上浮的夹杂物，或者在中间包喂钙线改变 Al_2O_3 夹杂形态，防止水口堵塞。

（5）加热功能。在中间包采用感应加热和等离子加热等措施，准确控制钢水浇注温度波动在 3~5℃ 之间，为多炉连浇创造更好的条件。

6.2.2 中间包的类型

中间包的类型很多，为了便于吊装、存放、砌筑、清理等操作，中间包的形状一般都力求简单。中间包按其形状可分为矩形、三角形等，如图 6.5 所示。一般情况下矩形类型应用较多，多用于板坯或方坯连铸。三角形的多用于小方坯连铸。

中间包按其水口流数可分单流、多流等，中间包的水口数一般为 1~4 流。

6.2.3 中间包耐火衬的发展

中间包耐火衬主要包括绝热层、永久层和工作层。

（1）绝热层（保温层）（10~30mm）。该层紧挨着中间包钢壳，主要作用是对钢水进

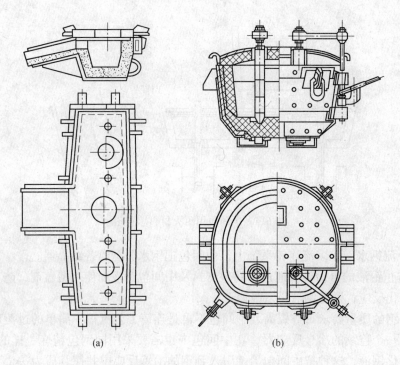

图 6.5   中间包的形状

（a）矩形中间包；（b）三角形中间包

行保温，减少浇注过程中钢水的温降，通常采用石棉板、保温砖或轻质浇注料。效果最好的为硅酸铝纤维毡，热导率低，也易砌筑。

（2）永久层（100~200mm）。该层与保温层相接触，主要起到安全保温的作用。20世纪 70 年代中期永久层主要用黏土砖砌筑，后来使用高铝砖砌筑，到 80 年代末期开始使用浇注料整体浇注，浇注料一般为高铝质或莫来石质自流浇注料。

（3）工作层（20~50mm）。该层与钢水接触，是关键部位。该层材料在使用过程和施工过程中应力求设备简单，施工方便，能够降低劳动强度，提高劳动生产率，并要具有良好的烘烤适应性，要求烘包时工作衬材料硬化快、不爆裂、强度好，可以快速烘烤或无需烘烤而可以直接投入使用，减少烤包能耗的同时能够增加中间包的利用率，延长中间包的使用周期，减少备用包的数量。工作衬材料在施工时应能够同永久层有良好的黏附性，不回落、不坍塌。在高温使用条件下应具有良好的高温性能，不但要求有较高的耐火度和一定的高温强度，还必须有良好的化学稳定性，保证高温条件下不会对钢液产生二次氧化，不会对钢液造成污染，不降低钢坯的质量。使用过程中应具有良好的抗熔渣侵蚀和渗透的性能，以及耐钢水和渣液冲刷的能力，有利于提高中间包工作衬的使用寿命、减少中间包耐火材料的消耗、减少耐火材料对钢液的污染。工作衬应具有一定的冶金功能，可以同钢液中的夹杂物反应，吸收钢液中的 N、S、P 以及非金属氧化物夹杂，提高钢液质量。工作衬应具有良好的抗热震性和良好的体积稳定性，与钢水接触时不炸裂，保证中间包具有良好的整体性。中间包工作衬还应具有较低的热导率，较好的保温性能，能够减少中间包的热损失，保持中间包钢液温度的稳定。使用后的工作衬应便于拆包，工作层和永久层易脱离，能够减小工作衬耐火材料对中间包永久衬的损坏，有助于延长中间包的使用寿命。

工作层早期的时候使用铝质的耐火砖，后来为了保持钢液在浇注时中间包内钢液温度变化不超过 15℃，工作层开始采用绝热板工作衬，后来绝热板被具有同样功能的耐火涂抹料和耐火喷涂料所代替，随着多炉连浇技术和水口快速更换技术的发展，最新的干式振动料以显著的优势开始代替耐火喷涂料。中间包工作层用耐火材料经历了耐火黏土砖（永久层即工作层）、绝热板、喷涂料（涂抹料）及最新的干式振动料（即干性工作衬）的发展历程。绝热板材质一般为硅质、镁质、镁橄榄石质；其他形式的耐火材料多为镁质、镁铬质、镁钙质。

（4）包底材质基本与工作层相当。中间包包底工作层受钢水冲击部位极易损坏，要求抗侵蚀耐磨损。钢水冲击部位多采用预制块增强，材质为刚玉质和镁质浇注料，也有的企业在浇注料中使用废弃滑板砖和镁炭砖进行增强。

6.2.4 几种中间包工作衬材料的比较

6.2.4.1 中间包绝热板

中间包绝热板一般有硅质、镁质和镁橄榄石质三种。

（1）各种绝热板的应用特点如下：

1）硅质绝热板一般应用于浇注普碳钢、碳结构钢和普通低合金钢。它在使用过程中存在石英的相变，产生体积膨胀使之与熔渣接触的反应层致密化，从而阻止熔渣的渗入，并在表面形成高黏度玻璃相，起到进一步阻止熔渣渗透的作用。

2）镁质绝热板可用于浇注铝镇静钢、低合金钢、碳素结构钢等优质钢种。在使用过程中高温性能稳定，抗碱性熔渣侵蚀性好，并且能够通过吸收熔渣中的 FeO 形成镁浮氏体产生体积膨胀，在绝热板表面形成致密结构，减少熔渣的进一步渗透。另外，无机结合剂的镁质绝热板中的磷酸盐在高温下和其中的杂质 CaO 生成高温稳定相，具有很好的抗钢液冲刷性能。

3）镁橄榄石质绝热板主要应用于高质量的合金钢钢种。在使用过程中高温性能良好，浇注过程中温度变化较小，因为使用的是无机结合剂，消除了钢液"增硅增氢"的现象。

（2）使用中间包绝热板的优点如下：

1）中间包可不预热烘烤，实现冷包开浇，节约烘烤燃料；

2）保温性能良好，可使炼钢炉出钢温度降低 5～10℃，中间包不易结冷钢；

3）中间包永久层寿命延长，大大降低耐火材料消耗；

4）绝热板内衬拆、砌方便，比耐火黏土砖砌筑节约人工 70%，同时改善了劳动条件；

5）和耐火砖包衬相比，铸坯中大于 $50\mu m$ 的夹杂物含量明显减少。

（3）中间包绝热板的缺点如下：

1）当硅质绝热板应用于铝镇静钢和低铝镇静钢时，钢液中的 Al、Mn 等合金元素会和耐火材料中的 SiO_2 反应生成 Al_2O_3、$2MnO \cdot SiO_2$，导致铸坯中氧化夹杂物含量增加，影响钢的质量；

2）在多炉连铸中镁质绝热板的强度不够理想，使用有机结合剂的镁质绝热板时，其中的有机结合剂会在使用的过程中分解出氢，进入钢水中，使钢产生"氢脆"；

3）由于镁质绝热板的热导率比较大，使中间包内钢液温度变化较大，还必须额外在中间包边壁添加其他绝热材料，增加了施工的复杂性；

4）镁质绝热板在高温作用下，形成的 $M_{20}S$ 结合相容易和熔渣中的 CaO 反应生成低熔物，会加快熔渣的渗透，降低使用寿命；

5）镁橄榄石绝热板中的主晶相为镁橄榄石，在使用过程中极易和熔渣中的 CaO 反应生成钙镁橄榄石（CMS）等低熔物，导致绝热板结构被损坏，降低使用寿命。

6.2.4.2　中间包喷涂料和涂抹料

（1）中间包喷涂料和涂抹料的优点如下：

1）较高的耐火度和良好的耐钢水、熔渣侵蚀性；

2）良好的施工性能和烘烤适应性，易于涂抹，在烘烤及使用过程中不与永久层分离，具有良好的整体性和附着力，不开裂、不剥落；

3）涂料的热导率较小，满足中间包保温的需求；

4）不污染钢液，同时使用镁钙质涂料时还能吸收钢液中的杂质，改善钢的质量；

5）与隔热板相比，涂料的使用寿命较长，有利于工厂劳动生产率的提高；

6）浇注结束后，随着剩余钢水的凝固，涂料残衬自行解体并与永久层分离。

（2）中间包喷涂料和涂抹料的缺点如下：

1）中间包喷涂料受环境影响比较大，冬季施工时工作层的水分不易排除，容易冻结；

2）中间包涂料层的气孔率较大，容易形成较厚的附渣层，加大了熔渣对涂料的侵蚀，减小了中间包的有效容积；

3）钢液和熔渣由涂料中的气孔渗入工作层，渗入的熔渣的膨胀系数和物理性质与工作层中的方镁石不同，当温度波动时，由于涂料中热应力的作用，导致涂料层出现结构崩裂和剥落，对工作层造成结构性破坏，并由此造成钢液的污染；

4）施工过程中水的加入，会使 MgO、CaO 出现水化现象，烘烤时在涂料表面会出现起皱和裂纹；

5）为了保证涂料与永久层结合牢固，喷涂料和涂抹料烘烤时间较长，否则会出现涂料层的剥落和崩裂；

6）从涂料中蒸发出来的水分对永久层浇注料有水腐蚀作用，减小了永久层的使用寿命；

7）烤包时未排出的结合水在高温下分解，会使钢液产生氧化和吸氢的现象；

8）连浇时间较长时会产生严重的烧结现象，不能自动脱包。

中间包用碱性涂料理化指标见表 6.1。

表 6.1　中间包用碱性涂料理化指标（YB/T 4121—2004）

项　目	MT-1	MT-2	MGT-1	MGT-2	MGT-3
$w(MgO)$（不小于）/%	80	80	65	45	30
$w(CaO)$（不小于）/%	—	—	8	15	30
体积密度（110℃×24h）（不大于）/g·cm^{-3}	1.60	2.30	2.30	2.30	2.30
常温耐压强度（110℃×24h）（不小于）/MPa	3	5	5	5	5
常温抗折强度（110℃×24h）（不小于）/MPa	0.5	0.5	1	1	1
烧后永久线变化（1500℃×3h）/%	0~-0.4	0~-3.5	0~-3.5	—	—

6.2.4.3 中间包干式振动料

中间包干式振动料具有绝热板和涂料的双重优点，优点如下：

（1）抗钢水、熔渣的侵蚀性强，大幅提高工作层的使用寿命，可以长时间浇注，降低了吨钢耐火材料消耗。

（2）干式振动料是在使用过程中依靠温度梯度从工作层至永久层逐步烧结，在工作层热面形成致密结构，不会出现贯穿裂纹等导致熔渣渗至永久层的现象。由于未烧结层的致密度较低，有利于中间包保温。

（3）烧结的过程中出现微量收缩，易于翻包、脱包。

（4）施工方便，无水施工，可以快速烘烤或无须烘烤而直接使用，增加了中间包的利用率，延长中间包的使用周期，从而可以减少备用包的数量。

（5）由于干式振动料不含水分，可以减轻中间包内钢液二次氧化的机会，使钢液的吸氢下降，减少对钢液的污染，提高钢坯的质量。

（6）与喷涂料和涂抹料相比，使用干式振动料能减小烤包能量消耗，降低劳动强度，提高劳动生产率。一般来说，涂料需在 $800 \sim 1000℃$ 下烘烤 $2 \sim 6h$，而干式振动料仅需在 $200 \sim 300℃$ 下烘烤 $45 \sim 90min$ 使结合剂固化即可，施工设备简单，施工方便。

（7）干式振动料的使用寿命较长，一般可达 20h 以上，高者达到 $60 \sim 70h$，这极大地提高了炼钢过程的劳动生产率。

表 6.2 为干式工作衬、涂料和绝热板的性能比较，可以明显地看出干式振动料在使用上具有明显的优势，在烘烤时间、连铸次数、连铸时间上都比其他工作衬性能优良。

表 6.2　干式工作衬、涂料、绝热板性能比较

理化性能	$w(MgO)$ /%	灼减 /%	水分 /%	体积密度 /g·cm⁻³	烘烤时间 /h	工作衬厚度 /mm	最多连铸次数 /次	连铸时间 /h
干式工作衬	85~92	2.5~3.0	0	2.11~2.21	1.25	25~40	162	>20
涂料工作衬	80~85	1.0~3.0	20~30	1.44~1.52	2~6	25~40	6~16	8~16
镁质绝热板	75~85	0.5~2.5	7~8	1.7~2.0	—	25~40	6~15	8~14

6.2.5　中间包干式振动料

中间包干式振动料是不加水或液体结合剂而用振动法成型的不定形耐火材料。在振动作用下，材料可形成致密而均匀的整体，加热时靠热固性结合剂或陶瓷烧结剂使其产生强度。干式振动料是由耐火骨料、粉料、烧结剂和外加剂组成的。其特点为：此种材料在振动力作用下易于流动，其中粉料即使在很小的振动力作用下也能填充颗粒堆积间的极小孔隙，获得具有较高充填密度的致密体。使用中靠加热形成一层具有一定强度的使用工作面，而非工作面仍有部分未烧结呈原致密堆积结构。这种结构有助于减小由于膨胀或收缩而产生的应力；有助于阻碍裂纹的扩展与延伸；有助于阻止金属熔体的侵入，且便于拆包清理。这种材料用振动方法在施工现场施工，施工简便、施工期短，可直接快速升温使工作层烧结投入使用。

中间包干式振动料有镁质和镁钙质等品种。由于干式料是非水系，因此结合剂的选择尤其重要。结合剂的选取要考虑到无水、常温下不与镁砂起反应，200~300℃加热后干式料具有一定的强度以便脱模，而在高温 1550 ℃左右，干式料可以烧结成为坚实的整体，确保干式料的高温使用性能。

中间包用干式料理化指标见表6.3。

表 6.3　企业生产的中间包用镁质和镁钙质干式料理化指标

项　　目	MG-1	MG-2	MG-3	MG-4	MGG
$w(MgO)$（不小于）/%	≤70	70	80	88	70
$w(CaO)$（不小于）/%	—	—	8	10	15
体积密度（110℃×24h）（不大于）/$g \cdot cm^{-3}$	2.20	2.30	2.40	2.40	2.20
常温耐压强度（110℃×24h）（不小于）/MPa	2	5	5	5	5
常温抗折强度（110℃×24h）（不小于）/MPa	0.5	0.5	1	1	1
烧后永久线变化（1500℃×3h）/%	0~-0.4	0~-1.5	0~-1.5	—	0~-1.5

中间包干式振动料的结合剂分为两种：

有机结合剂：主要是酚醛树脂、葡萄糖等。热塑性酚醛树脂又称线型酚醛树脂或 Novolac 树脂，它是由工业苯酚和甲醛在酸性催化剂的作用下经过缩聚反应而制成的，热塑性酚醛树脂多为固体，是高相对分子质量的有机化合物。热塑性酚醛树脂在加热条件下自身不会发生硬化，只有加入硬化剂六亚甲基四胺后才能遇热反应，形成具有三维网络结构的固化树脂。热塑性酚醛树脂的结构通式如图 6.6 所示。

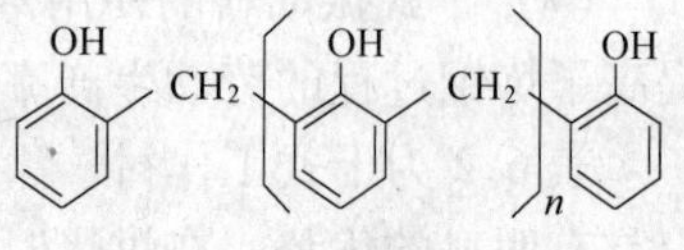

图 6.6　热塑性酚醛树脂的结构通式

上面结构式中省略了对位结构和支链结构。一般形成缩合度 n 为 4~12 的酚醛树脂，多数情况下 $n=7$，相对分子质量约为 400~1000。

热塑性酚醛树脂分子中不存在未反应的羟甲基，一般要加入六亚甲基四胺（乌洛托品）并加热才能使其硬化。有六亚甲基四胺架桥的热塑性酚醛树脂的硬化反应和硬化物结构模型如图 6.7 所示。

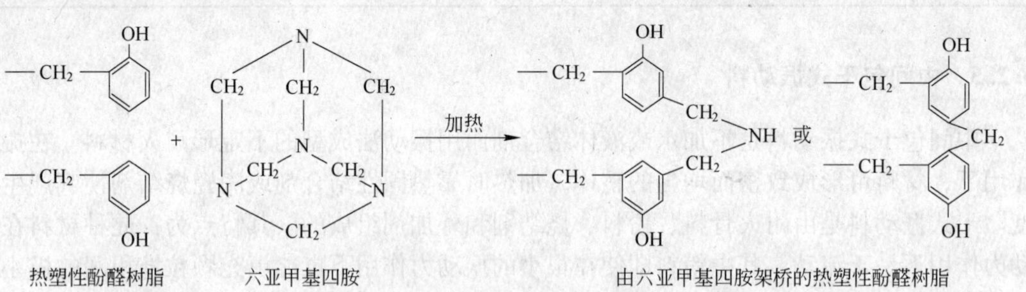

图 6.7　六亚甲基四胺架桥的热塑性酚醛树脂的硬化反应和硬化物结构模型

六亚甲基四胺与粉末状的热塑性酚醛树脂约从 120~130℃ 开始剧烈反应，热塑性酚醛树脂的硬化时间与六亚甲基四胺的加入量有一定的关系，通常六亚甲基四胺的加入量为热塑性酚醛树脂的 5%~15%。

热塑性酚醛树脂与硬化剂反应后，开始形成三维网络结构的固化树脂，并随着固化温度的升高，固化速度加快。当固化后的树脂继续受热时，约在 200~800℃分解，放出 CO_2、CO、CH_4、H_2 及 H_2O 等气体，同时 生成固定碳，这时树脂得以碳化，形成碳网络结构，图 6.8 是经 600℃左右热处理后的酚醛树脂碳化结构模型。

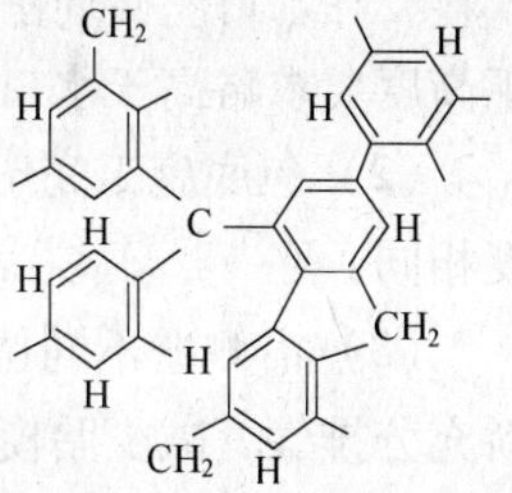

图 6.8 热处理后的酚醛 树脂碳化结构模型

无机结合剂有聚磷酸盐（三聚磷酸钠和六偏磷酸钠）、固体 水玻璃、硼酸等。无机结合剂不引入碳，不会给钢水增碳、增 氢，满足冶炼碳含量比较低的钢种的需要，使用烘烤时，不产生 苯酚、甲醛等刺激性气味，对环境无污染，抗侵蚀性能良好、容 易解体、结合强度和中温强度均可满足脱模要求和使用要求，可 提高中间包的使用寿命。

六偏磷酸钠：六偏磷酸钠的分子式为 $(NaPO_3)_6$，是由纯碱和正磷酸先制得磷酸二氢 钠，再经加热脱水和缩聚而制得。六偏磷酸钠为片状或块状玻璃体，粉碎后为白色粉末 状，吸湿性较强，极易溶于水。六偏磷酸钠与镁质原料在约 500℃的加热过程中可以聚合 成聚磷酸镁 $[Mg(PO_3)_2]_n$ 和 $[Mg_2P_2O_2]_n$，使得材料充分结合，在出现液相前的相当大温 度范围内都具有相当高的强度。

三聚磷酸钠：三聚磷酸钠的分子式为 $Na_5P_3O_{10}$，是用正磷酸和纯碱为原料经过中和和 聚合反应而制得。三聚磷酸钠为白色粉末，在潮湿的环境中具有一定的吸湿性，但比六偏 磷酸钠要小得多。三聚磷酸钠受热时可发生有助于提高材料强度的聚合作用，不会发生因 相变而使制品结构疏松的现象，因此由三聚磷酸钠结合的材料从常温到中温都具有较高的 强度，由此作为结合剂的镁质材料还具有良好的抗热震性。

水玻璃：水玻璃的分子式为 $R_2O \cdot nSiO_2$，是通过碱金属的碳酸盐与石英砂细粉在高 温下熔融反应而制得，是被广泛应用的无机结合剂。以水玻璃为结合剂的耐火材料具有较 高的强度、抗热震性、耐磨性和耐侵蚀性，但最高使用温度一般不超过 1200℃，可以作为 中间包干式料的中温结合剂使用。

硼酸：镁质干式料所使用的原料为碱性耐火材料，添加硼酸后，由于硼酸属于酸性化 合物，在一定温度下可以发生化学反应，起到促进干式料烧结的作用，有利于减少烘包时 间，增加烘包后的强度。

6.2.6 中间包干式料的施工

6.2.6.1 施工准备

（1）首先清理干净胎模，并在其四周刷上一层用机油或水搅拌均匀的石墨粉，然后让 胎模自然风干。在胎模上按要求位置装上能正常工作的振动电机，安装后要仔细检查是否 牢固，防止在使用中各紧固件松动。

（2）等中间包温度降低到 50℃以下方可施工，永久层必须清理干净，不能黏附残余 干式料或粉尘，不得向中间包内洒水。

（3）准备好需要使用的干式料。

6.2.6.2 施工方法

（1）首先装上中间包水口座砖，保证其上平面在同一平面上，然后向包底均匀倒入干式料，在水口座砖周围捣打严实。一层层捣打或者采用平板振动将包底材料捣实，材料施工高度要求略高于水口座砖上表面，这样有利于胎模与包底材料充分接触。

（2）包底施工完毕，将胎模坐入中间包内，坐模时要保证胎模两侧与永久层的间隙厚度相同。

（3）沿侧壁不同位置均匀倒入干式料，一边倒一边用振动棒沿胎模四周拖动，使干式料充分排气，减少胎模振动过程中材料的偏析。

（4）一层一层施工，直至干式料填充整个间隙，并让干式料高度高于永久层高度。

（5）开动胎模内的振动电机，振动时间在 5~10s，然后用辅助手动振动电机沿着中间包振动一圈。

（6）加入干式料填充因振动而留下的空隙，并将顶部干式料充分压实或捣实。

（7）点燃胎模内的烧嘴进行加热，胎模温度控制在 200~300℃ 之间，加热时间为 1~2h 使得干式料中的低温结合剂可以充分固化。

（8）待胎模冷却后，用行车将胎模拔起，拔模时要防止将工作衬包沿损坏。

（9）使用前，直接用大火烘烤 1h 左右，达到 1000℃ 以上时即可使用。

6.2.7　挡渣墙（堰）

大容量中间包的耐火衬中还设置矮挡墙和挡渣墙，可改善在钢包注流的动能作用下中间包内液体的流动状态。在有墙区，液体比较平静，有利于夹杂物上浮，同时有了隔墙，无墙区的浮渣和环流进入有墙区受到阻碍，从而使到达中间包长水口区域的钢水比较清洁，因而导致板坯夹杂物含量的减少，也可减少水口堵塞故障。因此，中间包挡渣墙的作用对减少非金属夹杂物进入结晶器，提高连铸坯内部质量，特别是对铝含量较高的铝镇静钢效果更好。

中间包挡渣堰的材质有铝镁质、镁质两种；镁质挡渣堰与铝镁质挡渣堰相比成本降低。其性能和冶金效果是：在工作温度下具有最佳的热态强度；浸泡钢水中强度高；带入到钢水中的氧含量比高铝质减少 80%；同时可吸收钢中的夹杂物 Al_2O_3，在表面形成镁铝尖晶石，阻止熔渣的进一步渗透。

镁质挡渣墙以电熔镁砂或高纯烧结镁砂为主要原料，在基质中加入适量的 uf-SiO_2 微粉和 α-Al_2O_3 微粉，并外加一定量的减水剂经浇注振动成型后低温烧成制成。加入 SiO_2 微粉可明显降低镁质浇注料中 MgO 颗粒的水化，使镁质浇注料在烘烤过程中的粉化和开裂现象大为减少；同时 uf-SiO_2 微粉的加入可以与 MgO 和 H_2O 反应产生 MgO-SiO_2-H_2O 凝胶结合；另外引入 SiO_2 微粉还可使浇注料具有良好的流动性。研究表明，SiO_2 微粉虽可以促进浇注料中镁铝尖晶石的长大，但是也会在材料中生成一定量的低熔点液相，对材料的抗渣性产生不利的影响，通常加入量不超过 2%。在基质中加入适量的 Al_2O_3 微粉，可以利用 Al_2O_3 微粉改善浇注料的流动性，同时 MgO 和 Al_2O_3 在高温下生成尖晶石 $MgAl_2O_4$，产生 8% 左右的体积膨胀可以降低材料的气孔率，降低熔渣渗透，并增加基质中的镁铝尖晶石含量，从而达到强化基质，提高材料高温力学性能的作用。研究表明 α-Al_2O_3 微粉的加入量在 8% 左右较为适宜。中间包用挡渣堰理化指标见表 6.4。

表6.4 中间包用挡渣堰理化指标 (YB/T 4120—2004)

项 目	A	AM	M
$w(Al_2O_3)$ (不小于)/%	80	—	—
$w(Al_2O_3+MgO)$ (不小于)/%	—	80	—
$w(MgO)$ (不小于)/%	—	—	80
体积密度(不小于)/g·cm^{-3}	2.75	2.75	2.75
常温耐压强度/MPa	60	60	60
常温抗折强度/MPa	8	8	7
加热永久线变化(1500℃×3h)/%	-0.5~+0.1	-0.5~+0.1	-0.5~+0.1

6.2.8 中间包防钢水冲击耐火材料

在连铸开始的时候，钢水从钢包经长水口注入中间包时，高速钢水将直接冲击中间包的底部（冲击区），对中间包包底耐火材料产生剧烈的冲击和磨损作用，中间包常常因为包底冲击区的损毁而提前报废。因此为了提高包底冲击区耐火材料的使用寿命和减轻耐火材料对钢水的污染，在中间包冲击区都使用浇注料预制块。

中间包钢水湍流器控制是在中间包冲击垫基础上发展起来的一种控流装置。它的作用是防止中间包底部耐火材料受钢水的高速冲击，进而延长中间包的使用寿命，在一定程度上也能使中间包内的钢水流动状态发生改变，增加停留的时间，减小死区体积，减缓"汇流漩涡"的生成，使夹杂物处于上浮状态，从而提高钢材质量。中间包钢水湍流控制器的形状有波纹形、弯月形、浅槽形和烟灰缸形等。所使用的耐火材料也是浇注料预制块。

预制块的材质有铝镁质和镁质浇注料两种。表6.5是某企业使用的防冲击耐火材料的理化指标。

表6.5 中间包用防冲击耐火材料的理化指标

项 目	A	AM	M
$w(Al_2O_3)$ (不小于)/%	80	80	8
$w(MgO)$ (不小于)/%	—	5	85
体积密度(不小于)/g·cm^{-3}	2.80	2.75	2.85
常温耐压强度/MPa	60	65	60
常温抗折强度/MPa	9	8	8.5
加热永久线变化(1500℃×3h)/%	-0.5~+0.1	-0.5~+0.1	-0.5~+0.1

6.2.9 中间包气幕挡墙材料

随着对钢水洁净度的要求越来越高，中间包已不再只是简单的盛钢容器，其二次精炼的冶金功能越来越为人们所关注，许多学者对中间包内的钢水流场进行了研究，以获得更好的中间包流场达到二次精炼的目的。目前人们采用在中间包内设置堰坝等传统手段来改善中间包流场，但这种结构对30μm以下的夹杂物去除无明显效果。借鉴钢包吹氩技术，近年来中间包底部吹氩技术引起了人们的关注。与钢包吹氩不同，中间包底部吹氩的主要作用不是增强搅拌，而是通过惰性气体产生的气泡来"气洗"钢液，气流在中间包内形成一个气幕挡墙，可以有效地改善中间包内钢水的流动形态和夹杂物的运行轨迹，从而达到去除小颗粒夹杂物的目的，甚至有脱气的作用。国外学者通过数值模拟和水力模拟发现：中间包内吹氩形成的气幕改善了中间包流场，可以减小短路流的形成和死区比率，延长钢液在中间包内的停留时间，使夹杂物有足够的上浮去除时间；气幕挡墙的形成可以"抬起"钢液，也缩短了夹杂物上浮的距离；另外，气体的搅动作用增强了小颗粒夹杂物的碰撞机会，容易使小颗粒夹杂物发生碰撞并聚集长大，更易于去除。

中间包气幕挡墙材料安装于中间包底部，长期受到高温钢水的侵蚀与气体的冲刷作用，要求其必须具有较好的抗热震性、耐侵蚀性及抗渗透性。中间包气幕挡墙的作用机理要求必须产生微小气泡，并且连续分布，因此对吹气元件的微观结构有特殊要求。具体要求是气幕挡墙材料应具有良好的高温透气性，并不易被钢水所润湿；同时还需具有良好的体积稳定性，吹气过程中气孔不能被钢液渗透堵死；良好的抗热震性，能缓冲使用过程中由于温度巨变产生的热应力而不至于剥落；孔径小且孔径分布较均匀，既能产生微小气泡，又能有效防止钢水的渗透。

目前在连铸中间包气幕挡墙上使用的材质主要是刚玉质和镁质两种，它们的共同特点是均采用了1mm以下等径颗粒堆积，并配入适量的细粉作为结合剂，经成型后高温烧成制得。刚玉质气幕挡墙材料以电熔锆刚玉、电熔锆莫来石、活性氧化铝粉、电熔氧化铝、三氧化二铬粉、结合剂按一定比例配置后，经预混、搅拌、成型、干燥、烧成过程制成。镁质气幕挡墙材料以电熔镁砂、高纯镁砂、活性氧化铝粉、结合剂按一定比例配置后，经预混、成型、干燥、烧成过程制成。就其结构来分，有采用整体一次机压成型的；也有采用复合形式，即在气室外围采用致密浇注料浇注，而透气芯部位则采用等粒径的浇注料配入适量的基质浇注而成。中间包气幕挡墙材料理化指标见表6.6。

表 6.6　中间包用镁质气幕挡墙材料的理化指标

项目		林茨钢厂	镁质
化学组成（质量分数）/%	Al_2O_3	0.1	8
	MgO	97	85
	Fe_2O_3	0.2	0.3
	CaO	1.9	1.5
	SiO_2	0.5	0.6
体积密度/g·cm^{-3}		2.75	2.78
气孔率/%		21	21
常温耐压强度/MPa		>35	>30
通气量/m^3·s^{-1}·m^{-2}		$8.3×10^{-3}$	$7.5×10^{-3}$

6.3　连铸用功能耐火材料

连铸"三大件"是指连铸生产过程中所使用的塞棒、长水口和浸入式水口三种功能耐火材料。它们起到将钢包、中间包和结晶器三位一体地连接起来，控流和导流钢液，防止钢水二次氧化，实现连铸的作用。长水口又称保护套管，安装在钢包的下方与钢包的滑动水口装置的下水口相连，连接着钢包和中间包，起着导流、防止钢水氧化和飞溅的作用；整体塞棒安放在中间包的上水口上部，起着控制钢水从中间包进入结晶器流量的作用；浸入式水口安装在中间包和结晶器之间，是连铸过程中的关键功能元件，是钢水从中间包进入结晶器的通道，起着保护钢水不发生氧化，防止钢水飞溅和空气及渣混入钢水中，同时还必须保证钢水在结晶器内有一合理的流场和温度分布的作用。

6.3.1 整体塞棒（stopper）

塞棒主要起到中间包开闭作用，除能自动控制中间包至结晶器之间的钢水流量外，还可以通过塞棒的吹氩孔向中间包吹入氩气和其他惰性气体。塞棒兼有控制钢流和净化钢水的功能。塞棒仅在开浇及停浇时使用，平时处于打开的状态。在连铸开浇时为了防止中间包滑动水口打不开，故开浇时滑动水口是打开状态，钢流控制由塞棒进行，在接近结束浇注时，为了防止中间包内的渣被漩涡带进结晶器，利用塞棒来阻挡漩涡。

塞棒的类型有：（1）组合塞棒。这种传统的塞棒下端棒头（塞头砖）和上端是数节袖砖，上下端用钢管串连而成。由于接缝多，钢水和熔渣很容易侵蚀到连接缝中引起断棒或塞头脱落。（2）整体塞棒。棒身与棒头直接连接在一起，不存在连接缝，这是常用的一种类型。整体塞棒的特点是：采用等静压成型，其形状和尺寸取决于中间包的容量、钢水面高度和中间包的喇叭形状和孔径大小。其塞棒头有空心的、带吹氩孔或带透气塞的。其固定方式有两种：一种是金属销固定，另一种是螺纹固定。

通常塞棒的棒身、棒头、渣线采用不同的配料组成。棒身材料都选用 Al_2O_3-C 材质，其主体耐火原料可依据现场使用状况而选用高档电熔刚玉原料或特级矾土熟料；渣线部位受中间包覆盖剂和钢液作用，多数情况采用以高档电熔刚玉为原料的 Al_2O_3-C 材质，在强侵蚀情况下也选用 ZrO_2-C 材质。棒头是塞棒最关键的部位，棒头和水口碗部配合实现控流。棒头和水口碗部设计为曲面形式，以保证良好的控流效果和关闭功能。

决定塞棒控流功能和使用寿命的关键部位是塞棒棒头，保证棒头材料的高性能就显得十分重要。其常用材质有两种：Al_2O_3-C 质棒头和 MgO-C 质棒头，需视浇注钢种和耐火材料的反应选择。真空度较高时，MgO 会与 C 反应，造成棒头侵蚀加快；钢液 Ca 含量高时，与 Al_2O_3 反应，加快棒头冲蚀，不能长时间连铸。通常 Al_2O_3-C 棒头比 MgO-C 棒头更适合于铝镇静钢，而后者非常适合于钙处理钢。

表 6.7 为组合塞棒和复合塞棒的性能指标。带透气衬套的塞棒示意图见图 6.9。

表 6.7 组合塞棒和复合塞棒的性能指标

项 目		化学成分（质量分数）/%					常温耐压强度/MPa	气孔率/%	高温抗折强度/MPa	抗热震性/次
		Al_2O_3	C	ZrO_2	SiO_2	MgO				
均质整体塞棒		≥60	≥25				≥16	≤19	≥5	≥5
		≥55	≥23				≥15	≤19	≥4	≥5
组合塞棒	袖砖	≥60			≤30		≥40	≤18		≥20
	袖砖	≥42			≤52		≥40	≤18		≥20
	塞头	≥80	≥10	6~9			≥40	≤6	≥12	
	塞头	≥75	≥10				≥40	≤6	≥12	

续表 6.7

项　目		化学成分(质量分数)/%					常温耐压强度/MPa	气孔率/%	高温抗折强度/MPa	抗热震性/次
		Al_2O_3	C	ZrO_2	SiO_2	MgO				
复合整体塞棒	本体	≥60	≥25				≥16	≤19	≥5	≥5
	渣线		≥14			80	≥30	≤5	≥10	
	渣线	≥75	≥10	6~9			≥25	≤10	≥8	
	头部		≥5		≥90					
	头部	≥85	≥5							

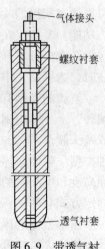

图 6.9　带透气衬套的塞棒

　　塞棒的发展重点也在棒头材质的变化上。当前含碳材料棒头使用寿命已近限度,对一些高侵蚀性钢种也不完全适应,非氧化物的复合材料将是提高棒头寿命的方向之一。已有报道的是连铸高氧钢,由于碳的氧化使得塞棒及水口寿命降低,采用含 AlN 产品,使用时表面 AlN 氧化形成 Al_2O_3 的致密层,使塞棒的使用寿命得到了提高。表 6.8 为含 AlN 的整体复合塞棒塞头的理化指标。

6.3.2　长水口(shround)

　　当钢水由钢包注入中间包时,为了避免氧化和飞溅,在钢包底部滑动水口的下端安装了管状的功能材料——长水口。一端与钢包滑动水口的下水口连接;另一端插入中间包的钢水内,进行密封保护浇注。长水口用于钢包和中间包之间,其作用主要是保护钢水浇注时不受二次氧化,改善钢水质量;减少钢中易氧化元素的氧化产物在水口内壁沉积,延长使用寿命;防止钢流飞溅,操作安全;长水口可多次使用,能降低耐火材料的消耗。

表 6.8　含 AlN 的整体塞棒塞头的理化指标

项目	化学成分(质量分数)/%					体积密度/g·cm^{-3}	气孔率/%	常温耐压强度/MPa	常温抗折强度/MPa
	Al_2O_3	MgO	SiO_2	AlN	C+SiC				
塞头	55		30	15		2.57	19.5	54	14.5

　　长水口的长度一般在 600~1800mm,管径为 140~150mm。在操作中急速倾注的钢水流经长水口的内孔,在此部位由钢水与空气接触生成的氧化物是成品钢中夹杂物的主要来源。此部位的长水口使用条件苛刻,必须具有以下功能:优异的抗热震性;良好的机械强度和抗热震能力;抗钢液和熔渣的侵蚀性好;连接处必须带有气缝装置。

　　浇注时因钢水的快速流动产生负压,会在长水口的碗部和下水口连接处吸入空气,使钢水氧化,因而在该处设有密封装置,并吹入氩气进行密封,防止空气吸入,以减少钢水中的夹杂物,从而提高铸坯质量。常见的带密封装置的长水口有两类:一类是带透气环长水口;另一类是带吹氩环的长水口,如图 6.10 所示。

　　在某种程度上,长水口的抗热冲击性是连铸"三大件"中要求最高的。当前国内钢厂多数连铸用长水口是不预热直接使用,浇注开始与钢液接触,水口内表面温度瞬间升至钢

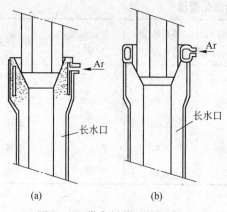

图 6.10 带密封装置的长水口
(a) 带有透气环的长水口；
(b) 带有吹氩环的长水口

液温度，外表面与大气接触，温度要低得多，在水口材料内部会产生很大的热应力，容易使水口产生纵向裂纹，所以，长水口在材料设计上应具良好的耐急热冲击。初期使用的是熔融石英质长水口；特点是抗热冲击性好，有较高的机械强度和耐酸性渣侵蚀，化学稳定性好，在使用之前可以不经烘烤。但是抗碱性渣侵蚀性差，且 SiO_2 易与钢水中的 Mn 和 Fe 系氧化物反应形成低熔点的化合物；在高温下 SiO_2 易被 C 分解和气化；热循环中的 SiO_2 液相引起体积变化，导致水口结构疏松，强度下降，因此不利于生产高纯洁净钢和高锰钢。随着连铸工业的发展和冶金行业的要求，又相继开发了铝碳质长水口。铝碳质长水口一般经烘烤后才能使用，否则在开浇时易发生事故，但是它具有优良的抗热震性，对钢种的适应性强，抗侵蚀性好。为了防止铝碳质水口中的碳在烘烤和使用过程发生氧化，在水口的表面涂有防氧化涂层。防氧化涂层主要由长石、石英、黏土等原料组成，通过石墨制成釉料，用人工或机械的方法涂抹在水口的外表面或内表面。

长水口使用寿命和材料抗侵蚀、抗冲刷的能力有关。长水口在使用中，不同部位蚀损速度和蚀损机理因工作条件的不同而不同，几个蚀损严重的部位如图 6.11 所示，分别为：渣线——受中间包覆盖剂侵蚀；钢液流出口的浸入钢液部位——受钢液强烈冲刷侵蚀氧化作用；颈部——钢液偏流冲刷及吹氧清扫；与滑动水口结合部——密封不严造成吸气氧化失碳，其中尤以浸入钢水中部分和颈部最为严重。提高长水口使用寿命的措施是好的抗钢液冲蚀主材料的选用，如白刚玉、致密刚玉以及其他高抗侵蚀耐火原料；高效的防

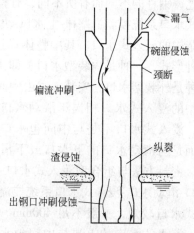

图 6.11 长水口易侵蚀部位示意图

氧化添加剂，具有自修复功能的补强加入物，低硅低碳等。在组成配比上，增加石墨含量，可提高抗热震性，但降低抗钢液冲刷和侵蚀性，加入量要合适，一般为 25 %～30%。主成分为电熔刚玉，对抗钢液侵蚀冲刷起决定作用，添加剂 SiC、熔融石英等分别起着提高抗热震性和抗氧化性的作用。

目前广泛使用的长水口为复合材质：本体为铝碳质，渣线部位为 ZrO_2 增强的 ZrO_2-C 质，透气环为氧化铝质。国外薄板坯连铸使用的是镁碳-刚玉碳-锆碳复合长水口。日本用钢纤维增强铝碳质长水口，对解决水口的断头问题和提高间歇操作有效。表 6.9 为长水口材料的理化指标。

表 6.9　长水口的理化指标

编号	化学成分(质量分数)/%					气孔率/%	体积密度/g·cm⁻³	抗折强度/MPa	应用
	SiO_2	Al_2O_3	ZrO_2	CaO	C				
A	15.7	52.0	0.9		31.2	17.9	2.35	7.4	本体
B	6.0	64.0	4.6		22.0	16.4	2.63	9.8	内衬
C	17.4	43.8			36.0	16.0	2.26		本体
D	3.1	61.3	3.5		23.0	14.9	2.64		碗部
E	6.0	0.4	67.0		23.9	17.3	3.29		渣线

6.3.3　浸入式水口（submerged nozzles）

6.3.3.1　浸入式水口简介

在连铸技术中，为了提高铸坯的质量，在中间包和结晶器之间安装有浸入式水口，连铸操作时将浸入式水口套在上水口之下。浸入式水口的作用可以防止钢水的二次氧化、氮化和钢水飞溅；调节钢水流动状态和注入速度；防止保护渣非金属夹杂物卷入钢水中，对促进钢水中夹杂物上浮起重要作用；对连铸坯成材率和铸坯的质量有决定性的影响。

浸入式水口安装在中间包的底部，并插入结晶器。浸入式水口的结构和材质因连铸工艺、连铸钢种的不同而有所不同，有整体塞棒和浸入式水口控流系统，上水口-滑动水口-浸入式水口系统控流，塞棒-上水口-快换机构-浸入式水口系统控流及薄板坯连铸用扁平式特殊结构的浸入式水口。其中整体式浸入式水口长度较长，一般在 700mm 以上。该水口有两种形式，一种是内装型水口，即由中间包内向外安装，水口为整体结构，密封性好；另一种是外装型水口，安装方式由中间包底向内安装。上水口-滑动水口-浸入式水口系统控流中的浸入式水口相当于滑动水口的下水口，浸入式水口不是与中间包水口相连接，而是与滑动水口的下水口或下滑板相连接，密封方法与组合型浸入式水口一致。上水口-滑动水口-浸入式水口系统控流中的浸入式水口较短，一般不足 400mm。在使用时，浸入式水口的上端与中间包水口的下口端相连接，而下端插入结晶器钢水中，浸入式水口端的碗部为球面和平面两种，用纤维垫或胶泥与中间包水口下端口相接触，并用杠杆系统的配重使浸入式水口与中间包水口压紧，由此进行密封，对钢水进行保护。浸入式水口的安装形式见图 6.12。

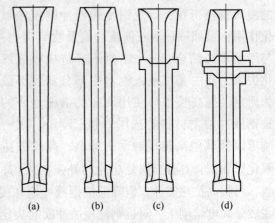

图 6.12　浸入式水口的安装形式

（a）内装型；（b）外装型；
（c）组合型；（d）滑动水口

6.3.3.2　浸入式水口的使用要求

由于浸入式水口材质本身具有一定的气孔率，同样具有透气性，外界空气在钢水流动时产生的负压作用下渗透到水口内部，与钢水接触使其氧化，因此长水口和浸入式水口外表必须涂有一层防氧化釉层。在使用时，在高温作用下，釉层融化并均匀分布在水口的外表，可以防止水口材料中的石墨氧化，同时还可以阻隔空气的渗入。所以水口材质要求满足以下条件：

（1）保证正常拉速下时的钢水流通量；

（2）尽可能使结晶器内铸坯断面的热流分布均匀；

（3）有利于保护渣的迅速熔化；

（4）有利于夹杂物的上浮、不卷渣；

（5）避免结晶器内钢液液面的剧烈搅动；

（6）安装使用方便。

6.3.3.3　浸入式水口的材质与发展

连铸初期，采用熔融石英质浸入式水口，其特点是抗热震性好，有较高的机械强度和耐酸性渣侵蚀，化学稳定性好，可以满足浇注普通碳素钢、低锰钢（$w(Mn) < 0.8\%$）、铝镇静钢等的要求。但是由于石英材质本身受钢水成分和保护渣碱度的影响，熔融石英不耐侵蚀。在浇注高锰钢时，SiO_2 易与钢水中的 Mn 反应生成硅酸锰（$MnO \cdot SiO_2$）而被侵蚀。SiO_2 为酸性材料，仅适用于碱度小于 1 的保护渣，否则渣线部位遭受严重侵蚀时，易出现"缩颈现象"，重则使水口渣线部位断裂。此外，石英浸入式水口需要严禁吸潮，否则易在烘烤和使用中出现开裂，同时在包装、运输和安装过程中严防机械损伤。

目前广泛使用的是铝碳质浸入式水口，因为 Al_2O_3 的来源广泛，可选用特级矾土、电熔刚玉或烧结刚玉等。α-Al_2O_3 结构致密、稳定、活性低，熔点为 2050℃，莫氏硬度 9 级，密度相对较小，化学稳定性好，与钢水、熔渣的接触面积大，钢水难以润湿，具有耐高温、强度大、抗氧化和耐侵蚀的特点。但是线膨胀系数大（8.8×10^{-6}/℃），制品的抗热震性较差，为了弥补不足，引入了石墨。石墨具有线膨胀系数小（20~1000℃ 时为 1.4×10^{-6}/℃），且弹性模量低（4900MPa）、热导率高（1000℃，64W/(m·K)）等特性，可增强制品的稳定性。石墨对熔渣和钢水的接触角大，不易被熔渣润湿，具有优良的耐蚀性和抗热震性。采用铝碳水口可以扬长避短，兼具两种原料性能的优点。铝碳质水口抗侵蚀、耐热震，解决了高锰钢、合金钢的多炉连浇问题。

铝碳或铝锆碳质浸入式水口实际为复合材质的水口，依水口部位不同，使用条件和要求不同而选用不同材质。同其他连铸功能耐火材料一样，对浸入式水口来说良好的抗热震性是最基本的要求。水口本体经受强热震和钢液冲蚀，一般都选用铝碳质材料，并且可依使用要求不同，选择不同档次和不同碳含量的铝碳质材料。水口碗部为与塞棒棒头配合部位，起着控制钢液供给速度及开关的作用，对抗热震或抗剥落、抗侵蚀、抗冲刷要求也都很高，常与塞棒棒头选用相同的材质，浇注不同的钢种有不同的选材：常用为铝碳质，钙处理或钙硅处理钢以镁碳质或尖晶石碳合适。渣线是浸入式水口最重要的部位，既是易发生质量事故的部位，又是决定水口使用寿命的关键，ZrO_2-C 材料是当前最通用的渣线材料。ZrO_2-C 材料的抗侵蚀性和电熔 ZrO_2 含量、质量、稳定化率、粒度组成相关，提高 ZrO_2 含量，可提高抗侵蚀性，但降低抗热震性。铝碳-锆碳复合水口见图 6.13。镁碳-铝碳-锆碳质复合浸入式水口见图 6.14。

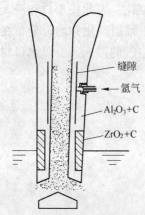

图 6.13 铝碳-锆碳复合水口示意图

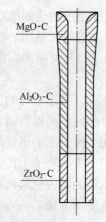

图 6.14 镁碳-铝碳-锆碳质复合浸入式水口

6.3.3.4 浸入式水口的损毁因素与改进措施

A 堵塞

水口的堵塞与钢水的成分、脱氧方法、浇注温度和时间、水口的材质和形状等因素有关。堵塞以铝镇静钢、含铝高的钢、稀土钢、含钛钢为严重，堵塞物的矿相组成主要是 α-Al_2O_3 及 FeO 的混合物。堵塞的原因是钢水中的脱氧产物 Al_2O_3 或钢中溶解的 [Al] 还原了耐火材料中的 SiO_2 产生了 Al_2O_3 或耐火材料本身发生氧化反应生成的 Al_2O_3 在水口的内壁沉积，同时在高温的作用下 Al_2O_3 颗粒烧结导致聚层长大。

防止浸入式水口堵塞的措施主要有两种：一种是材质防堵塞，另一种是结构防堵塞。

（1）材质防堵塞型浸入式水口：主要是在水口的内壁复合一层具有防堵塞功能的内衬，使得钢水中的 Al_2O_3 与水口材料中物质生成低熔物铝酸盐，随着钢水流失，减少铝化合物在水口内壁的黏附，防止 Al_2O_3 的沉积。

可在内衬材料中使用 $CaO \cdot ZrO_2$。$CaO \cdot ZrO_2$ 转变为立方 ZrO_2；立方 ZrO_2 转变为斜锆石时，CaO 从 $CaO \cdot ZrO_2$ 和非水化钙化物中分离后，均匀地分散在材料基质中，加速 CaO 与 Al_2O_3 的反应。为此开发了 CaO-ZrO_2-C 复合式浸入式水口。图 6.15 为 CaO-ZrO_2-C 质浸入式水口的示意图。

由于氮化物几乎不被钢水润湿，钢水中的 Al_2O_3 不易黏附在水口的内壁上，同时 BN 与 Al_2O_3 的界面张力比石墨大。因此复合式浸入式水口中可使用 BN 基的材质，为此开发了 Al_2O_3-BN-C 浸入式复合水口。图 6.16 为 Al_2O_3-BN-C 复合式浸入式水口示意图。表 6.10 为几种典型的浸入式水口的理化指标。

（2）结构防堵塞型浸入式水口（图 6.17）：

1）带环形透气塞的浸入式水口：在氧化锆水口内部埋入多孔透气塞，氩气从外吹入使水口内表面与钢水间形成一层氩气膜，防止钢水和 Al_2O_3 在水口内壁黏附。

2）带镶嵌透气塞的浸入式水口：在水口的壁上镶有一小透气塞，通过透气塞向水口吹入氩气，在水口的内壁形成气膜，防止钢水中 Al_2O_3 的沉积。

3）狭缝吹气浸入式水口：在水口的内层设置一透气层，并在水口与透气层之间留有一条缝隙。在浇注钢水时，从外界吹入氩气使之透过透气层，在水口内壁形成一层气膜，从而阻止钢水中析出的 Al_2O_3 沉积，起到防止水口堵塞的目的。

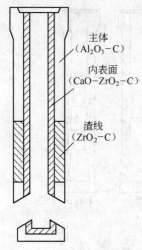

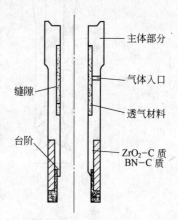

图 6.15 CaO-ZrO₂-C 质浸入式水口　　　图 6.16 复合式浸入式水口（Al₂O₃-BN-C）

表 6.10　浸入式水口的理化指标

部位	浸入式水口 1			浸入式水口 2		浸入式水口 3	内层		碗部
	本体	渣线	透气部位	本体	渣线				
材质	铝碳	锆碳	铝碳	铝碳	锆碳	石英	ZrO₂-CaO-C	BN-C	MgO-C
$w(Al_2O_3)/\%$	≥48		≥80	≥45				40	4
$w(C+SiC)/\%$	≥30	≥15	≥15	≥20	≥12		≥6	12.5	
$w(ZrO_2)/\%$		77			80		≥60		28
$w(SiO_2)/\%$	≤15			≤20				18.5	
$w(CaO)/\%$							25	24(BN)	
$w(MgO)/\%$									68
气孔率/%	≤17	≤18		≤20	≤18	≤19		16.5	17
体积密度/g·cm⁻³	2.27					1.85		2.0	2.42
常温耐压强度/MPa	≥17			≥16		≥40			32
常温抗折强度/MPa	≥6			≥4					8
抗热震性/次	≥5			≥5		≥5			
标态通气量/L·min⁻¹			23						

4）阶梯形浸入式水口：该水口可防止由于钢水流再搅动所产生的不均匀性或激流。同时通过反复搅拌氩气引起的发泡作用，并在水口内表面均匀分布，从而减少 Al₂O₃ 的沉积。

B　侵蚀

浸入式水口渣线位处结晶器钢液和保护渣界面，侵蚀严重，是水口使用过程中最薄弱部位，当局部侵蚀严重时，形成缩颈甚至导致水口断裂。提高浸入式水口使用寿命的关键是提高渣线 ZrO₂-C 材料的抗侵蚀性。石墨的氧化和在钢液中的溶解及渣液对 ZrO₂ 的溶蚀是浸入式水口渣线 ZrO₂-C 材料在使用时所发生的两个最主要侵蚀过程。它和钢液接触时，以石墨氧化和溶解为主；它和渣液接触时，石墨与渣液不浸润，以 ZrO₂ 溶蚀为主。减缓二

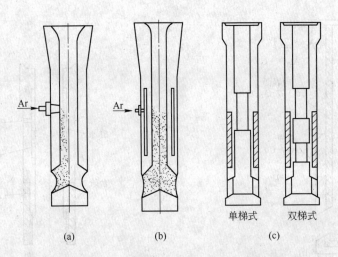

图 6.17　结构型防堵塞水口示意图

(a) 吹氩结构透气塞型；(b) 狭缝型；(c) 环状阶梯型

者的蚀损速度，均可起到提高渣线使用寿命的作用。渣液与氧化锆的相互作用主要是渣液与 ZrO_2 颗粒中的杂质和 CaO 稳定剂的作用。其作用程度的大小与氧化锆颗粒的组成和结构有很大的关系。致密程度低的和杂质含量相对高的材质抗侵蚀性差。

改进措施主要有：在浇注过程中采用中间包上下浮动，改变保护渣与水口的接触部位，这是生产中普遍使用的办法；另外适当加厚渣线部位的尺寸，也可以提高浸入式水口的使用寿命；在原料材质方面，可以通过控制电熔氧化锆原料的品质（致密程度、稳定化率、纯度等）、氧化锆的加入量、氧化锆的粒度组成、鳞片石墨的品质、合适的添加剂等，提高浸入式水口渣线的抗侵蚀性；但过高的 ZrO_2 含量会导致抗热震性变差，二者比较兼顾的比例是碳含量在 15%~20% 之间。另外通过喷涂耐侵蚀材料和 ZrB_2 等材质作保护圈，也可以提高浸入式水口渣线的抗侵蚀性。

6.3.4　连铸"三大件"生产工艺

连铸"三大件"虽然功能不同，但生产原料和生产工艺基本相同。连铸"三大件"中除少量的浸入式水口为熔融石英外，绝大多数为铝碳质材料，所以生产的主要原料可以分为主体原料、石墨原料、添加剂和结合剂。由于原料对产品的性能影响很大，因此生产连铸"三大件"的原料的粒度、纯度及结构都有严格的要求。

主体原料。主体原料主要有各种刚玉原料、电熔镁砂、尖晶石、电熔氧化锆、熔融石英及电熔莫来石等。主体原料的选择依据产品的不同和部位不同而选择不同的主体原料。通常"三大件"本体使用的原料为刚玉或高铝原料，渣线部位采用部分稳定的电熔氧化锆原料，塞棒棒头、水口的碗部依据连铸的钢种不同可以选用刚玉、电熔氧化镁、尖晶石等材质，石英和莫来石作为改善热震稳定性的原料引入。一般要求骨料的原料粒度在 1mm 以下。

石墨原料。连铸"三大件"产品中大量使用石墨是为了使得产品具有高的抗热震性和抗侵蚀性，但是使用石墨带来不利的影响是产品易于氧化。因此为了防止石墨的氧化和提高产品的抗侵蚀性，常常使用高纯度的鳞片石墨。

添加剂。为了改善连铸"三大件"产品的使用性能，常常在配料中加入一定量起改性作用的添加剂，如抗氧化剂。常用的抗氧化剂有金属铝粉、硅粉、碳化硅、碳化硼、Al-Si和Al-Mg合金粉等。添加剂的加入有时是利用在热处理过程中生成非氧化物，如SiC、Si_3N_4、AlN等增强材料的性能；或者是在使用过程中先于石墨氧化，能将CO还原成C，抑制制品中C的消耗速度；或生成C和氧化物，提高耐火材料的致密度，形成保护层，促进石墨的结晶，提高制品的高温强度。

有机结合剂。连铸"三大件"所使用的结合剂均为树脂，有酚醛树脂也有糠醛酚醛等，都是利用树脂经热处理后会形成碳结合，使得制品具有较高的强度，因此要求树脂应具有较高的残炭、合适的黏度和稳定的性能，树脂的加入量通常在5%~10%。

生产工艺过程为：坯料的制备—等静压成型—干燥、热处理—整形—X-探伤—表面防氧化涂层—包装入库。

（1）坯料的制备包括配料、混料、造粒和干燥等过程。配料是将原材料按照预定质量百分比进行准确配料；混料、造粒是将配好的物料混合，添加结合剂，并利用造粒机造粒，烘干粒料使之满足成型条件。常用的混料、造粒设备为高速混碾机，加料时先加入骨料、树脂、石墨和预混合粉等，高速混碾机同时还具有造粒的作用。干燥设备可以采用普通的耐火材料常规干燥设备，也可以采用流化床干燥设备，一般要求干燥温度不超过80℃。

（2）成型：将第一步所得粒料加入中间为钢制模芯的组合橡胶模具中，加料时需要注意从不同部位分别加入，封闭后等静压机压制成型，同时选择合适的压力和升压、保压及泄压曲线。

（3）干燥、热处理：干燥排除坯体中的挥发分，然后在隔绝空气的条件下进行焙烧，使树脂分解炭化，形成碳结合，使得材料具有较高的结合强度。热处理设备多为梭式窑，热处理温度常在1000~1250℃。

（4）X-探伤：连铸"三大件"在使用时要求产品杜绝任何内部损伤，产品检测需采用无损探伤，所用仪器为X射线探伤仪。

（5）加工和表面涂层：等静压成型品的外形尺寸，特别是配合尺寸尚达不到要求精度，"三大件"产品局部或全部外形尺寸需进行加工。同时，为防止在现场烘烤和使用时氧化，产品表面要涂以保护涂料。所配制的涂料在较低温度下（600~750℃）能熔化成釉，并能在产品表面良好铺展和能在较宽的温度范围内维持黏度无大的变化，起到保护石墨不氧化的作用。

表6.11为连铸铝碳质材料国家规定的理化指标参考值。

表6.11　连铸用铝碳质耐火制品理化性能指标（YB/T 007—2003）

项　目	指　标												
	C_{45}	C_{40}	C_{35}	R_{50}	R_{45}	R_{40}	R_{35}	S_{60}	S_{55}	S_{45}	Z_{70}	Z_{65}	Z_{55}	M
$w(Al_2O_3)$（不小于）/%	45	40	35	50	45	40	35	60	55	45	—	—	—	
$w(F.C)$（不小于）/%	20	25	30	18	20	22	25	10	15	20	12	15	18	15
$w(ZrO_2)$（不小于）/%	—										70	65	55	
$w(MgO)$（不小于）/%	—													58

项　目	指　标												
	C_{45}	C_{40}	C_{35}	R_{50}	R_{45}	R_{40}	R_{35}	S_{60}	S_{55}	S_{45}	Z_{70}	Z_{65}	Z_{55}	M
体积密度(不小于)/g·cm^{-3}	2.18	2.16	2.13	2.36	2.28	2.25	2.18	2.60	2.44	2.36	3.50	3.44	3.20	2.45
显气孔率(不大于)/%	19.0	19.0	20.0	19.0	19.0	19.0	19.0	18.0	19.0	19.0	21.0	21.0	22.0	18.0
常温耐压强度(不小于)/MPa	19.0	19.0	18.0	19.0	19.0	19.0	18.0	23.0	22.0	20.0	—	—	—	—
常温抗折强度(不小于)/MPa	5.5	5.5	4.5	5.5	5.5	5.0	4.0	5.0	5.0	4.0	—	—	—	—
抗热震性(1100℃,水冷)/次	≥5													
通气量/m³·h^{-1}	供需双方协商													
无损探伤														

注：1. 根据用户需要，对制品需采用复合材质等特殊要求时，供需双方协商；
　　2. C—长水口；R—浸入式水口；S—塞棒；Z—复合部位锆碳质；M—复合部位镁碳质。

6.3.5　密封材料

　　连铸采用全程保护浇注过程中，由于钢水的注入速度高，在耐火材料的接缝部位会产生负压，易于吸收空气中的氧，导致材料的氧化、龟裂和损毁，同时还造成钢水增氧和增氮，恶化钢水质量，因此保持接缝部位的密封性非常重要。连铸过程中的接缝部位包括钢包下水口与长水口、整体塞棒与中间包上水口、中间包上水口与上滑板、下滑板与中间包下水口、中间包下水口与浸入式水口之间的结合部位。

　　连接处密封的方法有：一是在连接处使用浸有低熔点化合物的纤维密封圈，在接缝处吹入氩气形成正压区，阻止空气吸入；二是在接缝处垫密封圈，并与吹入氩气同时使用，这样保护效果更好。常用的密封材料有 Al_2O_3-C 质、MgO-C 质、ZrO_2-C 质和石墨密封环等材质。表6.12为几种典型的密封材料。

表6.12　几种典型的密封材料

项　目	密　封　材　料				
	1号	2号	3号	4号	5号
$w(Al_2O_3)$/%	52	66	59	96	
$w(SiO_2)$/%	22	23	25	3.2	
$w(ZrO_2)$/%	—	4	4	0.3(Na_2O)	
$w(F.C)$/%	—	5	5		≥95
$w(C+SiC)$/%	25	—			
$w(其他)$/%				0.5	<5
特　点	抗氧化	常温用	高温用	4号和5号复合用； 4号为有机物的热塑材料	

6.4　滑动水口系统用耐火材料

　　滑动水口用耐火材料又称滑板，它是连铸控流系统的关键元件。自20世纪60年代以来，滑动水口已成为钢铁工业快速发展的重要工艺技术革新之一。滑板砖是滑动水口的关键组成部分，是直接控制钢水、决定滑动水口功能的部件。滑板的制造工艺与以前的耐火材料不同，它具有钢水注入功能和流量调整功能，砖的制造除了混炼、成型、烧成、检查这些工序以外，还有滑动面的机械加工、安装加工及外部整体调整工序。在使用过程中，由于需要长时期承受高温钢液的化学侵蚀和物理冲刷、激烈和瞬变的热冲击和机械磨损作用，使用条件极为苛刻；同时，为实现自由开闭钢流，滑动面平整度及其板型尺寸均需严格要求。因此滑板必须具有对钢水和炉渣较强的抗侵蚀性和冲刷性；高的高温强度和耐磨性、良好的抗热震性及抗氧化性等特性。现在国内外绝大多数钢包、中间包都装上了滑动水口系统。

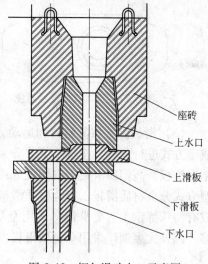

图 6.18　钢包滑动水口示意图

滑动水口系统是由滑动机构、上水口、滑板、下水口组成。滑板分上滑板和下滑板，滑板形状取决于机构的要求形状，上、下滑板外形尺寸相同，则可以互用，尺寸不同，不能互用。图 6.18 为钢包滑动水口示意图。

6.4.1　滑动水口系统分类

（1）滑动水口按滑板数量可分为两层滑板和三层滑板。两层滑板是上滑板不动，下滑板跟随机构进行滑动，两层滑板大多用在钢包机构上。三层滑板是上、下滑板均不动，中间滑板跟随机构进行滑动，起控制和调节钢水流量作用；三层滑板大多用在中间包机构上。三层滑板的特点是中间的滑动板，不用火泥，而用金属带嵌板固定，对控制裂纹起很好的作用，同时还要严格控制滑板的平行度。在浇注初期，为了防止钢水在滑动水口的钢道内冷凝，安装有塞棒阻止钢水流入水口通道，保持钢水在中间包内形成必须的液面，并严防更换浸入式水口时钢水冷凝或非金属夹杂堵塞通道。图 6.19、图 6.20 为两层滑板和三层滑板结构示意图。

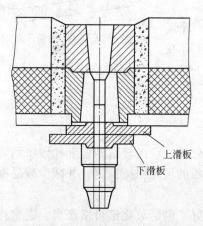

图 6.19　两层滑板结构示意图

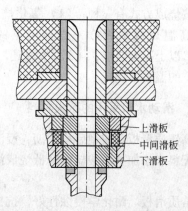

图 6.20　三层滑板结构示意图

（2）滑动水口按运动方式有两种：直线式（图 6.21）和回转式（图 6.22）。目前国内外大多数钢厂使用直线式机构，回转式机构应用较少。

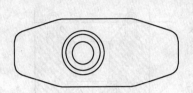

图 6.21　直线式滑板示意图

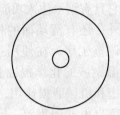

图 6.22　回转式滑板示意图

（3）滑板除了按其结构和运动方式进行分类外，还可以按滑板的材质、烧成方式以及成型方式进行分类。按材质工艺分为铝锆碳滑板、锆质滑板、铝碳滑板、镁质滑板、金属结合滑板、高铝质滑板；按烧成方式分为高温烧成滑板、中温烧成滑板、不烧滑板。按成型方式分全材质滑板、复合材质滑板。目前国内 150t 以上钢包用滑板、多次连浇钢包滑板或有特殊炼钢工艺要求钢厂采用全材质滑板，150t 以下钢包采用复合材质滑板的钢厂较多，国外大多钢厂采用全材质滑板。具体见图 6.23。

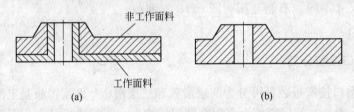

图 6.23　复合材质滑板（a）和全材质滑板（b）示意图

所谓复合材质滑板就是工作面物料和非工作面物料利用成型方式压制在一起，主要目的是降低成本。复合材质滑板多为铝碳质滑板，铝锆碳质和镁质滑板复合材质较少。

镶嵌滑板：镶嵌滑板母体为普通滑板，而镶嵌环多为锆质，也有铝锆碳质、铝碳质等，见图 6.24。

按烧成方式有三种：（1）氧化烧成滑板；（2）埋炭还原高温烧成滑板：一般多用匣钵放入炭粒然后在1200℃ 以上高温烧成；（3）中温还原烧成滑板：一般用氮气保护或用特殊匣钵在 800～1000℃ 的温度下烧成。

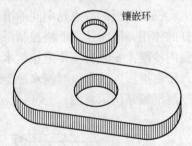

图 6.24　镶嵌滑板示意图

6.4.2　滑动水口采用的耐火材料

高铝质滑板。成型后均用沥青浸渍后，再轻烧处理，获得较高的强度和致密均匀的结构。配料中添加了磷酸盐以降低烧成温度，可使滑板的尺寸保持稳定，并减少废品率和研磨量。

锆质滑板。耐化学侵蚀性好，抗机械冲刷性能好。但是氧化锆价格昂贵，通常将其做成镶嵌环或镶嵌件。

铝碳质滑板。铝碳质滑板是 20 世纪 70 年代末期开发的产品，以烧结氧化铝和合成莫来石为主要原料，在基质部分添加碳组分和防氧化剂（如金属铝、金属硅、SiC、B_4C、Mg-B 等），加入结合剂煤沥青或酚醛树脂混炼成型；在还原气氛下烧成，形成碳结合的耐火材料。这种材质的滑板因其组织致密，气孔微细且含有一定数量的残炭，钢液和渣液难以浸渍，故耐侵蚀性良好，但其缺点正是由于组织致密，耐热冲击性有所下降，不能多次连续使用，另外，在使用过程中，由于碳易被氧化，导致结构疏松，降低了耐侵蚀性。

表 6.13 为国内某企业生产的铝碳滑板的理化指标。

表 6.13　国内某企业生产的铝碳滑板的理化指标

项　　目		LT-1	LT-2	LT-3	LT-4	LT-5
化学成分（质量分数）/%	Al_2O_3	83.3	84.37	82.3	81.3	80.09
	C	9.3	7.7	9.1	8.9	8.1
显气孔率/%	油浸	1.5	1.3	1.5	1.5	102
	油浸焙烘	4.5	4.6	4.5	4.5	5.1
常温耐压强度/MPa	油浸	140	153	140	130	176
	油浸焙烘	120	137	120	110	162
高温耐折强度/MPa	油浸	18	20	18	18	19
	油浸焙烘	15	18	15	15	17

铝锆碳质滑板是在烧成铝碳质滑板的基础上研制开发的。这种材质滑板采用了低膨胀率的 Al_2O_3-SiO_2-ZrO_2 系原料，制成以斜锆石、莫来石、刚玉等为主晶相，以碳结合为特征的耐火材料。引入锆莫来石作骨料，利用锆莫来石中的氧化锆在约 1000℃ 时发生晶型转变，伴有体积收缩的特点，晶粒内产生显微裂纹，大大改善了材料的耐热冲击性能。ZrO_2 具有优良的抗侵蚀性，其耐侵蚀性较铝碳质滑板明显提高，成为现今大型钢铁企业滑板使用中的主流。

铝（锆）碳质用原料。刚玉、锆刚玉、锆莫来石、石墨、氧化锆、树脂结合剂、金属 Al 粉、Mg-Al 合金等。含碳滑板生产工艺过程大致可以用图 6.25 表示。

图 6.25　含碳滑板的生产工艺过程流程

为了改善铝碳质滑板的性能，常常添加氧化锆、碳化硼、AlON、MgB 等。其特点为抗侵蚀性好，抗热震性好，可防止水口的堵塞，满足了多炉连浇。表 6.14 为国内某企业生产的铝锆碳质滑板的理化指标。

方镁石-尖晶石-碳不烧滑板。以电熔尖晶石、电熔镁砂为主要原料，热塑性树脂为结合剂，并添加适量的金属加入物，经混碾成型后，再经浸油，制得油浸滑板砖。具有抗侵蚀、耐热震、化学稳定性好等性能。

尖晶石碳质滑板。采用镁铝尖晶石原料，制成以镁铝尖晶石为主晶相，以陶瓷和碳复合结合为特征的耐火材料。镁铝尖晶石材料的线膨胀系数和弹性模量均比氧化镁小，抗热冲击能力比氧化镁强。但尖晶石材料与钢中钙发生缓慢的化学反应，生成低熔点物，影响其使用寿命。现在，通过对制造过程中原材料的改进，并对泥料的粒度分布及烧成温度加以改进和控制，镁尖晶石滑板的耐侵蚀性均有很大提高，使用寿命也明显增加。表6.15为国内某企业生产的方镁石-尖晶石-碳不烧滑板的理化指标。

表 6.14　国内某企业生产的铝锆碳质滑板理化指标

项　　目		LGT-1	LGT-2	LGT-3	LGT-4	LGT-5	LGT-6	LGT-7	LGT-8	LGT-9	LGT-10
化学成分（质量分数）/%	Al_2O_3	74.0	75.0	73.0	75.0	71.5	72.5	74.0	71.0	72.0	72.0
	ZrO_2	7.0	7.0	7.5	6.0	7.5	7.0	7.0	8.0	8.0	12.5
	C	9.0	8.0	9.0	8.0	9.0	9.5	9.0	10.0	10.0	5.5
显气孔率/%	油浸	1.5	2.0	2.0	2.2	1.5	1.3	1.6	2.0	1.7	0.8
	油浸焙烘	6.0	5.5	4.0	4.5	4.0	4.0	3.6	3.6	3.6	5.5
常温耐压强度/MPa	油浸	170	150	140	150	180	170	170	170	165	160
	油浸焙烘	150	125	130	130	160	160	160	150	150	150
高温抗折强度/MPa	油浸	24	23	20	19	22	21	23	24	24	11
	油浸焙烘	21	18	17	17	19	18	20	21	22	9

表 6.15　国内某企业生产的方镁石-尖晶石碳不烧滑板的理化指标

名　　称		镁质	镁尖晶石质
化学成分（质量分数）/%	MgO	90.5	89.0
	Al_2O_3	4.0	6.5
	SiO_2	1.5	1.0
	CaO	1.3	1.2
	C	2.5	2.5
常温耐压强度/MPa		120	110
气孔率/%		6.5	5.5
体积密度/$g \cdot cm^{-3}$		3.12	3.11
常温抗折强度/MPa		23	18
高温抗折强度/MPa		15	13

氧化锆质滑板。氧化锆质材料具有良好的耐蚀性（$CaO\text{-}ZrO_2$系液相线温度均在2000℃以上）和耐剥落性（比较低的线膨胀系数）。氧化镁部分稳定的氧化锆质滑板，可以在较苛刻的浇注条件下使用，寿命最高可达10次。采用热压成型的氧化锆质滑板具有高温强度高、显气孔率低、气孔径小等特点，在中间包上使用，更具有耐钢和渣的侵蚀性能。

滑板砖的理化指标见表6.16。

表 6.16 滑板砖的理化指标 (YB/T 5049—2009)

项 目	指 标						
	HBLT-65	HBLT-70	HBLT-75	HBLT-80	HBLTG-70	HBLTG-75	HBLTG-80
$w(Al_2O_3)$(不小于)/%	65	70	75	80	70	75	80
$w(C)$(不小于)/%	6	6	4	1	5	3	3
$w(ZrO_2)$(不小于)/%	—	—	—	—	4	4	4
常温耐压强度(不小于)/MPa	70	80	90	100	110	120	120
显气孔率(不大于)/%	13	13	10	10	11	10	10
体积密度(不小于)/g·cm⁻³	2.75	2.85	3.00	3.05	3.00	3.05	3.10

6.4.3 滑板的侵蚀机理

6.4.3.1 热机械蚀损

滑板在使用过程中首先产生的是热机械蚀损,滑板在使用前的温度很低,浇注时,滑板内孔突然与高温钢水 (1600℃) 接触而受到强烈热震 (温度变化约在 1400℃),因此在铸孔外部产生了超过滑板强度的张应力,导致形成以铸孔为中心的辐射状的微裂纹。裂纹的出现有利于外来杂质的扩散、集聚和渗透,更加速了化学侵蚀。同时,化学侵蚀反应又促进裂纹的形成与扩展,如此循环,使滑板铸孔逐步扩大、损毁。而且高温钢水的冲刷会损伤与钢摩擦部位的耐火材料,并造成剥落、掉块。

6.4.3.2 热化学侵蚀

热化学侵蚀是滑板损毁的另一主要原因。滑板用耐火材料在使用过程中接触高温钢水和炉渣,发生一系列化学反应,造成化学侵蚀。依据不同钢种对滑板的化学损毁机理不同,宝钢现生产的钢种可分为三类,即镇静钢、高氧高锰钢、钙处理钢。再依据不同的使用条件,选择相应材质的滑板,这样可提高滑板的使用寿命,降低耐材成本。

Al_2O_3-C 和 ZrO_2-Al_2O_3-C 质滑板损毁的化学机理:

(1) 碳的氧化。石墨和碳的氧化主要有两种途径:一是钢水特别是高氧钢种中的氧气氧化碳素而形成气孔,然后铁渗入气孔并使滑板表面黏附钢液;二是空气中的氧气氧化碳素和钢水,生成低熔物后,低熔物沿气孔继续侵蚀渗透。

(2) 莫来石的分解。莫来石在使用后均不同程度地发生了分解,转化为柱状和晶状的刚玉晶体,形成多孔结构,破坏了原有的莫来石与斜锆石组成的致密的共晶结构,使结构疏松,组织恶化,强度和耐蚀性大大下降,加速了滑板的损毁。

(3) (Mn)、(Fe) 对滑板的侵蚀。滑板中 SiO_2 与钢和熔渣中的 FeO、MnO 反应形成低熔点矿物相 $2FeO·SiO_2$(1205℃)、$MnO·SiO_2$(1291℃)。

(4) (Ca) 对滑板的损毁。$Al_2O_3·SiO_2$ 与钢和熔渣中的 CaO 反应形成低熔点的 $2CaO·Al_2O_3·SiO_2$(1327℃)和 $12CaO·7Al_2O_3$(1392℃)。

6.4.4 滑动水口自动开浇

钢包滑动水口自动开浇是指钢包开浇时滑动水口打开后钢水能从钢包内经上水口、上滑板流钢孔、下滑板流钢孔、下水口自动流出,经长水口流入中间包内。但是钢包上水口如果在盛放钢水前不采取任何措施,将会出现如下的情况:钢液直接与滑板滑动面接触,滑板的工作条件恶化；同时高温钢水也使得滑板等机构的使用条件出现安全隐患；而且钢水在水口内冷却凝固，而使得滑板无法打开，钢水无法流出。因此滑动水口在开浇时，其铸孔能否自动流出钢水——自动开浇，成为能否顺利浇注和安全浇注至关重要的因素。目前滑动水口开浇的方式有：填料法、吹气法和烧氧法。

（1）填料法。又称引流砂法。使用时在出钢前，当钢包停止烘烤，关闭滑动水口后，用一长形漏斗向上水口内放入填料，在上水口的内部和座砖的顶部形成一馒头状沙包；当钢水进入钢包初期时，与钢水接触表面的引流砂迅速烧结，成为一层高黏度的液相层，阻止钢水向引流砂内部渗透。液相层下部是烧结层，烧结层下面是松散的引流砂。在下部滑板和上水口支撑力及材料内部作用力的支撑下，能够承受钢水的静压力作用而不破坏，同时由于引流砂松散的结构，使得引流砂内的传热变慢，引流砂的烧结速度也会变慢，可以使得烧结层保持一定的厚度，从而防止了钢水进入上水口内而凝结。当滑板开启时，引流砂下落后钢水在自重的作用下随之而下，达到自动开浇的目的。

引流砂质量是影响开浇率的主要因素之一。就引流砂本身而言，不能自动开浇主要有以下原因：1）引流砂的烧结层过厚，钢水静压不能将其冲开；2）钢水浸入引流砂的颗粒间并且凝固；3）引流砂的颗粒本身有棱角，或者受热膨胀过大，流动性变差。为此，要求引流砂具备以下条件：1）不过度烧结；2）抗钢水渗透性好；3）流动性好。

生产中使用的引流砂材质主要有：镁橄榄石质、铬质、硅质。

镁橄榄石质引流砂由于出现液相温度低、对于精炼时间长的钢包容易出现烧结层增厚、自动开浇率低的现象，因此在连铸钢厂已经很少使用了。

硅质引流砂以石英砂为主要成分。由于石英砂的熔点在 1680~1700℃，所以应用较多，但是石英砂在1200℃时由于相变引起体积膨胀，会导致引流砂与水口内壁的附着力增加，不利于自动开浇；同时石英砂的棱角越多，越不规则，开浇率则越低。

铬质引流砂以铬铁矿和添加剂制成。它具有密度大、流动性好、熔点高、不过度烧结等优点，因此自动开浇率达到了98%以上。

目前钢厂使用的引流砂主要原料为南非铬铁矿（圆粒，粒度<0.5mm）加入量约为40%，硅石（白色圆粒，粒度2~0.5mm）加入量约为60%，另外还加入1%~2%炭黑配置而成。同时使用过程中开浇率可大于98%。配入炭黑的原因是为了增加引流砂的流动性。

（2）吹气法。该法是通过上水口或下滑板上的透气塞或三层式的中间包滑板向钢包内吹入氩气，产生钢水环流，从而达到自动开浇的目的。

（3）烧氧法。由于钢包底部至下滑板这段铸孔较深（300mm），直径又小，因此钢液进入上水口与下滑板接触后很快冷凝结膜，造成开浇时钢液不能自流，在急需时使用此法。用氧气管子将铸口烧开达到开浇的目的。但是它对耐火材料的损毁严重，且在浇注时易使钢水发散，加深钢水的二次氧化，影响钢水的质量。

6.5　水口和座砖

6.5.1　上下水口砖

（1）上水口。其位置直接镶嵌在座砖中，要求材质耐高温、抗侵蚀、耐冲刷，因此使用寿命比滑板砖长。上水口在结构上有透气和不透气之分。透气上水口多用于中间包滑动水口中，其作用是减少水口的堵塞，提高钢水的质量；采用的透气孔形式多为多孔结构，可以在减少气量的前提下，产生均匀的气泡，并有利于气泡在结晶器中的上浮。材质一般使用铝碳质、刚玉质或莫来石质等，为了提高上水口材料的性能，有时也加入少量的 Cr_2O_3 和 ZrO_2 以提高水口砖的抗侵蚀性能。上水口损坏的主要因素有：钢液、熔渣的化学侵蚀与冲刷；安装时的机械损伤；水口烧氧清理时带来的损伤。表 6.17 为日本品川公司中间包透气上水口的理化指标。

表 6.17 中间包透气上水口的理化指标

项 目	化学组成（质量分数）/%				体积密度 /g·cm^{-3}	气孔率 /%	耐压强度 /MPa	线膨胀率 （1500℃）/%	透气率 /%	平均孔径/μm
	Al_2O_3	ZrO_2	SiO_2	Cr_2O_3						
ALP-A90M	89	—	10	—	2.75	22.0	59	1.02	45	40
ALP-A90CM	87	—	10	2	2.80	21.0	59	1.00	20	25
ALP-A90CM3	87	—	10	2	2.71	25.0	59	1.00	30	30
ALP-A90CM4	83	5	8	2	2.85	24.0	49	0.93	20	20
ALP-A90CM6	84	5	8	1	2.86	23.5	44	0.94	50	40

（2）下水口。主要用来控制钢液的流量和流速，要求高温下具有良好的耐冲刷性和高温体积稳定性。材质主要是高铝质、铝碳质和铝锆碳质。损坏的主要原因是：钢液、熔渣的侵蚀和冲刷，温度激变引起的开裂或断裂，烧氧开浇造成的熔损。为了提高下水口的抗热震性，将下水口安装在铁套内防止开裂。使用时尽量避免烧氧开浇。表 6.18 为国内生产的上下水口砖理化指标。

表 6.18 国内生产的上下水口砖理化指标

项 目	化学组成（质量分数）/%			体积密度 /g·cm^{-3}	气孔率 /%	耐压强度 /MPa
	Al_2O_3	C	SiO_2			
钢包上水口	91.2	4.52	—	3.21	4.60	132
钢包下水口	81.56	4.75	—	3.00	3.55	110
中间包上水口	82.1	—	10	2.58	26.00	66
中间包下水口	85.5	4.07	—	2.88	7.00	102

6.5.2 座砖

座砖多用在钢包和中间包的底部，起到保护内部的上水口和透气砖的作用。根据使用的材质分为：

（1）Al_2O_3-Cr_2O_3 质座砖：原高铝座砖抗热剥落性较差，以刚玉为主要原料，在基质中加入适量的氧化铝、添加尖晶石、氧化铬等可以获得耐热剥落性好和耐侵蚀性强的 Al_2O_3-Cr_2O_3 质座砖。该材质使用寿命较高，可以与钢包同步。目前使用的座砖多为 Al_2O_3-Cr_2O_3 质座砖。

（2）镁质座砖：在原氧化铝基料中，添加 1μm 以下的电熔刚玉微粉、氧化镁制备成预制型座砖。由于材料为含有氧化镁的氧化铝质浇注料，水泥含量极少，寿命提高了40%。主要原因是：含有氧化镁的刚玉细粉，使基质部分致密化，耐侵蚀性提高；基质的致密性和水泥含量低，提高了材料的高温强度，增强了材料的抗热冲击性和抗机械剥落性；基质中的氧化镁和氧化铝可以在高温下生成尖晶石，从而抑制熔渣的渗透，提高了耐熔蚀性；该砖为预制件，砖缝减少，并简化了砌筑施工。

（3）铝碳座砖：以刚玉为主要原料，在基质部分添加碳组分和防氧化剂（如金属铝、金属硅、SiC、B_4C 等），加入结合剂煤沥青或酚醛树脂混炼，压制成型，该材质使用寿命不高，很难与钢包同步，需要中途更换。

表 6.19 为国内某企业生产座砖的理化指标。

表 6.19　国内某企业生产座砖的理化指标

项　目		WB-1	WB-2	WB-3	WB-4	WB-5	WB-6	WB-7	WB-8
化学成分（质量分数）/%	Al_2O_3	80.0	85.0		88.0	84.0	82.0	97.0	93.0
	Cr_2O_3								3.0
	MgO			79.0					
	C	8.0	7.50	15.0	4.50		4.5		
显气孔率/%	油浸	1.50	1.60		1.0		0.8		
	不浸	9.20	10.0	3.50		15.5			
常温耐压强度/MPa	室温							20	20
	110℃×24h							95	90
	1550℃×2h							150	140
抗折强度/MPa	室温							5	4.5
	110℃×24h							15	13
	1550℃×2h							35	30
体积密度/g·cm⁻³								3.2	3.15
重烧线变化（1550℃×2h）/%								-0.05	-0.07

6.6　定径水口（sizing nozzle）

定径水口是连铸小于 120mm 的小方坯控制钢水流量的功能耐火材料。由于方坯的尺寸太小，长水口和浸入式水口均不适用，在小方坯连铸机中间包无塞棒浇铸系统中采用定径水口进行敞开式浇注。钢坯的注速只靠定径水口来调节，在整个浇注过程中，孔径必须保持恒定，以保证稳定的拉坯速度，因而定径水口在使用过程中必须安全可靠，除不能堵塞、开裂、脱落外，水口的孔径要求扩孔速度小。要达到以上要求，水口的材料需要具有良好的抗冲刷性、抗侵蚀性和抗热震性。所以使用的必须是高档耐侵蚀的 ZrO_2 材质。

目前通常使用的水口类型有以下几种（图 6.26）：

（1）全均质定径水口：水口全部由 ZrO_2（60%~95%）的材料组成，研究表明 ZrO_2 的含量越高，水口抗侵蚀能力越强，使用寿命越长，成本越高；其特点是化学成分均一、

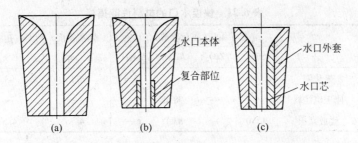

图 6.26 全均质定径水口（a）、直接复合式定径水口（b）和镶嵌式定径水口（c）示意图

整体性好、强度大、耐侵蚀、使用寿命长、安全可靠，但生产成本高。

（2）复合式定径水口：本体为低含锆材料，多为锆英石质材料，复合体为高氧化锆材料，两者直接复合在一起，一次成型，一起烧制。ZrO_2 的用量与全均质相比大幅度降低，生产成本较低，强度大，耐侵蚀好，但是由于内外两层的氧化锆含量不一样，材料的线膨胀系数差异较大，使用过程中开裂的可能性较大，因此要求内层的氧化锆含量不能太高，常在 70%~80% 的范围内。

（3）镶嵌式定径水口：镶嵌式定径水口分为外套和内芯两部分，分别制成后用耐火泥黏结在一起；水口本体一般为高铝材质；内芯为氧化锆材质。这种水口的制作成本低，抗热震性好，氧化锆的含量可依据不同的要求进行制作，所以产品的性价比较高，使用量较大。

锆质定径水口理化指标见表 6.20。

表 6.20 锆质定径水口理化指标（YB/T 4075—2004）

项　目	水　口　牌　号									水口外套	
	1	2	3	4	5	6	7	8	9	W-1	W-2
$w(Zr(Hf)O_2)$（不小于）/%	70	75	80	85	90	93	93	93	93	—	—
$w(Al_2O_3)$（不小于）/%	—	—	—	—	—	—	—	—	—	65	65
显气孔率（不大于）/%	22	22	20	20	20	20	18	15	13	24	15
体积密度（不小于）/g·cm⁻³	3.8	3.9	4.0	4.1	4.3	4.5	4.7	4.9	5.1	2.3	2.6
抗热震性	提供数据										

注：W 表示水口外套。

生产定径氧化锆水口内芯的主要原料是：部分稳定的电熔氧化锆和锆英石。国内部分稳定的电熔氧化锆多以氧化钙为稳定剂，国外多以氧化镁为稳定剂。生产的工序包括坯料的配制、混碾、成型、干燥和高温烧成。其中烧成的温度与氧化锆的含量有关：加锆英石的水口烧成温度在 1630~1700℃，全部稳定的电熔氧化锆为原料的水口内芯烧成温度在 1750℃ 以上。

近年来，为了适应小方坯连铸水平和中间包使用寿命的大幅度提高，相继开发了定径水口不断流的快速更换技术；在原有定径水口的基础上，通过在线快速更换，使单罐连浇时间大大提高，保证了铸坯的质量，提高了劳动效率，减少了消耗。由于快换水口和上水口要有精确的配合，而且使用时没有预热，所以对定径水口的抗热震性有更高的要求。表6.21 为快换水口和配套材料的性能指标。

表 6.21 快换水口的材料性能指标

项 目	材 质	化学组成(质量分数)/%				体积密度 /g·cm^{-3}	气孔率 /%	耐压强度 /MPa
		SiO_2	ZrO_2	Al_2O_3	MgO			
ZrO_2芯	氧化锆	1.1	95	—	2.6	90	93	93
水口芯外套	刚玉浇注料	—	—	98.0	—	—	—	—
中间包座砖	烧成高铝	15.0	—	83.0	—	4.3	4.5	4.7

参 考 文 献

[1] 李红霞. 我国耐火材料工业科研发展方向 [C] //第十二届全国耐火材料青年学术会议论文集. 大连, 2010: 1~5.

[2] 李红霞. 耐火材料手册 [M]. 北京: 冶金工业出版社, 2007.

[3] 刘麟瑞, 林彬荫. 工业窑炉用耐火材料手册 [M]. 北京: 冶金工业出版社, 2001.

[4] 李慧. 钢铁冶金概论 [M]. 北京: 冶金工业出版社, 1992.

[5] 赵沛. 炉外精炼及铁水预处理实用技术手册 [M]. 北京: 冶金工业出版社, 2004.

[6] 王维邦. 耐火材料工艺学 [M]. 北京: 冶金工业出版社, 1984.

[7] 郭海珠, 于淼. 实用耐火原料手册 [M]. 北京: 中国建材工业出版社, 2000.

[8] 李楠. 耐火材料与钢铁的反应及对钢质量的影响 [M]. 北京: 冶金工业出版社, 2005.

[9] 全跃. 镁质材料生产与应用 [M]. 北京: 冶金工业出版社, 2008.

[10] 韩行禄, 刘景林. 耐火材料应用 [M]. 北京: 冶金工业出版社, 1986.

[11] 陈树江, 李国华, 田凤仁, 等. 相图分析及应用 [M]. 北京: 冶金工业出版社, 2007.

[12] 陈肇友. 化学动力学与耐火材料 [M]. 北京: 冶金工业出版社, 2005.

[13] 王泽田, 严行健, 钟香崇. 耐火材料论文选 [M]. 北京: 冶金工业出版社, 1991.

[14] 王诚训, 孙伟民, 张义先, 等. 钢包用耐火材料 [M]. 北京: 冶金工业出版社, 2003.

[15] 耐火材料标准汇编 [M]. 4 版. 北京: 冶金工业出版社, 2010.

[16] 吴金源. 宝钢高炉用耐火材料的发展 [J]. 炼铁, 1995, 14 (3): 42.

[17] 沐继尧, 薛正良. 高炉中部内衬耐火材料的选择 [J]. 耐火材料, 1995, 29 (2): 94~97.

[18] 薛正良, 沐继尧. 新型碳化硅耐火材料侵蚀机理及高炉中部炉衬的选择 [J]. 武汉钢铁学院学报, 1994, 17 (1): 6~14.

[19] 伍积明. 高炉炉底陶瓷杯设计探讨 [C] //高炉炭块陶瓷砌体复合炉衬技术研讨会论文集, 1999 (25): 10~15.

[20] Albert J. Dzermejko. 高炉炉缸设计原理和耐火材料应用 [J]. 唐钢科技, 1992 (3): 5~8.

[21] 福武刚. 高炉内现象及其解析. 鞍山钢铁研究所, 译, 1985, 108: 40~45.

[22] 曾刚, 唐兴智. 碳质耐火材料在高炉上的应用 [J]. 鞍钢技术, 1998 (3): 16~20.

[23] 张殿友. 高炉长寿技术对耐火材料的需求, 内部资料.

[24] 陈守平. 炼铁系统用耐火材料 [J]. 耐火材料, 1997, 31 (3): 169~172.

[25] 周玲玉. 高炉用耐火材料的发展 [J]. 耐火材料, 1995, 29 (5): 298~299, 306.

[26] 郑伟栋, 王庆祥. 我国高炉用耐火材料的进展 [J]. 耐火材料, 2000, 34 (3): 175~177.

[27] Leonard P Krietz. Refractory injection for blast furnace maintenance [J]. Iron and Steel Engineer, 1987, (12): 31~34.

[28] 冯仕海. 高炉喷补技术的发展 [C] //长沙矿山研究院建院 50 周年院庆论文集, 2006: 10.

[29] P G Whiteley. Developments in critical areas of blast furnace linings [J]. Steel Times International, 1990, 14 (6): 30~32.

[30] 韩行禄, 译. 高炉炉衬的热修 [J]. 国外耐火材料, 1986, 20 (12): 36.

[31] 孙希文, 范云东, 等. 攀钢一号高炉炉衬修补实践 [J]. 钢铁钒钛, 1999 (6): 58~60.

[32] 石桥种三, 等. Development of a dry type material for hot repairs [J]. 耐火物, 1985, 37 (10): 6~10.

[33] 富家骅, 王勇. 采用熔射喷补机修补焦炉 [J]. 燃料与化工, 1996, 27 (3): 123~127.

[34] 郑敬先, 张志军. 转炉半干法喷补的试验研究 [J]. 首钢科技, 1996, 28 (6): 18~21.

[35] 周立新, 王会明. 钢包喷补工艺初探 [J]. 唐钢科技, 1996, 24 (4) 16~17.

[36] 陈志羚，王其瑜. 炼铁系统炉壳保护层喷涂与炉衬喷补 [J]. 炼铁，1994，13（3）：60~61.

[37] 金宝昌. 高炉维护喷补技术研究 [C] //高炉长寿及快速修补技术研讨会论文集，宜昌，1996：6.

[38] 孙险峰，郑期波. 大型高炉热修补硬质压入料的研制 [J]. 耐火材料，1994，28（3）：152 ~ 155.

[39] 段大福，李贵华，段晓东. 高炉修补压入料的研制 [J]. 四川冶金，2000（4）：34 ~ 36.

[40] 黄足兵. 马钢2500 m³高炉压入造衬实践 [J]. 炼铁，2000，19（4）：29 ~ 31.

[41] 尹汝珊，冯改山，张海川. 耐火材料技术问答 [M]. 北京：冶金工业出版社，1994.

[42] 陈俊宏，孙加林，洪彦若，等. 铁元素在氮化硅铁中的存在状态 [J]. 硅酸盐学报，2004，32（11）：1347~1350.

[43] 李洪会，唐勋海，刘兴平，等. 国内外无水炮泥的技术现状及发展 [C] //全国不定型耐火材料学术会议，2007：1~5.

[44] 杜明玺，译. 氮化硅铁在高炉出铁口用炮泥中的性状 [J]. 国外耐火材料，1998（12）：41~44.

[45] 陈炳庆. 新型炮泥的研制 [J]. 宝钢技术，1998（1）：24.

[46] 许思东，栾吉益. 济南350m³高炉铝碳质碳化硅无水炮泥的开发应用 [J]. 炼铁，2005，24（6）：50~51.

[47] 许晓梅，冯改山. 耐火材料技术手册 [M]. 北京：冶金工业出版社，2000.

[48] 王庆贤译. 高炉出铁口炮泥粒度构成对作业性和组织结构的影响. 国外耐火材料，1998（6）：59~60.

[49] 余水生. 高炉炮泥的研制 [J]. 柳钢科技，2000（2）：18~20.

[50] 甘菲芳，李泽亚，等. 树脂结合新型炮泥的实验研究 [C] //2003年全国不定型耐火材料学术会议论文集，2003：77~80.

[51] 董晓春，管山吉，刘苗. 大型高炉用出铁口炮泥的现状与发展 [J]. 耐火材料，2007，41（增刊）：68.

[52] 魏太林. 高炉铁口炮泥的现状与发展 [J]. 炼铁，2004，23（3）.

[53] 李军希. 高炉炮泥的发展及现状 [J]. 河南冶金，2003（3）：17~18.

[54] Kometani K, Lizuka K, Kaga T. Behaviour of ferro-Si₃N₄ in blast furnace taphole mud [J]. Taikabutsu Overseas, 1999, 19（1）：11~14.

[55] Kaga T, Kometani K, Lizuka K. The reaction of ferro-sillicon nitride in arbon refractory [J]. Taikabutsu, Overseas, 2002, 54（11）：574~575.

[56] 姚金甫. 国内外炮泥发展动态 [J]. 耐火材料，1990，23（6）：40~44.

[57] 李真才. 攀钢高炉新型炮泥的研究 [J]. 四川冶金，2001（1）：7~9.

[58] 姚金甫. 国内外炮泥的发展动态 [J]. 耐火材料，1990（6）：38~40.

[59] 周传典. 高炉炼铁生产技术手册 [M]. 北京：冶金工业出版社，2002：642~643.

[60] 赵昌武，傅连春，汪勇. 武钢内燃式高风温热风炉新技术 [J]. 钢铁，2001，36（7）：4~9.

[61] 李庭寿，张颐，魏新民，等. 我国热风炉耐火材料的技术发展 [C] //第十二届全国耐火材料青年学术会议论文集. 大连，2010：22~28.

[62] 饶荣水. 热风炉提高风温的几点浅见 [J]. 加热设备，2001，21（5）：21~24.

[63] Vasudev A, More K L, Ailey-Trent K S, et al. Kinetics and mechanisms of high-temperature creep in polycrystalline aluminum ni-tride [J]. J. Mater Res., 1993, 8（5）：1101~1108.

[64] Wereszczak A A, Kirkland T P, Curtis W F. Creep of CaO/SiO₂-containing MgO refractories [J]. J. Mater Sci., 1999, 34（2）：215~227.

[65] Dixon-Stubbs P J, Wilshire B. High temperature creep behavior of a fired magnesia refractory [J]. Trans. J. Br Ceram Soc., 1981, 80（5）：180~185.

[66] Kingery W D. 陶瓷导论 [M]. 北京：中国建筑工业出版社，1982.

[67] 李永全. COREX 熔融气化炉炉衬结构的选择 [J]. 宝钢技术，1994 (1)：23～29.

[68] 于景坤，姜茂发. 耐火材料性能测定与评价 [M]. 北京：冶金工业出版社，2004.

[69] 邢春山. Al_2O_3-SiC-C 质高炉出铁沟浇注料的研究 [D]. 鞍山科技大学，2005.

[70] 陈俊红，孙加林，刘晓光. 氮化硅铁的原料特性及其在 Al_2O_3-SiC-C 质浇注料的应用 [C] //2004 年全国耐火材料综合学术年会论文集，2004：100.

[71] 王诚训. 复合不定型耐火材料 [M]. 北京：冶金工业出版社，2005：49～53.

[72] 尹汝珊，冯改山. 耐火材料技术问答 [M]. 北京：冶金工业出版社，2005：306.

[73] 王朝晖. 高炉出铁沟用 Al_2O_3-SiC-C 质浇注料的研制 [C] //第六届耐火材料青年学术报告会论文集，1996：395.

[74] 饶东生. 硅酸盐物理化学 [M]. 北京：冶金工业出版社，1986.

[75] 袁茂田，段正兵，李胜起. 大型高炉用 Al_2O_3-SiC-C 铁沟浇注料的研制与使用 [J]. 耐火材料，2002，4.

[76] 石会营，曹喜营，王战民，等. 改性石墨在 Al_2O_3-SiC-C 质浇注料中的应用 [C] //2005 年不定型耐火材料会议论文集：205.

[77] 王玺堂，易献勖. 高炉出铁沟用自流浇注料的研究 [J]. 耐火材料，1998 (1)：13～14.

[78] 叶国田，廖桂华，等. Al_2O_3-SiC-C 质自流浇注料在高炉摆动槽上的应用 [J]. 耐火材料，1996 (5)：269～270.

[79] 邵国有. 硅酸盐岩相学 [M]. 武汉：武汉工业大学出版社，1993.

[80] 王孝瑞. 球状高温沥青生产工艺研究 [J]. 耐火材料，2001，2.

[81] 孟卫松，朱伯铨. Al_2O_3-SiO_2 系低蠕变耐火材料的研究现状和进展 [J]. 耐火材料，2004，38 (2)：130～132.

[82] 张文会，译. 耐火材料的蠕变特性 [J]. 国外耐火材料，1979，13 (6)：47～54.

[83] 刘大成. 高温结构陶瓷的高温蠕变 [J]. 中国陶瓷，1997，13 (5)：36～40.

[84] 石干，孙庚辰. 抗蠕变镁质耐火制品的研究 [C] //第五届国际耐火材料学术会议论文集，中钢集团洛阳耐火材料研究院，2007：75～77.

[85] 刘阿一，译. 氧化物的高温蠕变 [J]. 国外耐火材料，1989 (4)：62～68.

[86] 张国栋，刘海啸，游杰刚，等. 高炉热风炉蓄热体材料的研究与开发 [C] //第五届国际耐火材料学术会议论文集，中钢集团洛阳耐火材料研究院，2007：209～212.

[87] 王贵平，张华书，罗涛，等. 铁水预处理喷粉操作实验研究 [J]. 炼钢，2005 (2)：38～41.

[88] 甘菲芳，陈荣荣，阎文龙. 铁水预处理用喷枪浇注料的研制与使用 [J]. 耐火材料，2001 (4)：216～218.

[89] 王涛，夏幸明. 铁水"三脱"的工艺特点及对转炉冶炼的影响 [J]. 炼钢，2005 (2)：7～10.

[90] 韩行禄. 耐火材料应用 [M]. 北京：冶金工业出版社，1996.

[91] 王长刚. 脱硫喷枪用莫来石—刚玉质浇注料的研究 [D]. 鞍山：鞍山科技大学，2005.

[92] 欧阳德刚，胡铁山，周明石. 倒 T 形脱硫喷枪破损原因与提高枪龄的实践 [J]. 武钢技术，2004 (6)：45～49.

[93] 欧阳德刚，胡铁山，周明石. 倒 T 形脱硫喷枪的技术现状与发展趋势 [J]. 武钢技术，2004 (1)：58～62.

[94] 李江，李楠，胡铁山. 铁水脱硫喷枪技术的发展综述 [J]. 武钢技术，2004 (4)：39～44.

[95] 于景坤，姜茂发. 耐火材料性能测定与评价 [M]. 北京：冶金工业出版社，2004.

[96] 沈志益. 武钢炼钢生产用耐火材料的现状及创新 [C] //2004 年全国耐火材料综合学术年会论文集. 鞍山：2004：75～81.

[97] 高贺国. 第三炼钢厂铁水脱硫的效果分析与喷枪设备的改进 [J]. 鞍钢技术，1996 (10)：24～28.

[98] 杉本弘之, 等. 转炉用耐火材料 [J]. 武钢技术, 1997 (4): 7~12.

[99] 程官江, 周兆保, 李素梅. 提高转炉炉衬寿命的途径 [J]. 耐火材料, 2001, 36 (4): 120~121.

[100] 陈肇友. 炼钢转炉用耐火材料的新发展 [J]. 钢铁, 1989, 22 (8): 57~62.

[101] 张兴业. 我国转炉炉衬材料 [J]. 钢铁, 1991, 26 (10): 59~62.

[102] 李扬州. 氧气转炉含炭炉衬的发展与现状 [J]. 钢铁钒钛, 1990, 11 (4): 81~87.

[103] 魏宝森. 本钢炼钢厂转炉炉衬维护实践 [J]. 冶金丛刊, 2012, 202 (6): 26~29.

[104] 李勇, 陈树林, 安志平, 等. 转炉炉衬粉化原因及对策 [J]. 耐火材料, 2008 (5): 389~391.

[105] 吕亚, 杨晓奇, 张勇. 安钢 150t 转炉中后期炉衬的维护实践 [J]. 江西冶金, 2009 (4): 14 ~17.

[106] 朱光东. 影响转炉炉衬寿命的主要因素分析及提高转炉炉龄的措施 [J]. 天津冶金, 2006 (3): 17~19.

[107] 王雅贞, 等. 转炉炼钢问答 [M]. 北京: 冶金工业出版社, 2005: 17.

[108] 陈红伟, 张盛昌, 程金平, 等. 提高转炉炉龄的措施与效果 [J]. 酒钢科技, 2004 (6): 53~56.

[109] 全荣. 炼钢耐火材料技术的发展 [J]. 耐火与石灰, 2009, 34 (04): 34~38, 42.

[110] 李军辉, 方裕林. 转炉氧枪结瘤的原因分析 [J]. 浙江冶金, 2008 (2): 29~31.

[111] 李小明, 王冠甫, 杨军. 转炉溅渣护炉技术的发展及现状 [J]. 铸造技术, 2007, 28 (8): 1140~1143.

[112] 潘勤, 薛伍. 武钢转炉炉龄再创世界纪录 [EB/OL]. http://www.cnhubei.com/ 200402/ ca412520. htm, 2004.

[113] 武钢第二炼钢厂. 复吹转炉溅渣护炉实用技术 [M]. 北京: 冶金工业出版社, 2004.

[114] 张天柱. 关于转炉溅渣护炉技术的几个工艺问题 [J]. 四川工业学院学报, 2004, 23 (1): 426.

[115] 苏天森, 刘浏, 王维兴. 转炉溅渣护炉技术 [M]. 北京: 冶金工业出版社, 1999.

[116] 刘浏. 转炉溅渣护炉系统优化技术基础理论 [J]. 钢铁, 1997, 23 (2): 50~55.

[117] 刘浏, 佟溥翘, 郑丛杰. 转炉溅渣护炉技术在我国的推广与发展 [J]. 中国冶金, 1998 (5): 5210.

[118] 胡世平, 龚海涛, 蒋智良, 等. 短流程炼钢用耐火材料. [M]. 北京: 冶金工业出版社, 2001.

[119] 吴伟, 等. 复吹转炉最佳成渣路线的探讨 [J]. 钢铁研究学报, 2004, 16 (1): 21~24.

[120] 王诚训. 电炉用耐火材料 [M]. 北京: 冶金工业出版社, 1996.

[121] 田守信. 电炉炼钢新技术和直流电弧炉用耐火材料 [J]. 河南冶金, 1996 (2): 13~15.

[122] 严永亮, 林闻维, 罗建江, 等. 宝钢 150t 电炉耐火材料的使用现状 [J]. 宝钢技术, 1999 (4): 5~7.

[123] 郭丽华, 译. 电炉耐火材料衬的管理 [J]. 国外耐火材料, 1998 (12): 23~26.

[124] 王勤朴. 电炉用耐火材料的选择和实践 [J]. 耐火材料, 1997 (3): 180~181.

[125] 谢波, 崔卫东. 耐火材料在 30t UHP 电炉上的综合应用 [J]. 四川冶金, 2002 (6): 43~44, 47.

[126] 桂明玺, 译. 电炉用耐火材料的损毁 [J]. 国外耐火材料, 2002 (3): 40~44.

[127] 蒋丽娟. 现代电炉炼钢工艺及设备 [J]. 工业加热, 1995 (1): 11~13.

[128] 邢守渭. 炼钢电炉用耐火材料 [J]. 工业加热, 1997 (3): 1~5.

[129] 高振昕. 超高功率和直流电炉用耐火材料 [J]. 耐火材料, 1994, 28 (2): 103~107.

[130] 田守信. 石墨对 MgO-C 材料的导电性的实验研究 [J]. 耐火材料, 1994 (2): 96~98.

[131] 田守信. 直流电弧炉底电极用 MgO-C 捣打料的研究 [J]. 耐火材料, 1999 (1): 16~19.

[132] 田守信, 严永亮, 李泽亚, 等. 宝钢 150t 直流电弧炉底侵蚀的研究 [J]. 耐火材料, 1996 (6): 329~331.

[133] 张国栋, 蒋久信. 石墨对导电镁碳质耐火材料导电性的影响 [J]. 耐火材料, 2002, 36 (6): 329~332.

［134］蒋国昌. 纯净钢及二次精炼［M］. 上海：上海科学技术出版社，1996.

［135］陈家祥. 钢铁冶金学（炼钢部分）［M］. 北京：冶金工业出版社，1990.

［136］张荣生. 钢铁生产中的脱硫［M］. 北京：冶金工业出版社，1986.

［137］徐匡迪. 关于洁净钢的若干基本问题［J］. 金属学报，2009，45（3）：257～269.

［138］韩行禄. 不定型耐火材料［M］. 北京：冶金工业出版社，2004：251～256.

［139］Bannenbeg N. Demands of refractory material for clean steel Production［J］. UNITECR，1995：36～39.

［140］陶绍平，钟香崇. MgO 基和 Al_2O_3 基耐火材料对钢中夹杂物的影响［J］. 钢铁，2007，42（5）：33～36.

［141］叶超. 镁铝质钢包精炼用耐火材料与钢液相互作用的基础研究［D］. 北京：北京科技大学，2007.

［142］Yuasa G，Sugiura S，Fujine M，et al. Effect of refractory on deoxidation in molten steel［J］. Transactions ISIJ，1983，23：B289.

［143］Kishida T，Kitagawa S，Sugiura S. Proc. 7th Japan-Germany Swminar. Verein Deutscher Eisenhüttenleute，Düsseldorf，1987，167.

［144］李红霞. 洁净钢冶炼用耐火材料的发展［C］//中国耐火材料生产与应用国际大会论文集. 188～192.

［145］战东平，姜周华，王文忠. 耐火材料对钢水洁净度的影响［J］. 2003，37（4）：230～232.

［146］乌志明，马培华. 镁、镁资源与镁质材料概述［J］. 盐湖研究，2007，15（4）：65～72.

［147］张国栋，袁政禾，游杰刚. 辽宁省菱镁矿及镁质耐火材料产业的发展战略［J］. 耐火材料，2008，42（3）：219～222.

［148］钟香崇. 我国镁质耐火材料发展的战略思考［J］. 硅酸盐通报，2006，25（3）：91～95.

［149］Itoh K，Nakamura R，Ogata M. Trends of refractories for VOD ladle［J］. Shinagawa Tethnical Report. 1998，41：81～90.

［150］Miglani S Effect of surface aria on the properties of rebonded fused grain brick［C］//UNITECR'93 Congress Proceedings 1455～1465.

［151］Asano K，Otsuki Y，GotoK，et al. Development of magnesia-c hromite dierct bonded bricks with Fe-Cr addition［J］. Taikabutsu Overseas. 1993，13（3）：13～19.

［152］邓勇跃，汪厚植，赵惠忠. 溶胶浸渍对镁铬砖性能的影响［J］. 耐火材料，2005，39（6）：401～404.

［153］Zhong X C，Ye F B. Some aspects in the development of high performance refractories for iron and steel making in China［R］. Shinagawa Technical Report，2005（48）：1～10.

［154］Ye F B，Michel R，Zhong X C. Effects of boron bearing additives on oxidation and corrosion resistance of doloma-Based carbon bonded refractories［J］. China's Refractories，1998，7（2）：3～9.

［155］Takanage S，Ochiai T，Tamura S，et al. Nano-tech Refractories-2；The application of the nano structural matrix to MgO-C bricks［C］//UNITECR'03 Congress Proceedings：521～524.

［156］Ishii H，Kanatanis Saski K，et al. Improvement of magnesia-carbon brick for lower vessel of RH degassing.［C］//UNITECR'03 Conress Proceedings：114～117.

［157］Kai T，Isaji K，Torii K. Improvement of magnesia-spinel brick for ladle［J］. TAIKABUTSU，2001，53（9）：521～526.

［158］廖建国. 炼钢用耐火材料技术的发展方向［J］. 国外耐火材料，1996，21（9）：32～34.

［159］王庆贤. 镁钙炭砖在 100t LF-VD 精炼炉渣线部位的应用［J］. 炼钢，1999，15（2）：10～12.

［160］李绍奇，王子连. 无水树脂结合的镁白云石炭砖［J］. 耐火材料，1992，26（2）：94～96.

［161］魏明坤，曾利红，刘丽君. 镁钙系耐火材料的研究进展［J］. 材料与冶金学报，2005，114（3）：201～205.

[162] 周宁生，胡书禾，张二华. 不定型耐火材料发展的新动态 [J]. 耐火材料，2004，38（3）：196~203.

[163] 李再耕. 不定型耐火材料技术发展动态 [J]. 耐火材料，1997，31（2）：98~102.

[164] 魏成富，李静媛. 洁净钢与零夹杂物钢 [J]. 钢铁研究学报，1996，8（5）：61~64.

[165] 李楠，匡加才. 碱性耐火材料的脱硫作用 [J]. 耐火材料，2001，35（2）：63~65.

[166] 李楠，匡加才. 碱性耐火材料的脱磷作用研究 [J]. 耐火材料，2000，34（5）：249~251.

[167] 陈肇友，田守信. 耐火材料与洁净钢的关系 [J]. 耐火材料，2004，38（4）：219~225.

[168] 陈肇友. 炉外精炼用耐火材料提高寿命的途径及其发展动向 [J]. 耐火材料，2007，41（1）：1~12.

[169] 陈肇友，李红霞. 镁资源的综合利用及镁质耐火材料的发展 [J]. 耐火材料，2005，39（1）：6~15.

[170] 陈树江，程继健，田凤仁. MgO-CaO 系耐火材料的进展 [J]. 现代技术陶瓷，1998，78（4）：17~20.

[171] 陈肇友. 从相图讨论 MgO-CaO-ZrO$_2$ 耐火材料抗炉外精炼渣与水泥的侵蚀 [J]. 耐火材料，2002，36（2）：107~110.

[172] 韦华平. RH 炉下部槽用优质镁铬砖的研究 [D]. 鞍山：辽宁科技大学，2008.

[173] 曲殿利，钟香崇，孙加林，等. 添加物对 RH 法用镁铬砖高温挥发性和抗渣性的影响 [J]. 耐火材料，2003，37（3）：133~135.

[174] 陈人品，陈明藻，吴爱军. RH 插入管用优质镁铬砖的开发 [J]. 耐火材料，1997，31（5）：279~281，285.

[175] 刘良田. RH 真空顶吹氧技术的发展 [J]. 武钢技术，1996（7）：16.

[176] 陈荣荣，何平显，牟济宁，等. RH 真空炉用无铬耐火材料抗渣性能的研究 [J]. 耐火材料，2005，39（5）：357~360.

[177] Zhongda Y. Corrosion behavior of magnesia-chrome refractory by molten CaO-SiO$_2$-CaF$_2$ slags [J]. Taikabutsu Overseas，1993，45（1）：2~12.

[178] Juxu Cheng. The corrosion resistan ce of m agnesia- chromite brick in CaO-SiO$_2$-Al$_2$O$_3$ slag system [J]. Overseas Refractory，2001，（3）：59 ~ 61.

[179] 陈松林，孙加林，熊小勇，等. 镁锆砖和镁铬砖的抗 RH 炉渣侵蚀性对比 [J]. 耐火材料，2007，41（6）：417 ~ 420，423.

[180] 陈松林. RH 炉用 MgO- ZrO$_2$ 材料抗渣侵蚀机理研究 [J]. 炼钢，2008，24（6）：53~56.

[181] 陈方，李志坚，吴锋，等. LF 渣的粉化原因及对渣线 MgO-C 砖损毁的研究 [J]. 耐火材料，2005，39（1）：54.

[182] 王诚训. 炉外精炼用耐火材料 [M]. 北京：冶金工业出版社，1996.

[183] 徐慧，译. 添加铝和硅的 MgO-C 质耐火材料在空气中的氧化 [J]. 国外耐火材料，2001，26（6）：27.

[184] 李志坚，王森. LF 炉渣线用 MgO-C 砖的防氧化措施 [J]. 耐火材料，2000，25（6）：317.

[185] 邹明，李伟，蒋明学，等. 镁炭砖在接触 LF 炉炉渣以后的抗氧化行为的研究 [J]. 硅酸盐通报，2008，27（3）：589~596.

[186] 李新健，柯昌明，李楠. 含碳耐火材料的防氧化方法 [J]. 耐火材料，2006，40（2）：133~135.

[187] 刘国平，范鼎东，周俐. LF-VD 精炼炉用 MgO-C 砖和 MgO-CaO-C 砖蚀损研究 [J]. 炼钢，1999，15（5）：14~17.

[188] 徐国华，张国富. 不锈钢生产用 30tVOD 钢包耐火材料的应用 [J]. 特殊钢，1999，20（5）：44~45.

[189] 牛建平. 超纯净金属冶炼用 CaO 耐火材料的研究进展 [J]. 耐火材料, 2001, 35 (2): 290~292.

[190] 陈开献, 陈肇友. 混合稀土氧化物与对白云石烧结性能和抗水化性能的影响 [J]. 耐火材料, 1992, 26 (4): 187~190.

[191] 赵惠忠, 张文杰. CeO₂对镁钙系材料烧结和抗水化性的影响 [J]. 稀土, 1995, 16 (6): 31~33.

[192] 李存弼. VOD 钢包用耐火材料 [J]. 国外耐火材料, 1999, 1: 29~34.

[193] 柳学胜, 杨凡, 陈幼金. 18tVOD 炉精炼不锈钢的实践 [J]. 冶钢科技, 1995 (1): 51~55.

[194] 陈肇友. 提高 AOD、VOD 镁-铬或镁白云石炉衬寿命的研究 [J]. 钢铁, 1989, 24 (7): 52~59.

[195] 王爱国, 杨正方, 于燕文, 等. VOD 炉用高钙镁钙材料试用及侵蚀机理研究 [J]. 材料导报, 2004, 18 (11): 102~104.

[196] 陈树江, 程继键, 田凤仁. MgO-CaO 系耐火材料的进展 [J]. 现代技术陶瓷, 1998, 78 (4): 17~19.

[197] 裴凤娟, 陈伟庆, 杨荣光, 等. CAS-OB 精炼浸入罩的蚀损机理 [J]. 上海金属, 2007, 29 (14): 38~40, 44.

[198] Korgul P, Wilsod D R, Lee W E. Microstructural analysis of corroded alumina-spine1 castable refractories [J]. Journal of the European Ceramic Society, 1997 (17): 77~84.

[199] 敬斌. 精炼钢包内衬用耐火材料的现状及发展 [J]. 四川冶金, 2007, 29 (5): 63~64.

[200] 刁德胜, 张松林, 郁书中, 等. 钢包内衬材料的发展与展望 [J]. 江苏冶金, 2006, 34 (2): 1~3.

[201] 王诚训, 孙炜明, 张义先, 等. 钢包用耐火材料 [M]. 北京: 冶金工业出版社, 2003.

[202] 刘义成. 宝钢 120 tVOD 钢包耐火材料的选择和使用 [J]. 耐火材料, 2010, 44 (4): 313~314.

[203] 张兴业, 李宗英. 我国钢包用耐火材料的品种及应用 [J]. 山东冶金, 2007, 29 (2): 11~15.

[204] 刘建辉, 陶绍平, 聂作禄, 王景彬. 钢包内衬用 MgO-CaO-C 砖的开发与应用 [J]. 耐火材料, 2002, 36 (4): 221~223.

[205] 邱文东, 牟济宁, 汪宁. 宝钢转炉钢包用耐火材料的现状及发展趋势 [J]. 耐火材料, 2002, 36 (4): 231~232.

[206] 刘盛秋. 连铸用钢包与炉外精炼钢包内衬耐火材料的发展与应用 [J]. 炼钢, 1995 (3): 42~47.

[207] 陈华圣, 陶晓林, 米源, 等. 钢包渣对渣线耐火材料的影响及对策 [J]. 武钢技术, 2009, 47 (2): 8~11.

[208] 林育炼. 耐火材料与洁净钢生产技术 [M]. 北京: 冶金工业出版社, 2012: 13.

[209] 金长佳, 江东才. 连铸中间包内衬耐火材料的发展及其冶金作用 [J]. 首钢科技, 2002 (2): 11~130.

[210] 佟新, 何家梅, 鲍士学, 等. 鞍钢冶炼用耐火材料的现状及新进展 [J]. 耐火材料, 2005, 39 (2): 133.

[211] 顾华志, 汪厚植. 连铸钢包用高纯铝镁系浇注料的性能与损毁 [J]. 钢铁研究, 2002 (2): 8, 36.

[212] 李军希. 铝镁浇注料使用中出现的问题及解决办法 [J]. 耐火材料, 2001, 35 (4): 238~246.

[213] 吴椿烽, 中间包冲击板用镁质浇注料的制备及性能研究 [D]. 西安: 西安建筑大学, 2008.

[214] 钱忠俊, 杨林, 刘兴平. 连铸中间包内衬用耐火材料的发展概况 [D] //2003 年全国不定型耐火材料学术会议. 成都: 2003, 16~19.

[215] 叶恩东. 镁钙质中间包涂料的改型研究 [D] //2004 年全国耐火材料综合学术年会. 鞍山: 2004, 164.

[216] 王爱东, 赵建平, 徐海芳. 镁质干式料在薄板坯连铸中间包上的应用 [J]. 耐火材料, 2004 (4): 292.

[217] 蔺亮. 中间包用镁质干式工作衬的研究与开发 [D]. 鞍山：辽宁科技大学，2009.

[218] 王爱东，赵建平，徐海芳. 镁质干式料在薄板坯连铸中间包上的应用 [J]. 耐火材料，2004，38 (4)：292~294.

[219] 石立光，张怀宾，黄群，等. 碱性干式振动料在中间包上的应用 [J]. 耐火材料，2003，37 (4)：242~243.

[220] 陈树江，姜茂华，张红鹰，等. 镁钙质中间包涂料的抗渣性研究 [J]. 耐火材料，2003，37 (1)：48~49.

[221] 吴武华，齐同瑞，何家梅，等. 镁钙质中间包涂料的研制与应用 [J]. 鞍钢技术，2003 (5)：20~22.

[222] 吴武华，薛文东，高长贺，等. 基质组成对中间包干式振动料性能的影响 [J]. 耐火材料，2007，41 (2)：126~129.

[223] 李友胜，郭江华，李楠. 中间包镁质干式料用结合剂的研究 [J]. 耐火材料，2007，41 (5)：344~347.

[224] 钱跃进，高里存，蒋明学，等. 中间包镁质干式振动料蚀损机理研究 [J]. 硅酸盐通报，2007，26 (4)：794~799.

[225] 张国栋. 连铸中间包涂料的研制 [J]. 耐火材料，2000，34 (2)：103~105.

[226] 李德译. 中间包喷涂料的组成和损毁形态 [J]. 国外耐火材料，1988 (3)：35~38.

[227] 陈肇友. 中间包涂料用磷酸盐作结合剂的讨论 [J]. 耐火材料，1999，33 (4)：229~230.

[228] 贺智勇，李林，曹铁柱. 减少中间包渣在涂料中渗透的途径 [J]. 钢铁，2002，37 (6)：51~53.

[229] 孙庚辰，张三华，王战民，等. 中间包用耐火材料的发展 [J]. 耐火材料创刊 40 周年特刊，2006，145.

[230] 桂明玺，译. 中间包用碱性挡渣堰砖的开发与应用 [J]. 国外耐火材料，2002 (4)：10~15.

[231] 游杰刚，张国栋. SiO$_2$微粉对镁质浇注料抗渣侵蚀性能的影响 [J]. 硅酸盐通报，2010，29 (6)：1417~1420.

[232] 王琼. 镁质中间包挡渣墙性能的研究 [D]. 鞍山：辽宁科技大学，2009.

[233] 陈杉杉. 镁质浇注料抗渣性能的研究 [D]. 郑州：郑州大学，2006.

[234] 何渊明，吴凯军. 高寿命弥散型透气砖的研制及应用 [J]. 耐火材料，1996，30 (1)：30~32.

[235] 丰文祥，陈伟庆，赵继增. 浇注成型刚玉质弥散型透气砖的性能研究 [J]. 2009，43 (3)：218~221.

[236] 丁钰，刘开琪，王秉军. 颗粒级配和结合体系对弥散式透气砖性能的影响 [J]. 耐火材料，2013，47 (1)：39~42.

[237] 平增福，周川生，陈鹏. 防堵塞侵入式水口的使用 [J]. 生产应用，2000，34 (2)：118~122.

[238] 杨红，尹国祥，孙加林. ZrO$_2$-CaO-C-SiO$_2$侵入式水口用后显微结构分析 [J]. 耐火材料，2008，42 (3)：223~225.

[239] 贺智勇，李林. 二氧化锆及在钙处理钢滑板中的应用 [J]. 硅酸盐通报，2004 (1)：77~80.

[240] 王庆家. 烧成 Al$_2$O$_3$-C 质滑板砖用后损毁分析 [J]. 耐火材料，1989 (3)：31.

[241] 高振昕，王天仇，刘百宽，等. 滑板组成与显微结构 [M]. 北京：冶金工业出版社，2007.

[242] Tetsubo Fushimi. Alumina carbon slide gate plates [J]. Taiabutsu Overseas, Vol. 16, 1996 (4)：13~17.

[243] 李晓明，铝碳滑板在高温使用后莫来石分解的热力学分析 [J]. 耐火材料，1987 (4)：57.

[244] 卜景龙，孙加林，潘海艳，等. 铝锆炭滑板中锆莫来石分解的显微结构研究 [J]. 耐火材料，1999，33 (1)：9~11.

[245] 王学达，陈树江，孙加林，等. 耐火材料对钢水杂质的影响 [J]. 硅酸盐学报，2006，34 (7)：

891~893.

[246] 邱文冬，孙加林，洪彦若，等. 铝锆炭滑板的热化学侵蚀机理 [J]. 耐火材料，1999，33（2）：67~69，73.

[247] 卫忠贤，欧阳本辉. 镁质复合滑板的研制和使用 [J]. 耐火材料，2001，35（4），210~211.

[248] 金丛进，邱文冬. 滑板用耐火材料的发展 [J]. 炼钢，1999，15（4）：53~56.

[249] 卫忠贤，李保英. 烧成镁尖晶石滑板的研制与使用 [J]. 耐火材料，2002，36（4）：229~230.

[250] 邱文东. 铝锆碳材料的抗氧化性研究 [J]. 耐火材料，2000（5）：265~267.

[251] 张庆奇. 连铸中间包不断流快速更换水口技术 [J]. 炼钢，2002（3）：2~4.

[252] 陈明. 不断流快速更换中间罐浸入式水口技术的研究与应用 [J]. 连铸，2000（5）：34~35.

[253] 李庭寿. 连铸中间包定径水口快速更换与中间包长寿技术 [J]. 耐火材料，2000（2）：342~345.

[254] 牛智旺，乔金贵，陈建华，等. 中间包透气上水口的研制与使用 [J]. 耐火材料，2000，34（2）94~95.

[255] 张卫红. 快速更换连铸中间包水口的应用实践 [J]. 山西冶金，2002（4）：27~28.

冶金工业出版社部分图书推荐

书　名	作　者	定价(元)
耐火材料（第2版）（本科教材）	薛群虎　等编	35.00
无机非金属材料研究方法（本科教材）	张　颖　等编	35.00
相图分析及应用（本科教材）	陈树江　等编	20.00
材料科学基础教程（本科教材）	王亚男　等编	33.00
能源与环境（本科国规教材）	冯俊小　主编	35.00
现代冶金工艺学（钢铁冶金卷）（本科国规教材）	朱苗勇　主编	49.00
钢铁冶金原燃料及辅助材料（本科教材）	储满生　主编	59.00
材料研究与测试方法	张国栋　编	20.00
镁钙系耐火材料	陈树江　等著	39.00
短流程炼钢用耐火材料	胡世平　等编	49.50
非氧化物复合耐火材料	洪彦若　等著	36.00
复合不定形耐火材料	王诚训　等编	21.00
钢铁工业用节能降耗耐火材料	李庭寿　等编	15.00
刚玉耐火材料（第2版）	徐平坤　编著	59.00
工业窑炉用耐火材料手册	刘鳞瑞　等编	118.00
化学热力学与耐火材料	陈肇友　编著	66.00
滑板组成与显微结构	高振昕　等著	99.00
镁质材料生产与应用	全　跃　主编	160.00
耐火材料手册	李红霞　主编	188.00
耐火纤维应用技术	张克铭　编著	30.00
耐火材料厂工艺设计概论	薛群虎　等编	35.00
耐火材料显微结构	高振昕　等编	88.00
耐火材料技术与应用	王诚训　等编	20.00
耐火材料新工艺技术	徐平坤　等编	69.00
特种耐火材料实用技术手册	胡宝玉　等编	70.00
特殊炉窑用耐火材料	侯　谨　等编	22.00
无机非金属材料实验技术	高里存　等编	28.00
无机材料工艺学	宋晓岚　等编	69.00
新型耐火材料	侯　谨　等编著	20.00
筑炉工程手册	谢朝晖　主编	168.00